国家示范院校重点建设专业

水利水电建筑工程专业课程改革系列教材

# 水利工程概预算

◎ 主　编　徐凤永

◎ 副主编　毕守一　张海娥

◎ 主　审　武　杰

中国水利水电出版社
www.waterpub.com.cn

## 内 容 提 要

本教材为国家示范院校重点建设专业——水利水电建筑工程专业的特色教材之一。全书共分为8个学习情境，主要内容有：绪论，水利工程项目划分及费用构成，工程建设定额，基础单价编制，建筑工程概算编制，设备及安装工程概算编制，施工临时工程及独立费用概算编制，工程总概算编制等。

本教材可作为高等职业技术学院、高等专科学校、成人高校和民办高校水利水电工程等相关专业概预算课程教材，也可供水利水电工程设计、施工、临理及造价管理人员参考。

**图书在版编目（CIP）数据**

水利工程概预算/徐凤永主编．—北京：中国水利水电出版社，2010.3（2017.3重印）
（国家示范院校重点建设专业、水利水电建筑工程专业课程改革系列教材）
ISBN 978-7-5084-7324-6

Ⅰ.①水…　Ⅱ.①徐…　Ⅲ.①水利工程-概算编制-高等学校-教材②水利工程-预算编制-高等学校-教材　Ⅳ.①TV512

中国版本图书馆CIP数据核字（2010）第039773号

| | |
|---|---|
| 书　名 | 国家示范院校重点建设专业<br>水利水电建筑工程专业课程改革系列教材<br>**水利工程概预算** |
| 作　者 | 主　编　徐凤永<br>副主编　毕守一　张海娥<br>主　审　武　杰 |
| 出版发行 | 中国水利水电出版社<br>（北京市海淀区玉渊潭南路1号D座　100038）<br>网址：www.waterpub.com.cn<br>E-mail：sales@waterpub.com.cn<br>电话：（010）68367658（营销中心） |
| 经　售 | 北京科水图书销售中心（零售）<br>电话：（010）88383994、63202643、68545874<br>全国各地新华书店和相关出版物销售网点 |
| 排　版 | 中国水利水电出版社微机排版中心 |
| 印　刷 | 三河市鑫金马印装有限公司 |
| 规　格 | 184mm×260mm　16开本　13.25印张　322千字 |
| 版　次 | 2010年3月第1版　2017年3月第7次印刷 |
| 印　数 | 22001—25000册 |
| 定　价 | **32.00**元 |

# 前言

本教材是国家示范院校重点建设专业——水利水电建筑工程专业的课程改革成果之一。根据改革实施方案和课程改革的基本思想，通过分析水利工程概预算的工作过程，结合岗位要求和职业标准，将原学科体系解构为 8 个学习情境。

本教材在编写过程中，突出了“以就业为导向、以岗位为依据、以能力为本位”的思想，每一学习情境都由若干个学习单元和工程实例分析构成，学生在学习完基本理论知识的情况下，通过每一学习情境后的项目实训与思考的练习，可以加强实践性训练。这样既能提高对理论知识的理解，又能把水利工程概预算中所需要的知识、能力和素质进行强化。

本教材根据水利部 2002 年颁发的《水利建筑工程设计概（估）算编制规定》、《水利建筑工程概算定额》、《水利建筑工程预算定额》、《水利水电设备安装工程概算定额》、《水利水电设备安装工程预算定额》、《水利工程施工机械台时费定额》等规范，并结合水利工程建设的实践，比较全面地介绍了水利工程概预算编制的主要内容。

本教材由安徽水利水电职业技术学院徐凤永主编并统稿，安徽水利水电职业技术学院毕守一、张海娥为副主编，安徽省水利水电勘测设计院武杰主审。全书共分为 8 个学习情境，学习情境 1、2、7、8 由张海娥编写，学习情境 3、4 由毕守一编写，学习情境 5、6 由徐凤永编写。

本教材在编写过程中，专业建设团队的各位领导和老师提出了许多宝贵意见，学院及教务处领导也给予了大力支持，同时得到安徽省水利水电建筑安装工程总公司和安徽省水利水电勘测设计院的积极参与和大力帮助，在此表示最诚挚的感谢。

本教材的编写参考和引用了一些相关专业书籍的论述，在此也向有关人员致以衷心的感谢！

由于编写时间仓促，编者水平有限，不足之处在所难免，恳请读者批评指正。

**编者**

2010 年 1 月

# 目录

# 学习情境1　绪　　论

**学习目标：**

1. 了解基本建设含义和基本建设的主要内容。
2. 了解基本建设程序的概念和意义，掌握水利水电工程基建程序的内容理解。
3. 了解工程造价的概念、内容和作用。
4. 掌握水利水电工程造价计算的类型。
5. 了解工程概预算的编制依据和编制程序。

**学习任务：**

1. 水利水电工程基建程序。
2. 水利水电工程造价计算的类型。

## 学习单元1.1　基本建设与基本建设程序

### 1.1.1　基本建设

#### 1.1.1.1　基本建设的含义

基本建设是形成固定资产的生产活动，固定资产是指在其有效使用期内重复使用而不改变其实物形态的主要劳动资料，它是人们生产和生活的必要物质条件。固定资产从它在生产和使用过程中所处的地位和作用的社会属性，可分为生产性固定资产和非生产性固定资产两大类。前者是指在生产过程中发挥作用的劳动资料，例如工厂、矿山、油田、电站、铁路、水库、海港、码头、路桥工程等。后者是指在较长时间内直接为人民的物质文化生活服务的物质资料，如住宅、学校、医院、体育活动中心和其他生活福利设施等。

人类要生存和发展，就必须进行简单再生产和扩大再生产，前者是指在原来的规模上重复进行，后者是指扩大原来的规模，使生产能力有所提高。从理论上讲，这种生产活动包括固定资产的新建、扩建、改建、恢复、迁建等多种形式。每一种形式又包含了固定资产形成过程中的建筑、安装、设备购置以及与此相联系的其他生产和管理活动等工作内容。

固定资产的简单再生产是通过固定资产的大修理和固定资产的更新改造等形式来实现的。大修理和更新改造是为了恢复原有性能而对固定资产的主要组成部分进行修理和更换，是对固定资产的某些部分进行修复和更新。固定资产的扩大再生产是通过新建、改建、扩建、迁建、恢复建等形式来实现的。

新建是指原有企业之外建设的新项目，即新开始建设的项目。

扩建是指原有企业和事业单位，为扩大原有产品生产能力和效益，增加新产品的生产能力，而新建的一些主要车间和其他固定资产等。

改建是指在原有企业或事业单位为了提高生产效率，改进产品质量，降能节耗，改变产品结构等目的而对固定资产的工艺流程进行整体性的技术改造。

迁建是指由于环境因素、使用因素等影响固定资产的地点变化的重新建设。

恢复建是指原有的固定资产由于遭受自然力或战争破坏而按原来规模、面貌重新建起来的项目。

固定资产的此类生产活动属于基本建设。虽然固定资产的简单再生产和扩大再生产有不同含义和形式，但在现实经济生活中它们是互相交错，紧密联系的统一体。

由此可见，基本建设不仅包括固定资产的外延扩大再生产，也包含了固定资产的内涵扩大再生产。不仅新建、扩建、恢复建属于基本建设，恢复修理、更新改造也属于基本建设，这是理论上关于基本建设的科学概念。

**1.1.1.2** 基本建设的分类

建设项目是指按照一个总体设计进行施工，经济上实行统一核算，行政上实行统一管理的基本建设单位。基本建设是由一个个基本建设项目组成的，基本建设项目根据不同的分类方式有诸多的类型。

1. 按建设项目性质分类

(1) 新建项目。即原来没有，现在开始建设的项目。有的建设项目并非从无到有，但其原有基础薄弱，经过扩大建设规模，新增加的固定资料价值超过原有固定资产价值的3倍以上，也可称为新建项目。

(2) 扩建项目。即在原有的基础上为扩大原有新产品生产能力或增加新的产品生产能力而新建的主要车间或工程项目。

(3) 改建项目。指原有企业以提高劳动生产率，改进产品质量或改变产品方向为目的，对原有设备或工程进行改造的项目。有的为了提高综合生产能力，增加一些附属或辅助车间和非生产性工程，也属于改建项目。在现行管理上，将固定资产分为基本建设项目和技术改造项目，从建设性质上看，后者属于基本建设中的改建项目。

(4) 恢复项目。指企业、事业单位因自然灾害、战争等原因，使原有固定资产全部或部分报废，以后又按原有规模恢复建设的项目。

(5) 迁建项目。指原有的企业、事业单位，由于改变生产布局或环境保护和安全生产以及其他告别需要，迁往外地建设的项目。

水利水电基本建设项目一般包括新建、续建、改建、加固和修复工程建设项目。

2. 按投资额构成分类

按照投资额构成的不同内容，可分为建筑安装工程投资，设备工器具投资和其他基本建设投资。

3. 按建设用途分类

按基本建设工程的不同用途，可分为生产性建设项目和非生产性建设项目。

(1) 生产性建设项目。指直接用于物质生产或满足物质生产需要的建设项目，如工业、建筑业、农业、水利、气象、运输、邮电等建设项目。

(2) 非生产性建设项目。指用于人民物质生活和文化生活需要的建设项目，如住宅、文教、卫生、科研、公用事业、机关和社会团体等建设项目。

4. 按建设规模分类

按建设总规模和总投资的大小，可分为大型、中型及小型建设项目。如水利水电建设项目就有对水库、水电站等划分为大、中、小型的标准。

5. 按建设阶段分类

根据建设项目所处的不同建设阶段，可分为预备项目（探讨项目）、筹建项目（前期工作项目）、施工项目、建成投产项目、收尾项目、竣工项目等。

#### 1.1.1.3　基本建设的工作内容

基本建设包括的工作有：

(1) 建筑安装工程。是基本建设工作的重要组成部分，建筑行业通过建筑安装活动生产出建筑产品，形成固定资产。建筑安装工程包括建筑工程和安装工程。建筑工程包括各种建筑物、房屋、设备基础等的建造工作。安装工程包括生产、动力、起重、运输、输配电等需要安装的各种机电设备和金属结构设备的安装、试车等工作。

(2) 设备工（器）具购置。是指由建设单位因建设项目的需要进行采购或自制而达到固定资产标准的机电设备、金属结构设备、工具、器具等的购置工作。

(3) 其他基建工作。凡不属于以上两项的基建工作，如勘测、设计、科学试验、淹没及迁移赔偿、水库清理、施工队伍转移、生产准备等项工作。

#### 1.1.1.4　水利水电工程建设基本情况

1. 我国在水利水电工程建设中取得的成就

数千年来，我国劳动人民在水利工程建设方面取得了辉煌的成就。例如，早在 4000 年前修建，目前仍在使用的 1800km 的黄河大堤；1293 年全线通航的，纵贯我国南北全长 1794km 的京杭大运河；公元前 251 年建成的中外闻名的都江堰分洪引水灌溉工程等，至今仍在发挥巨大的效益。

建国后，经过 60 年的努力，我国的水利水电建设有了较大的发展。全国已建成江河堤防 28.69 万 km，是新中国成立之初的 7 倍，相当于环绕地球赤道 7 圈多；各类水库数量从 1200 多座增加到 2008 年的 8.6 万多座，总库容从约 200 亿 $m^3$ 增加到 6924 亿 $m^3$；供水量从 1031 亿 $m^3$ 增加到 5828 亿 $m^3$；解决了 3 亿多无电人口的用电问题，治理水土流失面积 100 多万 $km^2$。党和国家始终把农业和灌溉放在突出的位置，全国的有效灌溉面积从建国初期的 2.4 亿亩已经发展到 8.77 亿亩了，现在有效灌溉面积占到全国耕地面积的 48%。在这 48%的有效灌溉面积上生产了占全国总产量 75%的粮食、90%的经济作物。建成吞吐量 10 万 t 以上的港口 800 多处，渠化航道里程 1500 余 km，建成通航建筑物 800 多座，提高了内河航道的质量；全国水电站装机容量 9049 多万 kW，其中水利系统水电装机达 3674 万 kW；700 多个县实现了农村水电初级电气化；加强了水文、通讯、科技、教育、规划、设计、人才开发等基础和前期工作。黄河小浪底特大型水利枢纽工程已于 2001 年竣工投产，长江三峡特大型水利工程也已基本建成。

我国还在各个河流上建设了一大批大型水力发电工程，如三门峡、丹江口、刘家峡、新安江、葛洲坝、龙羊峡等。

2. 我国水利水电建设存在的问题

经过 60 多年的努力，尽管已取得了上述伟大成就，但随着社会和经济的发展，水利建设仍存在差距，面临着艰巨的任务。

(1) 我国大江大河的防洪问题还没有真正解决，我国对主要江河还只能控制 10～20 年一遇的普通洪水，不能抗御历史上发生过的特大洪水。一般中小河流防洪标准更低，随着河流两岸经济建设的发展，一旦发生洪灾，造成的损失将越来越大。

(2) 我国农业目前仍在很大程度上受制于自然地理和气候条件，如不进一步大修水利以提高抗御自然灾害的能力，很难实现逐年增产。

(3) 城市供水矛盾较为突出。我国工业、城市用水增加速度很快，不少城市都不同程度地存在着水源不足、供水紧张情况。随着时间的推移，城市供水问题将会更加突出，水源紧缺将日益成为限制我国生产和生活水平提高的重大障碍。

(4) 水能资源开发利用率不高。我国水电装机容量已居世界第六位，但仅占可开发量的13%左右。由于水能资源是一种清洁的可再生的能源，且未开发前又是不可蓄积的能源，故世界各工业化国家都优先开发水电，我国也理当如此。

(5) 内河航运量不足。我国是世界上开发水运最早的国家，目前内河航道总长虽然已达11万km，但内河航运量不足全国货运总量的9%，与欧美的一些国家相比还有很大的差距。

坚持全面规划、统筹兼顾、标本兼治、综合治理的原则，兴利除害结合，开源节流并重，防洪抗旱并举，这是我国水利建设总的指导思想和方针。近年来，国家加大了对水利的投资力度，水利建设面临着前所未有的发展机遇和有利条件。同时，水电作为清洁能源，发展潜力还很大。目前，我国把水电作为国民经济发展的重点，多元化、多层次、多渠道的水电投资和建设体系正在形成。

### 1.1.2 基本建设程序

#### 1.1.2.1 我国的基本建设程序

基本建设程序是指基本建设项目从决策、设计、施工到竣工验收整个工作过程中各个阶段所必须遵循的先后次序与步骤。

基本建设的特点是投资多，建设周期长，涉及的专业和部门多，工作环节错综复杂。为了保证工程建设的顺利进行，达到预期目的，在基本建设的实践中，必须遵循一定的工作顺序，这就是基本建设程序。

基本建设程序是客观存在的规律性反映，不按基本建设程序办事，就会受到客观规律的惩罚，给国民经济造成严重损失。严格遵守基本建设程序是进行基本建设工作的一项重要原则。1982年国务院关于控制投资规模的规定中指出："所有建设项目必须严格按照基本建设程序办事，事前没有进行可行性研究和技术经济论证，没有做好勘察设计等建设前期工作的，一律不得列入年度建设计划，更不准仓促开工。"

我国的基本建设程序，最初是1952年由政务院颁布实施。50多年来，随着各项建设的不断发展，特别是近20多年来建设管理所进行的一系列改革，基本建设程序也得到了进一步完善。

#### 1.1.2.2 基本建设程序的内容

1. 基本建设程序

基本建设过程大致上可以分为三个时期，即前期工作时期、工程实施时期、竣工投产时期。从国内外的基本建设经验看，前期工作最重要，一般占整个过程的50%～60%的时间。前期工作搞好了，其后各阶段的工作就容易顺利完成。

几十年来，随着各项建设的不断发展，特别是近20多年来建设管理所进行的一系列改革，基本建设程序也得到了进一步完善。现行的基本建设程序可分为八个主要阶段，即：项目建议书阶段、可行性研究阶段、设计阶段、施工准备阶段、建设实施阶段、生产

准备阶段、竣工验收阶段和后评价阶段。

同我国基本建设程序相比，国外通常也把工程建设的全过程分为三个时期。即投资前时期、投资时期、投资回收时期。内容主要包括：投资机会研究、初步可行性研究、可行性研究、项目评估、基础设计、原则设计、详细设计、招标发包、施工、竣工投产、生产阶段、工程后评估、项目终止等步骤。国外非常重视前期工作，建设程序与我国现行程序大同小异。

2. 水利水电基本建设程序

鉴于水利水电基本建设较其他部门的基本建设有一定的特殊性，具有规模大、费用高、制约因素多，工程失事后危害性也比较大等特点，因此水利水电基本建设程序较其他部门更为严格。

水利水电基本建设程序一般分为：项目建议书、可行性研究报告、初步设计、施工准备（包括招标设计）和设备订货、建设实施、生产准备、竣工验收、后评价等八个阶段，各阶段的具体内容如下。

(1) 项目建议书阶段。项目建议书是在流域（或区域）规划的基础上，由主管部门（或投资者）对拟建项目做出大体轮廓性设想和建议。为确定拟建项目是否有必要建设、是否具备建设的基本条件、是否值得投入资金和人力、是否需要再作进一步的研究论证工作提供依据。

项目建议书编制一般委托有相应资质的设计单位承担，并按国家规定权限向上级主管部门申报审批。项目建议书被批准后由政府向社会公布，若有投资建设意向，应及时组建项目法人筹备机构，开展下一阶段建设程序工作。

(2) 可行性研究报告阶段。可行性研究应对项目进行方案比较，对项目在技术上是否可行和经济上是否合理进行科学的分析和论证。经过批准的可行性研究报告，是项目决策和进行初步设计的依据。可行性研究报告，由项目法人（或筹备机构）组织编制。

可行性研究应对项目在技术上是否先进、适用、可靠，在经济上是否合理可行，在财务上是否盈利做出多方案比较，提出评价意见，推荐最佳方案。可行性研究报告是建设项目立项决策的依据，也是项目办理资金筹措、签订合作协议、进行初步设计等工作的依据和基础。

可行性研究报告，按国家现行规定的审批权限报批。申报项目可行性研究报告，必须同时提出项目法人组建方案及运行机制、资金筹措方案、资金结构及回收资金办法，并依照有关规定附具有管辖权的水行政主管部门或流域机构签署的规划同意书，对取水许可预申请的书面审查意见，审批部门要委托有项目相应资质的工程咨询机构对可行性研究报告进行评估，并综合行业归口主管部门、投资机构（公司）、项目法人（或项目法人筹备机构）等方面的意见进行审批。项目可行性研究报告批准后，应正式成立项目法人，并按项目法人责任制进行管理。

(3) 初步设计阶段。初步设计是根据批准的可行性研究报告和必要而准确的设计资料，对设计对象进行通盘研究。阐明拟建工程在技术上的可行性和经济上的合理性，确定项目的各项基本技术参数，编制项目的总概算。初步设计任务应择优选择有项目相应资质的设计单位承担，依照有关初步设计编制规定进行编制。

承担水利水电工程设计的单位在进行设计以前，要认真研究可行性研究报告，全面收集建设地区的工农业生产、社会经济、自然条件，包括水文、地质、气象等资料；要对坝址、库区的地形、地质进行勘测、勘探；对岩土地基进行分析试验；对于建设区的建筑材料的分布、储量、运输方式、单价等，要调查、勘测。

初步设计要提出设计报告、设计图纸和初设概算三项资料。主要内容包括：工程的总体规划布置，工程规模（包括装机容量、水库的特征水位等），地质条件，主要建筑物的位置、结构形式和尺寸，主要建筑物的施工方法，施工导流方案，消防设施、环境保护、水库淹没、工程占地、水利工程管理机构等。对灌区工程来说，还要确定灌区的范围，主要干支渠道的规划布置，渠道的初步定线、断面设计和土石方量的估计等。还应包括各种建筑材料的用量，主要技术经济指标，建设工期，设计总概算等。

初步设计报批前，一般由项目法人委托有相应资质的工程咨询机构或组织专家，对初步设计中的重大问题进行咨询论证。设计单位根据咨询论证意见，对初步设计文件进行补充、修改和优化。初步设计由项目法人组织审查后，按国家现行规定权限向主管部门申报审批。

(4) 施工准备阶段。项目在主体工程开工之前，必须完成各项施工准备工作，其主要内容包括：施工现场的征地、拆迁；完成施工用水、电、通信、路和场地平整等工程；完成必须的生产、生活临时建筑工程；组织招标设计、咨询、设备和物资采购等服务；组织建设监理和主体工程招标投标，并择优选定建设监理单位和施工承包队伍。这一阶段的工作对于保证项目开工后能否顺利进行具有决定性作用。

水利工程项目进行施工准备必须满足如下条件：初步设计已经批准；项目法人已经建立；项目已列入国家或地方水利建设投资计划，筹资方案已经确定；有关土地使用权已经批准；已办理报建手续。

施工准备工作开始前，其项目法人或其代理机构，必须按照规定向水行政主管部门办理报建手续，项目报建须交验工程建设项目的有关批准文件。工程项目进行项目报建登记后，方可组织施工准备工作。工程建设项目施工，除某些不适应招标的特殊工程项目外(须经水行政主管部门批准)，均须实行招标投标。

(5) 建设实施阶段。建设实施阶段是指主体工程的建设实施，项目法人按照批准的建设文件，组织工程建设，保证项目建设目标的实现。项目法人或其代理机构必须按审批权限，向主管部门提出主体工程开工申请报告，经批准后，主体工程方能正式开工。

主体工程开工须具备如下条件：前期工程各阶段文件已按规定批准，施工详图设计可以满足初期主体工程施工需要；建设项目已列入国家或地方水利建设投资年度计划，年度建设资金已落实；主体工程招标已经决标，工程承包合同已经签订，并得到主管部门同意；现场施工准备和征地移民等建设外部条件能够满足主体工程开工需要；建设管理模式已经确定，投资主体与项目主体的管理关系已经理顺；项目建设所需全部投资来源已经明确，且投资结构合理；项目产品的销售，已有用户承诺，并确定了定价原则。

施工是把设计变为具有使用价值的工程实体，必须严格按照设计图纸进行，如有修改变动，要征得设计单位的同意。施工单位要严格履行合同，要与建设、设计单位和监理工程师密切配合。在施工过程中，各个环节要相互协调，要加强科学管理，确保工程质量，全面按期完成施工任务。要按设计和施工验收规范验收，对地下工程，特别是基础和结构的关键部位，一定要在验收合格后，才能进行下一道工序施工，并做好原始记录。

(6) 生产准备阶段。生产准备是建设阶段转入生产经营的必要条件。项目法人应按照建管结合和项目法人责任制的要求，适时做好有关生产准备工作。生产准备应根据不同类型的工程要求确定，一般应包括以下主要内容：

1) 生产组织准备。建立生产经营的管理机构及相应管理制度。

2) 招收和培训人员。按照生产运营的要求，配备生产管理人员，并通过多种形式的培训，提高人员素质，使之能满足运营要求。生产管理人员要尽早介入工程的施工建设，参加设备的安装调试，熟悉情况，掌握好生产技术和工艺流程，为顺利衔接基本建设和生产经营阶段做好准备。

3) 生产技术准备。主要包括技术资料的汇总、运行技术方案和岗位操作规程的制定、新技术准备。

4) 生产物资准备。主要是落实投产运行所需要的原材料、协作产品、工器具、备品备件和其他协作配合条件的准备。

5) 正常的生活福利设施准备。

(7) 竣工验收阶段。竣工验收是工程完成建设目标的标志，是全面考核基本建设成果、检验设计和工程质量的重要步骤。竣工验收合格的项目即从基本建设转入生产或使用。当建设项目的建设内容全部完成，并经过单项工程验收，符合设计要求并按有关规定的要求完成了档案资料的整理工作；完成竣工报告、竣工决算等必须文件的编制后，项目法人按规定向验收主管部门提出申请，根据国家和部颁验收规程，组织验收。竣工决算编制完成，并由审计机关组织竣工审计。其审计报告作为竣工验收的基本资料。工程规模较大、技术较复杂的建设项目可先进行初步验收。不合格的工程不予验收；有遗留问题的项目，对遗留问题必须有具体处理意见，且有限期处理的明确要求并落实责任人。

水利水电工程按照设计文件所规定的内容建成以后，在办理竣工验收以前，必须进行试运行。例如，对灌溉渠道来说，要进行放水试验；对水电站、抽水站来说，要进行试运转和试生产，检查考核是否达到设计标准和施工验收中的质量要求。如工程质量不合格，应返工或加固。

竣工验收程序，一般分两个阶段：单项工程验收和整个工程项目的全部验收。对于大型工程，因建设时间长或建设过程中逐步投产，应分批组织验收。验收之前，项目法人要组织设计、施工等单位进行初验并向主管部门提交验收申请，根据国家和部颁验收规程组织验收。

水利水电工程把上述验收程序分为阶段验收和竣工验收，凡能独立发挥作用的单项工程均应进行阶段验收，如截流、下闸蓄水、机组启动、通水等。

(8) 后评价阶段。后评价是工程交付生产运行 1～2 年时间后，对项目的立项决策、设计、施工、竣工验收、生产运行等全过程进行系统评价的一种技术经济活动，是基本建设程序的最后一环。通过后评价达到肯定成绩、总结经验、研究问题、提高项目决策水平和投资效果的目的。评价的内容主要包括：

1) 影响评价。通过项目建成投入生产后对社会、经济、政治、技术和环境等方面所产生的影响来评价项目决策的正确性。

2) 经济效益评价。通过项目建成投产后所产生的实际效益的分析，来评价项目投资是否合理，经营管理是否得当，并与可行性研究阶段的评价结果进行比较，找出二者之间的差异及原因，提出改进措施。

3）过程评价。前述两种评价是从项目投产后运行结果来分析评价的。过程评价则是从项目的立项决策、设计、施工、竣工投产等全过程进行系统分析。

以上所述基本建设程序的八项内容，是我国对水利水电工程建设程序的基本要求，也基本反映了水利水电工程建设工作的全过程。

## 学习单元 1.2　工程造价的概念与作用

### 1.2.1　工程造价的概念

工程造价的直意就是工程的建造价格，是给基本建设项目这种特殊的产品定价，具体来讲有两种含义。

（1）第一种含义。工程造价是指建设项目的建设成本，指建设项目从筹建到竣工验收交付使用全过程所需的全部费用，包括建筑工程费、安装工程费、设备费，以及其他相关的必需费用。对上述几类费用可以分别称为建筑工程造价、安装工程造价、设备造价等。

（2）第二种含义。工程造价是指建设项目的工程承发包价格，换句话说，就是为建成一项工程，预计或实际在土地市场、设备市场、技术劳务市场以及承包市场等交易活动中所形成的建筑安装工程的价格和建设工程总价格。它是在社会主义市场经济条件下，以工程这种特定的商品形式作为交易对象，通过招投标、承发包或其他交易方式，由需求主体投资者和供给主体建筑商共同认可的价格。工程的范围和内涵既可以是涵盖范围很大的一个建设项目，也可以是一个单项工程，甚至也可以是整个建设工程中的某个阶段，如水库的土石坝工程、溢洪道工程、渠首工程等；或者其中的某个组成部分，如土方工程、混凝土工程、砌石工程等。鉴于建筑安装工程价格在项目固定资产中占有50％～60％的份额，又是工程建设中最活跃的部分，把工程的承发包价格界定为工程价格，有着现实意义。

### 1.2.2　工程造价文件的类型

基本建设是一项十分复杂的工作，整个工程的建设过程是一个庞大的系统工程，它涉及到多专业、多学科、多部门和不同的单项工程，在各个不同的设计阶段所体现的工作内容也不尽相同，因此工程造价文件的类型也不尽一样。水利水电工程造价文件的类型主要有以下几种：

（1）在区域规划和工程规划阶段，工程造价文件的表现形式是投资匡算。

（2）在可行性研究阶段，工程造价文件的表现形式是投资估算。

（3）在初步设计阶段，工程造价文件的表现形式是投资概算（或称设计概算）；个别复杂工程需要进行技术设计，在该阶段工程造价文件的表现形式是修正概算。

（4）在招标设计阶段，工程造价文件的表现形式是执行概算，并应据此编制招标标底（国外称为工程师预算）。施工企业（厂家）要根据项目法人提供的招标文件编制投标报价。

（5）在施工图设计阶段，工程造价文件的表现形式是施工图预算（或称设计预算）。

（6）在竣工验收过程中，工程造价文件的表现形式为竣工决算。

### 1.2.3　工程造价文件的作用

在基本建设领域内，以货币形式表示的投入就是基本建设投资，其产出品就是构成固

定资产的建筑产品。基本建设要投入大量的资金，因此要有计划地进行安排。正确地估算工程造价和拟定投资计划不仅对确保项目本身顺利建成，而且对整个国家和部门的基本建设投资规模的有效控制都具有重大意义；正确估算工程造价不仅为项目建设过程中的费用控制提供了依据，为拨款或贷款提供了依据；而且可避免因计划资金缺口而停工待料，拖延工期，可防止敞口花钱等浪费现象，以保证工程项目获得良好的经济效益。可行性研究要编制投资估算，为国家选定近期开发项目和进一步进行初步设计提供决策依据。初步设计和技术设计分别编制设计概算和修正概算，它是确定和控制投资、编制基本建设计划、编制工程招标标底和执行概算、实行项目投资包干、考核工程造价和工程经济合理性的依据。

概括地讲，工程造价文件的作用，是考核设计方案技术上的可行性，经济上的合理性，确定基本建设项目总投资，编制年度投资计划，进行工程招标，筹措工程建设资金，办理投资拨款、贷款，核算建设成本，考核工程造价和投资效果等项内容的主要依据。

# 学习单元 1.3 水利工程造价计算的类型

## 1.3.1 水利工程造价文件类型

水利水电工程造价，是根据水利水电工程不同设计阶段的具体内容和有关定额、指标分阶段进行编制的。

基本建设工程概预算所确定的投资额，实质上是相应工程的计划价格。这种计划价格在实际工作中通常称为概算造价和预算造价，它是国家对基本建设实行宏观控制、科学管理和有效监督的重要手段之一，对于提高企业的经营管理水平和经济效益，节约国家建设资金具有重要的意义。

根据我国水利水电基本建设程序的规定，水利水电工程在工程建设的不同阶段，由于工作深度不同、要求不同，各阶段要分别编制相应的造价文件。造价文件一般有以下几种。

(1) 投资估算。投资估算是考核拟建项目所提出的建设方案在技术上的可行性和经济上的合理性，是项目建议书及可行性研究阶段对工程造价的预测，是控制拟建项目投资的最高限额，是根据规划阶段和前期勘测阶段所提出的资料、有关数据对拟建项目所提出的不同建设方案进行多方比较、论证后所提出的投资总额，这个投资额连同可行性研究报告一经上级批准，即作为该拟建项目进行初步设计、编制概算投资总额的控制依据。投资估算是项目法人为选定近期开发项目作为科学决策和进行初步设计的重要依据，是工程造价全过程管理的“龙头”，抓好这个“龙头”对工程投资控制具有十分重要意义。

(2) 设计概算。设计概算是由设计单位在已经批准的可行性研究报告投资估算的控制下而编制的。是国家确定和控制建设项目投资总额、编制年度基本建设计划，控制基本建设拨款、投资贷款的依据；是实行建设项目投资包干，招标项目控制标底的依据；是控制施工图预算，考核设计单位设计成果是否经济合理性的依据；也是建设单位进行成本核算、考核成本是否经济合理的依据。因此，设计概算是整个基本建设工作中一个比较重要环节，国家对此有严格的考核要求，在工作中必须给予高度重视。设计单位在报批设计文件的同时，要报批设计概算。设计概算经过审批后，就成为国家控制该建设项目总投资的主要依据，不得任意突破。水利水电工程采用设计概算作为编制施工招标标底、利用外资概算和执行概算的依据。

工程开工时间与设计概算所采用的价格水平不在同一年份时，按规定由设计单位根据开工年的价格水平和有关政策重新编制设计概算，这时编制的概算一般称为调整概算。调整概算仅仅是在价格水平和有关政策方面的调整，工程规模及工程量与初步设计均保持不变。

(3) 修改概算。对于某些大型工程或特殊工程当采用三阶段设计时，在技术设计阶段随着设计内容的深化，可能出现建设规模、结构造型、设备类型和数量等内容与初步设计相比有所变化的情况，设计单位应对投资额进行具体核算。对初步设计总概算进行修改，即编制修改设计概算，作为技术文件的组成部分。修改概算是在量（指工程规模或设计标准）和价（指价格水平）都有变化的情况下，对设计概算的修改。由于绝大多数水利水电工程都采用两阶段设计（即初步设计和施工图设计），未做技术设计，故修改概算也就很少出现。

(4) 业主预算。业主预算又称执行概算，它是对已确定招标的项目在已经批准的设计概算的基础上，按照项目法人的管理要求和分标情况，对工程项目进行合理调整后而编制的。其主要目的是有针对性的计算建设项目各部分的投资，对临时工程费与其他费用进行摊销，以利于设计概算与承包单位的投标报价作同口径比较，便于对投资进行管理和控制。但业主预算项目间的投资调整不应影响概算投资总额，它应与投资概算总额相一致。

(5) 标底与报价。标底是招标工程的预期价格，它主要是根据招标文件和图纸，按有关规定，结合工程的具体情况，计算出的合理工程价格。它是由业主委托具有相应资质的设计单位、社会咨询单位编制完成的，包括发包造价、与造价相适应的质量保证措施及主要施工方案、为了缩短工期所需的措施费等。其中主要是合理的发包造价。标底应在编制完成后报送招标投标管理部门审定。标底的主要作用是招标单位在一定浮动范围内合理控制工程造价，明确自己在发包工程上应承担的财务义务。标底也是投资单位考核发包工程造价的主要尺度。

(6) 施工图预算。施工图预算也称设计预算，是由设计单位在施工图设计阶段，根据施工图纸、施工组织设计、国家颁布的预算定额和工程量计算规则、地区材料预算价格、施工管理费标准、企业利润率、税率等，计算每项工程所需人力、物力和投资额的文件。它应在已批准的设计概算控制下进行编制。它是施工前组织物资、机具、劳动力，编制施工计划，统计完成工作量，办理工程价款结算，实行经济核算，考核工程成本，实行建筑工程包干和建设银行拨（贷）工程款的依据。它是施工图设计的组成部分，由设计单位负责编制的。它的主要作用是确定单位工程项目造价，是考核施工图设计经济合理性的依据。一般建筑工程以施工图预算作为编制施工招标标底的依据。

(7) 施工预算。施工预算是承担项目施工的单位，根据施工工序而自行编制的人工、材料、机械台时耗用量及其费用总额，即单位工程成本。它主要用于施工企业内部人、材、机的计划管理，是控制成本和班组经济核算的依据。它是根据施工图的工程量、施工组织设计或施工方案和施工定额等资料进行编制的。

(8) 竣工结算。竣工结算是施工单位与建设单位对承建工程项目价款的最终清算（施工过程中的结算属于中间结算）。

(9) 竣工决算。竣工决算是竣工验收报告的重要组成部分，它是指建设项目全部完工后，在工程竣工验收阶段，由建设单位编制的从项目筹建到建成投产全部费用的技术经济文件。它是建设投资管理的重要环节，是工程竣工验收、交付使用的重要依据，也是进行建设项目财务总结，银行对其实行监督的必要手段。

竣工结算与竣工决算是完全不同的两个概念，其主要区别在于：一是范围不同，竣工结算的范围只是承建工程项目，是基本建设的局部，而竣工决算的范围是基本建设的整体；二是成本不同，竣工结算只是承包合同范围内的预算成本，而竣工决算是完整的预算成本，它还要计入工程建设的其他费用、临时费用、建设期融资利息等工程成本和费用。由此可见，竣工结算是竣工决算的基础，只有先办竣工结算才有条件编制竣工决算。

### 1.3.2　基本建设程序与概预算关系

水利水电基本建设程序与各阶段的工程造价之间的关系如图 1.1 所示。

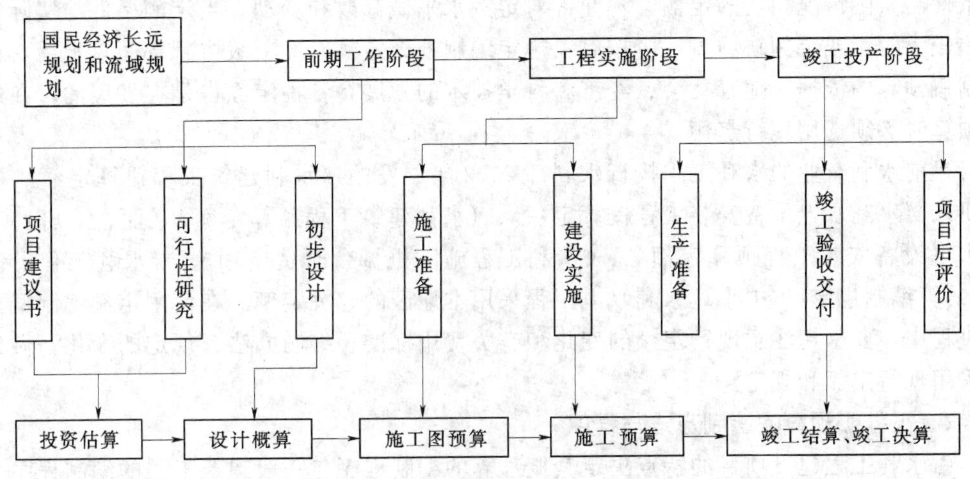


图 1.1　水利水电工程基本建设程序与概预算关系简图

其中设计概算、施工图预算和竣工决算，通常简称为基本建设的“三算”，是建设项目概预算的重要内容，三者有机联系，缺一不可。设计要编制概算，施工要编制预算，竣工要编制决算。一般情况下，决算不能超过预算，预算不能超过概算，概算不能超过估算。此外，竣工结算、施工图预算和施工预算通常被称为施工企业内部所谓的“三算”，它是施工企业内部进行管理的依据。竣工决算是建设单位向国家（或业主）汇报建设成果和财务状况的总结性文件，是竣工验收报告的重要组成部分，它反映了工程的实际造价。竣工决算由建设单位负责编制。竣工决算是建设单位向管理单位移交财产，考核工程项目投资，分析投资效果的依据。编好竣工决算对促进竣工投产，积累技术经济资料有重要意义。

## 学习单元 1.4　工程概预算的编制依据和编制程序

### 1.4.1　概预算文件的编制依据

在编制工程概预算造价时，只有正确选择编制依据和遵照一定的编制程序，才能编制好切合实际的工程造价。

概预算文件的编制依据包括以下几个方面：

(1) 国家及省、自治区、直辖市和主管部门颁发的有关法令法规、制度、规程。

(2) 水利水电工程设计概（估）算编制规定。

(3)《水利水电建筑工程概预算定额》、《水利水电设备安装工程概预算定额》、《水利水电工程施工机械台时费定额》和有关行业主管部门颁发的定额。

(4) 水利水电工程设计工程量计算规则。

(5) 初步设计文件及图纸。

(6) 有关合同协议及资金筹措方案。

(7) 其他。

具体编制概预算文件时，选择好现行的定额与费用标准很重要。由于在每个具体工程项目施工时，实际情况和定额规定的劳动组合、施工措施不可能完全一致，这时应选用定额条件与实际情况相近的定额，不允许对定额水平做修改和变动。当定额条件与实际情况相差较大时，或定额缺项时，应按有关规定编制补充定额，经上级主管部门审批后，作为编制概预算的依据。随着社会、经济和科学技术的发展，各种定额也是在发展的，在编制概预算时必须选用现行定额。

目前水利行业的水利工程执行水利部2002年颁发的《水利建筑工程概算定额》（上、下册）、《水利水电设备安装工程概算定额》、《水利建筑工程预算定额》（上、下册）、《水利水电设备安装工程预算定额》、《水利工程施工机械台时费定额》、《水利工程设计概（估）算编制规定》。中小型水利水电工程采用本地区的有关定额。在使用定额编制概预算的过程中，要密切注意现行定额的变化和有关费用标准、编制办法、规定的变化，做到始终采用现行定额和规定。

### 1.4.2 工程概预算的编制方法与程序

由水利工程建设项目的特点决定其概预算的编制程序与一般建筑工程的编制程序是有所不同的。水利工程概预算的编制程序如图1.2所示。

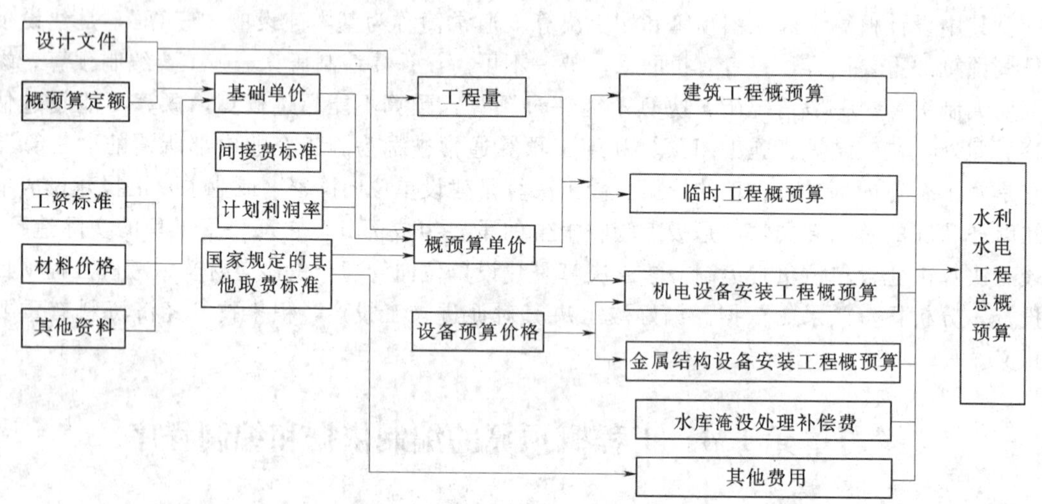


图1.2 水利工程概预算编制程序

水利工程概预算的编制程序如下：

(1) 熟悉工程的基本情况。编制概预算前要熟悉上一阶段设计文件和本阶段设计成果，从而了解工程规模、主要水工建筑物的结构形式和技术数据、工程布置、设备型号、地形地质、施工场地布置、对外交通方式、施工导流、施工进度及主体工程施工方法等。

(2) 搜集、分析所需要的资料。深入实地进行踏勘，了解工程和工地现场情况、砂砾料与天然建筑材料料场的开采运输条件、场内外交通运输条件等情况；搜集人工工资、运杂费、供电价格、设备价格等各项基础资料，并注意新技术、新工艺、新定额资料的搜集与分析。

(3) 编制基础单价。基础单价是编制工程单价时所必需计算的人工费、材料费和机械使用费等最基本的价格资料，水利水电工程概预算基础单价有：人工预算单价、材料预算价格和施工机械台时费，水、电、风单价等。

(4) 划分工程项目，计算工程量。按照水利水电基本建设项目划分的规定将工程项目进行划分，按照设计图纸和工程量计算的有关规定计算并列出工程量清单。要对工程量进行检查和复核，以确保工程量计算的准确性。

(5) 编制分部分项工程概预算单价和工程总概预算。按照造价的计算种类，根据工程项目的施工组织设计、基础单价和相应的工程量，计算分部分项工程概预算单价，汇总分部分项工程概预算以及其他费用，计算出工程总概预算。

(6) 编制各种概预算表、说明书及附件。按照有关的概预算编制办法编制概预算表格、编制说明和相应的附件，并将概预算正件和附件单独装订成册，形成概预算文件。

## 学习情境小结

本学习情境主要介绍了基本建设和基本建设程序、工程造价的作用和概念等有关内容，并着重介绍了水利工程造价计算的类型等知识，以期通过本学习情境的学习对工程概预算编制能有一个初步认识。学习任务的重点是水利水电基本建设程序、工程造价的类型和作用。

对于工程概预算的编制依据和编制程序，只是列出了大概内容，而编制程序中具体的计算公式、定额查用以及费率标准等，则是后续章节的重点学习内容，留待后面重点讲解。

## 项目实训与思考

1. 什么是基本建设？基本建设的类型及工作内容有哪些？
2. 简述我国水利水电工程基本建设程序。
3. 什么是工程造价？工程造价文件有什么作用？
4. 水利水电工程造价文件的类型有哪些？
5. 试述工程概预算的编制程序。

# 学习情境 2 水利工程项目划分及费用构成

**学习目标：**

1. 了解水利工程分类及概算组成。

2. 了解基本建设项目划分，掌握水利工程项目划分和组成内容。

3. 了解水利工程概预算费用构成。

**学习任务：**

1. 基本建设项目划分。

2. 水利工程项目划分和组成内容。

3. 水利工程概预算费用构成。

## 学习单元 2.1 水利工程的分类及概算组成

### 2.1.1 水利工程的分类

由于水利工程是个复杂的建筑群体，同其他工程相比，包含的建筑群体种类多，涉及面广。例如大中型水电工程除拦河坝（闸）、主副厂房外，还有变电站、开关站、引水系统、输水系统、泄洪设施、过坝建筑、输变电线路、公路、铁路、桥梁、码头、通信系统、给排水系统、供风系统、制冷设施、附属辅助企业、文化福利建筑等，难以严格按单项工程、单位工程、分部工程和分项工程来确切划分。因此，对于水利工程基本建设项目有专门的项目划分规定。

水利工程按工程性质划分为枢纽工程和引水工程及河道工程两大类。

1. 枢纽工程

枢纽工程包括水库、水电站和其他大型独立建筑物；包括挡水工程、泄洪工程、引水工程、发电厂工程、升压变电站工程、航运工程、鱼道工程、交通工程、房屋建筑工程和其他建筑工程。其中，挡水工程等前七项称为主体建筑工程。

（1）挡水工程。包括挡水的各类坝（闸）工程。

（2）泄洪工程。包括溢洪道、泄洪洞、冲砂洞（孔）、放空洞等工程。

（3）引水工程。包括发电引水明渠、进（取）水口、引水隧洞、调压井、高压管道等工程。

（4）发电厂工程。包括地面、地下各类发电厂工程。

（5）升压变电站工程。包括升压变电站、开关站等工程。

（6）航运工程。包括上下游引航道、船闸、升船机等工程。

（7）鱼道工程。根据枢纽建筑物布置情况，可独立列项，与拦河坝相结合的，也可作为拦河坝工程的组成部分。

（8）交通工程。包括上坝、进厂、对外等场内外永久公路、桥梁、铁路、码头等交通工程。

(9) 房屋建筑工程。包括为生产运行服务的永久性辅助生产厂房、仓库、办公、生活及文化福利等房屋建筑和室外工程。

(10) 其他建筑工程。包括内外部观测工程，动力线路（厂坝区），照明线路，通信线路，厂坝区及生活区供水、供热、排水等公用设施工程，厂坝区环境建筑工程，水情自动测报系统工程及其他。

2. 引水工程及河道工程

引水工程及河道工程是指供水、灌溉、河湖整治、堤防修建与加固工程。包括供水、灌溉渠（管）道、河湖整治与堤防工程，建筑物工程（水源工程除外），交通工程，房屋建筑工程，供电设施工程和其他建筑工程。

(1) 供水、灌溉渠（管）道、河湖整治与堤防工程。包括渠（管）道工程、清淤疏浚工程、堤防修建与加固工程等。

(2) 建筑物工程。包括泵站、水闸、隧洞、渡槽、倒虹吸、跌水、小水电站、排水沟（涵）、调蓄水库等工程。

(3) 交通工程。指永久性公路、铁路、桥梁、码头等工程。

(4) 房屋建筑工程。包括为生产运行服务的永久性辅助生产厂房、仓库、办公、生活及文化福利等房屋建筑和室外工程。

(5) 供电设施工程。指为工程生产运行供电需要架设的输电线路及变配电设施工程。

(6) 其他建筑工程。包括内外部观测工程，照明线路，通信线路，厂坝（闸、泵站）区及生活区供水、供热、排水等公用设施工程，工程沿线或建筑物周围环境建设工程，水情自动测报系统工程及其他。

### 2.1.2　概算组成

水利工程规模大、项目多、投资大，在编制概预算时，对建设项目费用划分得更细更多。水利工程建设项目费用包括工程部分、移民和环境部分两部分。工程部分的建设项目费用由工程费（包括建筑及安装工程费和设备费）、独立费用、预备费、建设期融资利息组成。移民和环境部分的费用包括水库移民征地补偿费、水土保持工程费、环境保护工程费；按概预算项目划分，概算表格分为建筑工程概算表、机电设备及安装工程概算表、金属结构设备及安装工程概算表、施工临时工程概算表、独立费用概算表五个部分。各概算表具体内容在工程总概算编制学习情境中详细学习。

## 学习单元 2.2　工程部分项目划分及项目组成

### 2.2.1　项目划分

1. 基本建设项目划分

一个基本建设项目往往规模大，建设周期长，影响因素复杂，尤其是大中型水利水电工程。因此为了便于编制基本建设计划和编制工程造价，组织招投标与施工，进行质量、工期和投资控制，拨付工程款项，实行经济核算和考核工程成本，需对一个基本建设项目进行系统地逐级划分。基本建设工程通常按项目本身的内部组成，将其划分为建设项目、单项工程、单位工程、分部工程和分项工程。

(1) 建设项目。建设项目是指按照一个总体设计进行施工，由一个或若干个单项工程

组成，经济上实行统一核算，行政上实行统一管理的基本建设工程实体。如一座独立的工业厂房、一所学校或水利枢纽工程等。

一个建设项目中，可以有几个单项工程，也可能只有一个单项工程，不得把不属于一个设计文件内的、经济上分别核算、行政分开管理的几个项目捆在一起作为一个建设项目，也不能把总体设计内的工程，按地区或施工单位划分为几个建设项目。在一个设计任务书范围内，规定分期进行建设时，仍为一个建设项目。

(2) 单项工程。单项工程是一个建设项目中，具有独立的设计文件，竣工后能够独立发挥生产能力和使用效益的工程。如工厂内能够独立生产的车间、办公楼等。一所学校的学习楼、学生宿舍等。一个水利枢纽工程的发电站、拦河大坝等。单项工程是具有独立存在意义的一个完整工程，也是一个极为复杂的综合体，它是由许多单位工程所组成，如一个新建车间，不仅有厂房，还有设备安装等工程。

(3) 单位工程。单位工程是单项工程的组成部分，是指具有独立的设计文件、可以独立组织施工，但完工后不能独立发挥效益的工程。一般按照建筑物建筑及安装来划分，如生产车间是一个单项工程，它又可以划分为建筑工程和设备安装两大类单位工程。其中建筑工程包括一般土建工程、电气照明工程、暖气通风工程、水卫工程、工业管道工程、特殊构筑物工程等单位工程；设备及安装工程包括机械设备及安装工程、电气设备及安装工程等。又如灌区工程中进水闸、分水闸、渡槽；水电站引水工程中的进水口、引水隧洞、调压井等都是单位工程。

(4) 分部工程。分部工程是单位工程的组成部分，是按工程部位、设备种类和型号、使用的材料和工种的不同对单位工程所作的进一步划分。例如房屋建筑工程可划分为基础工程、墙体工程、屋面工程等。也可以按照工种来划分，如土石方工程、钢筋混凝土工程、装饰工程等；隧洞工程可以分为开挖工程、衬砌工程等。

分部工程是编制工程造价、组织施工、质量评定、包工结算与成本核算的基本单位，但在分部工程中影响工料消耗的因素仍然很多。例如，同样都是土方工程，由于土壤类别（普通土、坚硬土、砾质土）不同，挖土的深度不同，施工方法不同，则每一单位土方工程所消耗的人工、材料差别很大。因此，还必须把分部工程按照不同的施工方法、不同的材料、不同的规格等作进一步的划分。

(5) 分项工程。分项工程是分部工程的组成部分，是通过较为简单的施工过程就能生产出来，并且可以用适当计量单位计算其工程量大小的建筑或设备安装工程产品。例如每立方米砖基础工程、一台电动机的安装等。一般说，它的独立存在是没有意义的，它只是建筑或设备安装工程的最基本构成要素。

建设项目分解如图 2.1 所示。

2. 水利工程项目划分

根据水利工程性质，工程项目分别按枢纽工程、引水工程及河道工程划分，工程各部分下设一、二、三级项目。其中一级项目相当于单项工程，二级项目相当于单位工程，三级项目相当于分部分项工程。大中型水利基本建设工程概（估）算，按附录 2 的项目划分编制。其中，第二、三级项目中，仅列示了代表性子目，编制概算时，二、三级项目可根据水利工程初步设计编制规程的工作深度要求和工程情况增减或再划分，下列项目宜作必要的再划分：

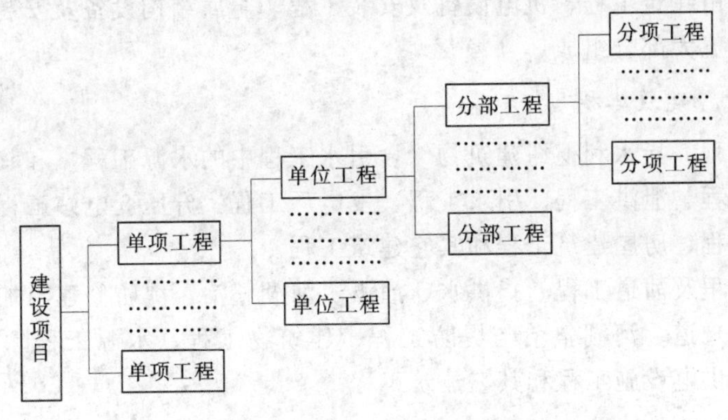


图 2.1　建设项目分解示意

(1) 土方开挖工程，应将土方开挖与砂砾石开挖分列。

(2) 石方开挖工程，应将明挖与暗挖，平洞与斜井、竖井分列。

(3) 土石方回填工程，应将土方回填与石方回填分列。

(4) 混凝土工程，应将不同工程部位、不同强度等级、不同级配的混凝土分列。

(5) 模板工程，应将不同规格形状和材质的模板分列。

(6) 砌石工程，应将干砌石、浆砌石、抛石、铅丝（钢筋）笼块石等分列。

(7) 钻孔工程，应按使用不同钻孔机械及钻孔的不同用途分列。

(8) 灌浆工程，应按不同灌浆种类分列。

(9) 机电、金属结构设备及安装工程，应根据设计提供的设备清单，按分项要求逐一列出。

(10) 钢管制作及安装工程，应将不同管径的钢管、叉管分列。

对于招标工程，应根据已批准的初步设计概算，按水利水电工程业主预算项目划分进行业主预算（执行概算）的编制。

3. 项目划分注意事项

(1) 现行的项目划分适用于估算、概算、施工图预算。对于招标文件和业主预算、要根据工程分标及合同管理的需要来调整项目划分。

(2) 建筑安装工程三级项目的设置除深度应满足《水利工程设计概（估）算编制规定》(2002)（以下简称水总［2002］116 号文）规定外，还必须与采用定额相适应。

(3) 对有关部门提供的工程量和预算资料，应按项目划分和费用构成正确处理。如施工临时工程，按其规模、性质，有的应在第四部分施工临时工程一至四项中单独列项，有的包括在“其他施工临时工程”中，不单独列项，还有的包括在各个建筑安装工程直接工程费中的现场经费内。

(4) 注意设计单位的习惯与概算项目划分的差异。如施工导流工程中的闸门及启闭设备大多由金属结构设计人员提供，但应列在第四部分施工临时工程内，而不是第三部分金属结构内。

### 2.2.2　项目组成

在编制水利水电工程概（估）算时，根据水总［2002］116 号文的有关规定，结合水利工程的性质特点和组成内容，水利工程建设项目划分为枢纽工程和引水工程及河道工程，其两类分别由建筑工程、机电设备及安装工程、金属结构设备及安装工程、施工临时工程和独立费用五大部分组成。

1. 第一部分 建筑工程

(1) 枢纽工程。指水利枢纽建筑物（含引水工程中的水源工程）和其他大型独立建筑物。包括挡水工程、泄洪工程、引水工程、发电厂工程、升压变电站工程、航运工程、鱼道工程、交通工程、房屋建筑工程和其它建筑工程。

(2) 引水工程及河道工程。指供水、灌溉、河湖整治、堤防修建与加固工程。包括供水、灌溉渠（管）道、河湖整治与堤防工程、建筑物工程（水源工程除外）、交通工程、房屋建筑工程、供电设施工程和其它建筑工程。

2. 第二部分 机电设备及安装工程

(1) 枢纽工程。指构成枢纽工程固定资产的全部机电设备及安装工程。本部分由发电设备及安装工程、升压变电设备及安装工程和公用设备及安装工程三项组成。

(2) 引水工程及河道工程。指构成该工程固定资产的全部机电设备及安装工程。本部分一般由泵站设备及安装工程、小水电站设备及安装工程、供变电工程和公用设备及安装工程四项组成。

3. 第三部分 金属结构设备及安装工程

指构成枢纽工程和其他水利工程固定资产的全部金属结构设备及安装工程。包括闸门、启闭机、拦污栅、升船机等设备及安装工程，压力钢管制作及安装工程和其他金属结构设备及安装工程。金属结构设备及安装工程项目要与建筑工程项目相对应。

4. 第四部分 施工临时工程

指为辅助主体工程施工所必须修建的生产和生活用临时性工程。包括导流工程、施工交通工程、施工场外供电工程、施工房屋建筑工程、其他施工临时工程。

5. 第五部分 独立费用

本部分由建设管理费、生产准备费、科研勘测设计费、建设及施工场地征用费和其他五项组成。

(1) 建设管理费。包括项目建设管理费、工程建设监理费和联合试运转费。

(2) 生产准备费。包括生产及管理单位提前进厂费、生产职工培训费、管理用具购置费、备品备件购置费、工器具及生产家具购置费。

(3) 科研勘测设计费。包括工程科学研究试验费和工程勘测设计费。

(4) 建设及施工场地征用费。包括永久和临时征地所发生的费用。

(5) 其他。包括定额编制管理费、工程质量监督费、工程保险费、其他税费。

第一、二、三部分均为永久性工程，均构成生产运行单位的固定资产。第四部分施工临时工程的全部投资扣除回收价值后，第五部分独立费用扣除流动资产和递延资产后，均以适当的比例摊入各永久工程中，构成固定资产的一部分。

## 学习单元 2.3 水利工程概预算费用构成

水利工程建设项目费用，由工程费（包括建筑工程费、安装工程费和设备费）、独立

费用、预备费、建设期融资利息组成，具体如图 2.2 所示。

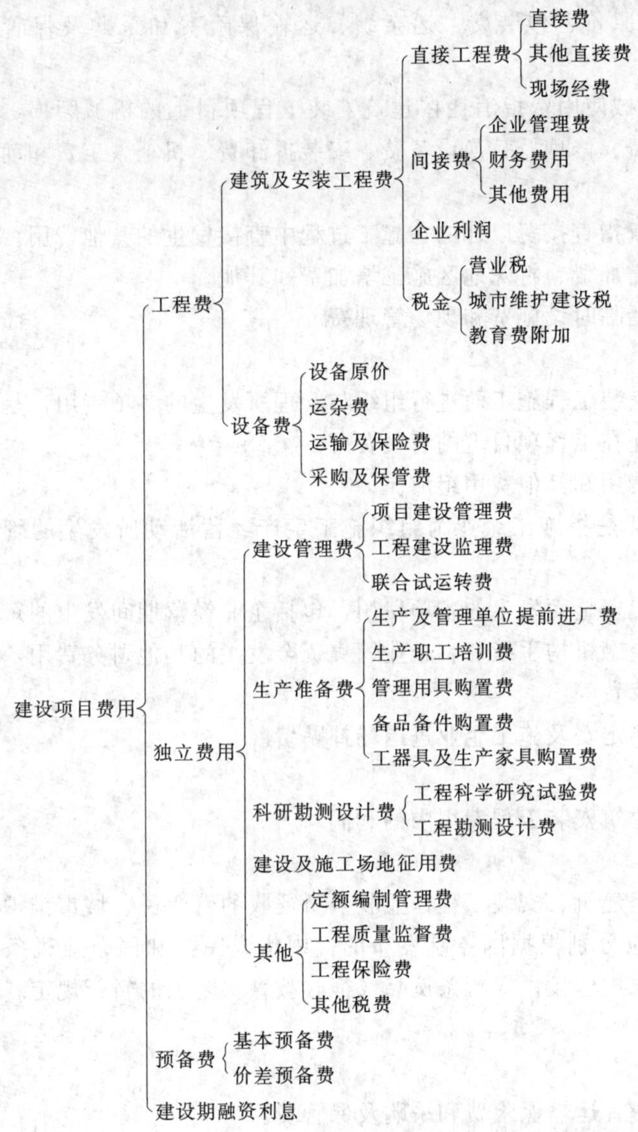

图 2.2 水利工程建设项目费用构成

## 2.3.1 建筑工程费用和安装工程费用

建筑产品的价格由直接成本、间接成本、企业利润、税金组成。因此，建筑及安装工程费由直接工程费、间接费、企业利润、税金四项组成。

1. 直接工程费

直接工程费是指建筑安装工程施工过程中直接消耗在工程项目上的活劳动和物化劳动。由直接费、其他直接费、现场经费组成。

(1) 直接费。直接费包括人工费、材料费、施工机械使用费。

1) 人工费。人工费是指列入概预算定额的直接从事建筑安装工程施工的生产工人开支的各项费用，内容包括：基本工资、辅助工资和工资附加费。

2) 材料费。材料费指用于建筑安装工程项目上的消耗性材料费、装置性材料费和周转性材料摊销费。包括定额工作内容规定应计入的未计价材料和计价材料费用。

材料预算价格一般包括材料原价、包装费、运杂费、运输保险费和采购及保管费五项。

3）施工机械使用费。施工机械使用费指消耗在建筑安装工程项目上的机械磨损、维修和动力燃料费用等。包括折旧费、修理及替换设备费、安装拆卸费、机上人工费和动力燃料费等。

（2）其他直接费。其他直接费指直接费以外的在施工过程中直接发生的其他费用。包括冬雨季施工增加费、夜间施工增加费、特殊地区施工增加费和其他。

（3）现场经费。现场经费包括临时设施费和现场管理费。

2. 间接费

间接费是指施工企业为建筑安装工程施工而进行组织与管理所发生的各项费用，是构成建筑产品成本，但又不直接消耗在工程项目上的有关费用。

间接费由企业管理费、财务费用和其他费用组成。

（1）企业管理费。企业管理费是指施工企业为组织施工生产经营活动所发生的管理费用。

（2）财务费用。指企业为筹集资金而发生的各项费用，包括企业经营期间发生的短期融资利息净支出、汇兑净损失、金融机构手续费、企业筹集资金发生的其他财务费用，以及投标和承包工程发生的保函手续费等。

（3）其他费用。指企业定额测定费及施工企业进退场补贴费。

3. 企业利润

企业利润是指按规定应计入建筑安装工程费用中的利润。

4. 税金

税金是指国家对施工企业承担建筑、安装工程作业收入所征收的营业税、城市维护建设税和教育费附加。上述税费，应分别根据国务院发布的《中华人民共和国营业税条例（草稿）》、《中华人民共和国城市维护建设税暂行条例》、《征收教育费附加的暂行规定》等文件规定的征用范围和税率计算。

### 2.3.2　设备费

设备费包括设备原价、运杂费、运输保险费和采购及保管费。

1. 设备原价

（1）国产设备，以出厂价为原价，非定型和非标准产品，采用与厂家签订的合同价或询价。

（2）进口设备，以到岸价和进口征收的税金、手续费、商检费及港口费等各项费用之和为原价。到岸价采用与厂家签订的合同价或询价计算，税金和手续费等按规定计算。

（3）大型机组拆卸分装运至工地后的拼装费用，应包括在设备原价内。

可行性研究和初步设计阶段，非定型和非标准产品，一般不可能与厂家签订价格合同，设计单位可按向厂家索取的报价资料和当年的价格水平，经认真分析论证后，确定设备价格。

2. 运杂费

运杂费是指设备由厂家运至工地安装现场所发生的一切运杂费用。主要包括运输费、

调车费、装卸费、包装绑扎费、大型变压器充氮费以及其他可能发生的杂费。

3. 运输保险费

运输保险费是指设备在运输过程中的保险费用。

国产设备的运输保险费可按工程所在省、自治区、直辖市的规定计算；进口设备的运输保险费按有关规定计算。

4. 采购及保管费

采购及保管费是指建设单位和施工企业在负责设备的采购、保管过程中发生的各项费用。主要包括：

(1) 采购保管部门工作人员的基本工资、辅助工资、工资附加费、劳动保护费、教育经费、办公费、差旅交通费、工具用具使用费等。

(2) 仓库、转运站等设施的运行费、维修费、固定资产折旧费、技术安全措施费和设备的检验、试验费等。

### 2.3.3 独立费用

独立费用是指按照基本建设工程投资统计包括范围的规定，应在投资中支付并列入建设项目概预算，与工程直接有关却难以直接摊入某个单位工程的费用。独立费用由建设管理费、生产准备费、科研勘测设计费、建设及施工场地征用费和其他组成。

### 2.3.4 预备费

预备费是指在初步设计阶段难以预料而在施工过程中又可能发生的规定范围内的费用，以及工程建设期内可能发生的价差。预备费包括基本预备费和价差预备费两项。

### 2.3.5 建设期融资利息

建设期融资利息是指根据国家财政金融政策规定，工程在建设期内须偿还并应计入工程总投资的融资利息。

### 2.3.6 工程总投资

1. 静态总投资

工程一至五部分（即建筑工程、机电设备及安装工程、金属结构设备及安装工程、施临时工程和独立费用）投资与基本预备费之和构成静态总投资。

2. 总投资

工程一至五部分（即建筑工程、机电设备及安装工程、金属结构设备及安装工程、施临时工程和独立费用）投资、基本预备费、价差预备费、建设期融资利息之和构成总投资。

## 学 习 情 境 小 结

本学习情境主要介绍了水利工程分类和概算组成、工程项目划分与组成、水利工程概预算费用构成等有关内容，并着重介绍了水利工程项目划分与组成、概预算费用构成等知识，通过本学习情境的学习能初步进行水利工程分类和项目划分。学习任务的重点是工程项目划分与组成、水利工程概预算费用构成。

对于水利工程概预算费用构成，只是列出了所包括的内容，而对于各项费用具体的计算以及取费费率等，则是后续学习情境的学习内容，留待后面讲解。

## 项目实训与思考

1. 基本建设项目如何进行项目划分?
2. 水利工程项目如何划分的?其内容如何?
3. 水利工程费用由哪些内容组成?
4. 价差预备费和基本预备费有何区别?
5. 工程总投资包括哪些费用?

# 学习情境3 工程建设定额

**学习目标：**

1. 熟悉定额的分类和作用。
2. 掌握水利水电概预算定额的使用方法。
3. 了解定额的编制原则和方法。

**学习任务：**

1. 掌握定额的使用方法。
2. 掌握材料消耗指标的计算。

## 学习单元3.1 工程定额认知

### 3.1.1 工程建设定额的概念

定额是指在合理的劳动组织和合理地使用材料和机械的条件下，完成单位合格产品所消耗的资源数量标准。

在社会生产中，为了生产出合格的产品，就必需一定数量的人力、材料、机具、资金等。由于受各种因素的影响，生产一定数量的同类产品，这种消耗量并不相同，消耗量越大，产品的成本就越高，在产品价格一定的情况下，企业的盈利就会降低，对社会的贡献也就较低，对国家和企业本身都是不利的，因此降低产品生产过程中的消耗具有十分重要的意义。但是，产品生产过程中的消耗不可能无限降低，在一定的技术与组织条件下，必然有一个合理的数额。根据一定时期的生产力水平和对产品的质量要求，规定在产品生产中人力、物力或资金消耗的数量标准，这种标准就是定额。

定额水平是一定时期社会生产力水平的反映，它与操作人员的技术水平、机械化程度及新材料、新工艺、新技术的发展和应用有关，同时，也与企业的管理组织水平和全体技术人员的劳动积极性有关。所以定额不是一成不变的，而是随着生产力水平的变化而变化的。一定时期的定额水平，必须坚持平均先进的原则，所谓平均先进水平，就是在一定的生产条件下，大多数企业、班组和个人，经过努力可以达到或超过的标准。因此，定额必须从实际出发，根据生产条件、质量标准和工人现有的技术水平等经过测算、统计、分析而制定，并随着上述条件的变化而进行补充和修订，以适应生产发展的需要。

工程建设定额是指在一定的技术组织条件下，预先规定消耗在单位合格建筑产品上的人工、材料、机械、资金和工期的标准额度，是建筑安装工程预算定额、概算定额、概算指标、投资估算指标、施工定额和工期定额等的总称。

工程建设定额规定的额度反映的是在一定的社会生产力发展水平条件下，完成工程建设中某项产品与各种生产消费之间的特定的数量关系，体现在正常施工条件下人工、材料、机械等消耗的社会平均合理水平。目前适用于水利水电行业的定额有 2002 年水利部颁发的《水利工程设计概（估）算编制规定》和《水利建筑工程概算定额》、《水利建筑工程预算定额》、《水利工程施工机械台时费定额》、《设备安装工程概算定额》、《设备安装工程预算定额》等。

### 3.1.2 定额的特性

1. 科学性

工程建设定额的科学性包括两重含义。一重含义是指工程建设定额和生产力发展水平相适应，反映出工程建设中生产消费的客观规律。另一重含义是指制定定额有其科学理论基础和科学技术方法。

定额的制定是在充分考虑了客观施工生产技术和管理的条件，在分析各种影响工程施工生产消耗因素的基础上力求定额水平与生产力发展水平相适应，反映出工程建设中生产消费的客观规律。在制定定额的技术方法上，充分利用了现代管理科学的理论、方法和手段，通过严密的测定、统计和分析整理而制定的。制定工程定额要进行“时间研究”、“动作研究”以及工人、材料相机具在现场的配置研究，有时还要考虑机具改革、施工生产工艺等技术方面的问题等。

2. 群众性

定额是根据当时的实际生产力水平，由定额技术管理人员（具有理论和技术的专门人员）主持，有熟练工人和技术人员参加，在大量测定、综合、分析、研究实际生产中的有关数据和资料的基础上制定出来的，因此它具有广泛的群众性。定额一旦制定颁发，运用于实际生产中，则成为广大群众共同奋斗的目标，定额的执行也离不开工人群众。因此说，定额具有广泛的群众性。

3. 针对性

定额的针对性很强，一种产品（或工序）一项定额，而且一般不能相互套用。一项定额，它不仅是该产品（或工序）的资源消耗的数量标准，而且还规定了完成该产品（或工序）的工作内容、质量标准和质量要求。具有较强的针对性，应用时不能随意套用。

4. 权威性

定额是由国家或其授权机关组织编制和颁发的一种法令性指标，在执行范围之内，任何单位都必须严格遵守和执行，不得任意调整和修改。如需进行调整、修改和补充，必须经授权编制部门批准。定额具有经济法规的性质，赋予定额以权威性，使其具有强制性的特点，有利于理顺工程建设有关各方的经济关系和利益关系。

5. 时效性与稳定性

定额中所规定的各种活劳动与物化劳动消耗量的多少，是由一定时期的社会生产力水平所决定的。随着施工技术的发展和管理水平的提高，定额的内容也不断地更新和充实，即定额的水平也不断提高。当生产条件发生了变化，技术有了进步，生产力水平有了提高，原定额也就不适应了，在这种情况下，授权部门应根据新的情况制定出新的定额或补充原有的定额，这就是定额的时效性。但是，社会的发展有其自身的规律，有一个量变到质变的过程，而且定额的执行也有一个时间过程，所以每一次制定的定额必须是相对稳定的，稳定的时间有长有短，一般在5～10年之间。

# 学习单元 3.2 工程定额的作用及分类

## 3.2.1 定额的作用

定额是一切企业实行科学管理的必备条件，没有定额就没有企业的科学管理。定额的作用主要表现以下几个方面。

1. 定额是编制计划的基础

无论是国家计划还是企业计划，在计划管理中需编制施工进度计划、年度计划、月作业计划以及下达生产任务单等，都直接或间接地以各种定额为依据来计算人力、物力、财力等各种资源需要量。所以，定额是编制计划的基础。

2. 定额是确定产品成本的依据，是评比设计方案合理性的尺度

建筑产品的价格是由其产品生产过程中所消耗的人力、材料、机械台班数量以及其他资源、资金的数量所决定的，而它们的消耗量又是根据定额计算的，定额是确定产品成本的依据。同时，同一建筑产品的不同设计方案的成本，反映了不同设计方案的技术经济水平的高低。因此，定额也是比较和评价设计方案是否经济合理的尺度。

3. 定额是提高企业经济效益的重要工具

定额是一种法定的标准，具有严格的经济监督作用，它要求每一个执行定额的人，都必须严格遵守定额的要求，并在生产过程中尽可能有效地使用人力、物力、资金等资源，使之不超过定额规定的标准，从而提高劳动生产率，降低生产成本的目的。同时，企业在计算和平衡资源需要量、组织材料供应、编制施工进度计划和作业计划、组织劳动力、签发任务书、考核工料消耗、实行承包责任制等一系统管理工作时，需要以定额作为计算标准。因此它是加强企业管理的重要工具。

4. 定额是贯彻按劳分配原则的尺度

由于工时消耗定额反映了生产产品与劳动量的关系，可以根据定额来对每个劳动者的工作进行考核，从而确定他所完成的劳动量的多少，并以此来支付他的劳动报酬。多劳多得、少劳少得，体现了社会主义按劳分配的基本原则，这样企业的效益就同个人的物质利益结合起来了。

5. 定额是总结推广先进生产方法的手段

定额是在先进合理的条件下，通过对生产和施工过程的观察、实测、分析而综合制定的，它可以准确地反映出生产技术和劳动组织的先进合理程度。因此，我们可以用定额标定的方法，对同一产品在同一操作条件下的不同生产方法进行观察、分析，从而总结出比较完善的生产方法，并经过试验、试点，然后在生产过程中予以推广，使生产效率得到提高。

6. 定额是投资决策的依据

建设项目法人（建设单位）或其招标代理机构在确定和控制工程造价、进行经济评价和评判报价是否合理时，必然以定额为依据。它是项目筛选、进行经济比较的依据，也是确定项目造价的基础。建筑工程的造价是由设计内容决定的，而设计内容又是由它的工程所需要的劳动力、材料、机械设备等的消耗来决定的。这里的劳动力、材料和机械设备等，都是根据定额计算出来的。因此，从设计的角度看，定额是确定基本建设投资和建筑工程造价的依据。实施中，概预算是建设单位筹措资金、发包工程、控制造价的依据和目

标，也是自我约束、衡量建设管理水平的标准。

### 3.2.2 工程定额的分类

建筑安装工程定额可按不同的标准进行划分。

1. 按生产要素划分

建筑安装工程定额的种类很多，但不论何种定额，其包含的生产要素是共同的，即人工、材料和机械等三要素。所以按生产要素可划分为以下三类：

（1）劳动定额。劳动定额又称人工定额或工时定额。它反映了建筑安装工人劳动生产率的平均先进水平。其表示形式有时间定额和产量定额两种。时间定额是指在合理的劳动组织和施工条件下，生产质量合格的单位产品所需要的劳动量。劳动量的单位以“工日”或“工时”表示。产量定额是指同样条件下，在单位时间内所生产的质量合格的产品数量。时间定额与产量定额互为倒数。

例如，人工挖装土方定额见表3.1。表中横线上方是时间定额，横线下方是产量定额。由表可见，人工挖二类土装斗车的时间定额为0.158工日/$m^3$，产量定额为6.33$m^3$/工日。

**表3.1　人工挖装土方每1$m^3$自然方的劳动定额**

| 项　目 | 土质级别 | | | |
|---|---|---|---|---|
| | 1 | 2 | 3 | 4 |
| 挖装筐、双轮车 | $\frac{0.0925}{10.80}$ | $\frac{0.144}{6.94}$ | $\frac{0.241}{4.15}$ | $\frac{0.370}{2.70}$ |
| 挖装斗车、机动翻斗车 | $\frac{0.102}{9.80}$ | $\frac{0.158}{6.33}$ | $\frac{0.265}{3.77}$ | $\frac{0.407}{2.46}$ |
| 挖装汽车 | $\frac{0.122}{8.20}$ | $\frac{0.190}{5.26}$ | $\frac{0.318}{3.14}$ | $\frac{0.490}{2.04}$ |

（2）材料消耗定额。材料消耗定额是指在一定的施工条件和合理使用材料的情况下，生产单位质量合格的产品所需一定规格的建筑材料、成品、半成品或配件的数量标准。

例如钢筋搭接电焊条消耗定额见表3.2。由表可见，直径为22mm的钢筋搭接平焊，焊缝长1m需用电焊条0.48kg。

**表3.2　钢筋搭接电焊条消耗定额**

| 项目 | 单位 | 钢筋直径(mm) | | | | | | | | |
|---|---|---|---|---|---|---|---|---|---|---|
| | | 12 | 16 | 19 | 22 | 25 | 28 | 32 | 36 | 40 |
| 平焊 | kg/m | 0.20 | 0.30 | 0.38 | 0.48 | 0.60 | 0.70 | 0.95 | 1.20 | 1.50 |
| 立焊 | kg/m | 0.24 | 0.36 | 0.46 | 0.57 | 0.72 | 0.84 | 1.14 | 1.34 | 1.78 |
| 仰焊 | kg/m | 0.26 | 0.39 | 0.49 | 0.62 | 0.78 | 0.91 | 1.28 | 1.58 | 1.99 |

（3）机械使用定额。机械使用定额也称机械台班或台时定额。它是指施工机械在正常的施工条件下，合理地、均衡地组织劳动和使用机械时，在单位时间内应当完成合格产品的数量，称机械产量定额。或完成单位合格产品所需的时间，称机械时间定额。

例如，油压正铲挖掘机挖土装车定额见表3.3。由表可见，斗容1$m^3$挖掘机挖4类土，土高度1.5m以上，装车时间定额为0.249台班/100$m^3$，401$m^3$/台班。

表 3.3　　油压正铲挖掘机挖土装车定额　　单位：$100m^3$

| 项目 | | | | 装车 | | |
|---|---|---|---|---|---|---|
| | | | | 1、2 类土 | 3 类土 | 4 类土 |
| 挖掘机斗容量（$m^3$） | 0.5 | 挖土高度 | 1.5m 以上 | $\frac{0.264}{3.79}$ | $\frac{0.33}{3.03}$ | $\frac{0.37}{2.70}$ |
| | | | 1.5m 以下 | $\frac{0.311}{3.22}$ | $\frac{0.389}{2.57}$ | $\frac{0.435}{2.30}$ |
| | 1.0 | | 1.5m 以上 | $\frac{0.181}{5.54}$ | $\frac{0.217}{4.60}$ | $\frac{0.249}{4.01}$ |
| | | | 1.5m 以下 | $\frac{0.212}{4.71}$ | $\frac{0.256}{3.91}$ | $\frac{0.293}{3.41}$ |
| | 1.5 | | 2.0m 以上 | $\frac{0.139}{7.20}$ | $\frac{0.170}{5.87}$ | $\frac{0.192}{5.20}$ |
| | | | 2.0m 以下 | $\frac{0.167}{5.98}$ | $\frac{0.205}{4.87}$ | $\frac{0.231}{4.32}$ |

2. 按照建设阶段分

(1) 工序定额。它以个别工序为测定对象，它是组成一切工程定额的基本元素，在施工中除了为计算个别工序的用工量外，很少采用，但却是劳动定额形成的基础。

(2) 施工定额。它是指一种工种完成某一计量单位合格产品（如打桩、砌砖、浇筑混凝土等）所需的人工、材料和施工机械台班消耗量的标准，是施工企业内部作为编制施工作业计划、进行工料分析、签发工程任务单和考核预算成本完成情况的依据。主要用于施工阶段施工企业编制施工预算。施工定额是企业内部经济核算的依据，也是编制预算定额的基础。

(3) 预算定额。它是以工程中的分项工程为测定对象，其内容包括人工、材料和机械台班（或台时）使用量等三个部分。它是编制施工图预算（设计预算）的依据，也是编制概算定额、概算指标的基础。预算定额在施工企业被广泛用于编制施工准备计划，编制工程材料预算，确定工程造价，考核企业内部各类经济指标等。因此，预算定额是用途最广泛的一种定额。

(4) 概算定额。它是预算定额的合并与归纳，用于在初步设计深度条件下，编制设计概算，控制设计项目总造价，评定投资效果和优化设计方案。

(5) 概算指标。它是概算定额的扩大与合并，它是以整个建筑物和构筑物为对象，以更为扩大的计量单位来编制的。概算指标的内容包括劳动、机械台班、材料定额三个基本部分，同时还列出了各结构分部的工程量及单位建筑工程（以体积计或面积计）的造价，是一种计价定额。

概算指标的设定和初步设计的深度相适应，一般是在概算定额和预算定额的基础上编制，比概算定额更加综合扩大。它是设计单位编制工程概算或建设单位编制年度任务计划、施工准备期间编制材料和机械设备供应计划的依据，也可供国家编制年度建设计划参考。

(6) 投资估算指标。它是在项目建议书和可行性研究阶段编制投资估算、计算投资需要量时使用的一种定额。它往往以独立的单项工程或完整的工程项目为计算对象，编制内容是所有项目费用之和。它的概略程度与可行性研究阶段相适应。投资估算指标往往根据历史的预、决算资料和价格变动等资料编制，但其编制基础仍然离不开预算定额、概算定额。

上述各种定额的相互关系可参见表3.4。

表3.4 各种定额的相互关系

| 定额分类 | 施工定额 | 预算定额 | 概算定额 | 概算指标 | 投资估算指标 |
|---|---|---|---|---|---|
| 对象 | 工序 | 分部分项工程 | 扩大的分部分项工程 | 整个建筑物或构筑物 | 独立的单项工程或完整的工程项目 |
| 用途 | 编制施工预算 | 编制施工图预算 | 编制设计概算 | 编制初步设计概算 | 编制投资估算 |
| 项目划分 | 最细 | 细 | 较粗 | 粗 | 很粗 |
| 定额水平 | 平均先进 | 平均 | 平均 | 平均 | 平均 |
| 定额性质 | 生产性定额 | 计价性定额 | | | |

3. 按制定单位和执行范围划分

按制定单位和执行范围可划分为以下五类：

(1) 全国统一定额。由国务院有关部门制定和颁发的定额。它不分地区，全国适用。

(2) 地区统一定额，包括省、自治区、直辖市定额。地区统一定额主要是考虑地区性特点和全国统一定额水平作适当调整和补充编制的。

(3) 行业定额。它是由各行业结合本行业特点，在国家统一指导下编制的具有较强行业或专业特点的定额，一般只在本行业内部使用。如2002年水利部颁发了《水利建筑工程概算定额》、《水利建筑工程预算定额》、《水利工程施工机械台时费定额》。

(4) 企业定额。它是指建筑、安装企业在其生产经营过程中，在国家统一定额、行业定额、地方定额的基础上，根据工程特点和自身积累资料，结合本企业具体情况自行编制的定额，供企业内部管理和企业投标报价用。如施工企业及附属的加工厂、车间编制的用于企业内部管理、成本核算、投标报价的定额，以及对外实行独立经济核算的单位如预制混凝土和金属结构厂、大型机械化施工公司、机械租赁站等编制的不纳入建筑安装工程定额系列之内的定额标准、出厂价格、机械台班租赁价格等。

4. 按费用性质划分

(1) 直接费定额。它是指由直接进行施工所发生的人工、消耗及其他直接费组成，是计算工程单价的基础。

(2) 间接费用定额。它是指企业为组织和管理施工所发生的各项费用，一般以直接费或直接人工工资作为基础计算。

(3) 其他基本建设费用定额。它是指不属于建筑安装工作量的独立费用定额，如科研、勘测、设计费定额，技术装备费定额等。

(4) 施工机械台班费用定额。它是指施工过程中所使用的施工机械每运转一个台班所发生的机上人员、动力、燃料消耗数量和折旧、大修理、经常修理、安装拆卸、保管等摊销费用的定额。

### 3.2.3 定额的编制原则

1. 平均合理的原则

定额的水平应反映社会平均水平，体现社会必要劳动的消耗量，也就是在正常施工条

件下，大多数工人和企业能够达到和超过的水平，既不能采用少数先进生产者、先进企业所达到的水平，也不能以落后的生产者和企业的水平为依据。

2. 基本准确的原则

定额是对千差万别的个别实践进行概括、抽象出一般的数量标准。因此，定额的“准”是相对的，定额的“不准”是绝对的。我们不能要求定额编得与实际完全一致，只能要求基本准确。

3. 简明适用的原则

在保证具有基本准确的前提下，定额项目不宜过细过繁，步距不宜太小、太密，对于影响定额的次要参数可采用调整系数等方法简化定额项目，做到粗而准确，细而不繁，便于使用。

4. 统一性和差别性相结合的原则

统一性就是由中央主管部门归口，考虑国家的方针政策和经济发展要求，统一制定定额的编制原则和方法，具体组织和颁发全国统一定额，颁发有关的规章制度和条例细则，在全国范围内统一定额分项、定额名称、定额编号，统一人工、材料和机械台时消耗量的名称及计量尺度。

差别性就是在统一性基础上，各部门和地区可在管辖范围内，根据各自的特点，依据国家规定的编制原则，编制各部门和地区性定额，颁发补充性的条例细则，并加强定额的经常性管理。

## 学习单元3.3 工程定额的使用

### 3.3.1 定额的组成内容

水利工程建设中现行的各种定额一般由总说明、章节说明、定额表和有关附录组成。其中定额表是各种定额的主要组成部分。

(1)《水利建筑工程概算定额》(2002)(以下简称《概算定额》)和《水利建筑工程预算定额》(以下简称《预算定额》)的定额表内列出了各定额项目完成不同子目的单位工程量所必需的人工、主要材料和主要机械台时消耗量。《概算定额》的部分项目和《预算定额》各定额表上方注明该定额项目的适用范围和工作内容，在定额表内对完成不同子目单位工程量所必须耗用的零星用工、用材料及机具费用，定额内以“零星材料费、其它材料费、其它机械费”表示，并以百分率的形式列出。例如表3.5为人工挖一般土方胶轮车运输预算定额。

(2) 现行《水利水电设备安装工程概算定额》(2002)(以下简称《安装工程概算定额》)和《水利水电设备安装工程预算定额》(以下简称《安装工程预算定额》)的定额表以实物量或以设备原价为计算基础的安装费率两种形式表示，其中实物量定额占97.1%。定额包括的内容为设备安装和构成工程实体的主要装置性材料安装的直接费。以实物量形式表现的定额中，人工工时、材料和机械台时都以实物量表示，其他材料费和其他机械费按占主要材料费和主要机械费的百分率计列，构成工程实体的装置性材料（即被安装的材料，如电缆、管道、母线等）安装费不包括装置性材料本身的价值；以费率形式表现的定额中，人工费、材料费、机械费及装置性材料费都以占设备原价的百分率计列，除人工费率外，使用时均不予调整。例如：表3.6为发电电压设备的安装概算定额。

表3.5　　人工挖一般土方胶轮车运输

适用范围：开挖、填筑一般土方

工作内容：挖土、装车、运输、卸车、空回　　单位：100m³

| 项　目 | 单位 | 挖装运≤50m | | | 增运50m |
|---|---|---|---|---|---|
| | | 土类级别 | | | |
| | | 1、2 | 3 | 4 | |
| 工长 | 工时 | 2.7 | 3.8 | 5.2 | |
| 高级工 | 工时 | | | | |
| 中级工 | 工时 | | | | |
| 初级工 | 工时 | 131.7 | 187.3 | 254.5 | 18.2 |
| 合计 | 工时 | 134.4 | 191.1 | 259.7 | 18.2 |
| 零星材料费 | % | 2 | 2 | 2 | |
| 胶轮车 | 台时 | 56.00 | 65.20 | 74.00 | 10.40 |
| 编　号 | | 10014 | 10015 | 10016 | 10017 |

表3.6　　发 电 电 压 设 备

| 定额编号 | 项　目 | 单位 | 安装费（%） | | | | 装置性材料费（%） |
|---|---|---|---|---|---|---|---|
| | | | 合计 | 人工费 | 材料费 | 机械使用费 | |
| 06001 | 电压（kV）6.3 | 项 | 12.1 | 7.2 | 3.0 | 1.9 | 5.3 |
| 06002 | 10.5 | 项 | 8.9 | 4.9 | 2.6 | 1.4 | 3.3 |
| 06003 | ＞10.5 | 项 | 7.1 | 3.7 | 2.2 | 1.2 | 3.0 |

（3）现行《水利工程施工机械台时费定额》列出了水利工程施工中常见的施工机械每工作一个台时所花的费用。定额内容包括一类费用和二类费用两部分。其中一类费用包括折旧费、修理及替换设备费和安装拆卸费，按2000年度价格水平计算并用金额表示，使用时根据主管部门规定的系数进行调整；二类费用包括机上人工费、动力燃料费，以实物量给出，其费用按国家规定的人工工资计算办法和工程所在地的物价水平分别计算，其中人工费按中级工计算。

### 3.3.2　定额的使用原则

1．专业对口的原则

水利水电工程除水工建筑物和水利水电设备外，一般还有房屋建筑、公路、铁路、输电线路、通信线路等永久性设施。水工建筑物和水利水电设备安装应采用水利、电力主管部门颁发的定额，其他永久性工程应分别采用所属主管部门颁发的定额，如铁路工程应采用铁道部颁发的铁路工程定额，公路工程采用交通部颁发的公路工程定额。

2．设计阶段对口的原则

可研阶段编制投资估算应采用估算指标；初设阶段编制概算应采用概算定额；施工图设计阶段编制施工图预算应采用预算定额。如因本阶段定额缺项，须采用下一阶段定额时，应按规定乘过渡系数。

3. 工程定额与费用定额配套使用的原则

在计算各类永久性设施工程时，采用的工程定额除应执行专业对口的原则外，其费用定额也应遵照专业对口的原则，与工程定额相适应。如采用公路工程定额计算永久性公路投资时，应相应采用交通部颁发的费用定额。对于实行招标承包制的工程，编制工程标底时，应按照主管部门批准颁发的综合定额和扩大指标，以及相应的间接费定额的规定执行。施工企业投标、报价可根据条件适当浮动。

### 3.3.3　定额的使用方法

#### 3.3.3.1　定额的使用方法

定额是编制水利工程造价的重要依据，要熟练准确地使用定额，必须做到以下几点：

(1) 首先要认真阅读定额的总说明和章节说明。对说明中指出的编制原则、依据、适用范围、使用方法、已经考虑和没有考虑的因素以及有关问题的说明等，都要通晓和熟悉。

(2) 要了解定额项目的工作内容。根据工程部位、施工方法、施工机械和其它施工条件正确地选用定额项目，做到不错项、不漏项、不重项。

(3) 要学会使用定额的各种附录。例如，对建筑工程，要掌握土壤与岩石分级、砂浆与混凝土配合比用量确定等。对于安装工程要掌握安装费调整和各种装置性材料用量的确定等。

(4) 要注意定额调整的各种换算关系。当施工条件与定额项目条件不符时，应按定额说明与定额表附注中的有关规定进行换算调整。例如，各种运输定额的运距换算，各种调整系数的换算等。除特殊说明外，一般乘系数换算均按连乘计算，使用时还要区分调整系数是全面调整系数，还是对人工工时、材料消耗或机械台时的某一项或几项进行调整。

(5) 要注意定额单位与定额中数字的适用范围。工程项目单价的计算单位要和定额项目的计算单位一致。要区分土石方工程的自然方和压实方，砂石备料中的成品方、自然方与堆方码方，砌石工程中的砌体方与石料方，沥青混凝土的拌和方与成品方等。定额中凡数字后用“以上”、“以外”表示的都不包括数字本身。凡数字后用“以下”、“以内”表示的都包括数字本身。凡用数字上下限表示的，如1000～2000，相当于1000以上至2000以下，即大于1000、小于或等于2000的范围内。

(6) 水利建筑工程概算定额，应根据施工组织设计确定的工程项目的施工方法和施工条件，查定额项目表的相应子目，确定完成该项目单位工程量所需人工、材料与施工机械台时耗用量，供编制工程概算单价使用。

(7) 安装工程概预算定额，应根据安装设备种类、规格，查相应定额项目表中子目，确定完成该设备安装所需人工、材料与施工机械台时耗用量，供编制设备安装工程单价使用。

#### 3.3.3.2　使用定额应注意的问题

1.《水利建筑工程定额》的使用

(1) 概、预算的项目及工程量的计算应与定额项目的设置、定额单位相一致。

(2) 现行概算定额中，已按现行施工规范和有关规定，计入了不构成建筑工程单价实体的各种施工操作损耗，允许的超挖及超填量，合理的施工附加量及体积变化等所需人工、材料及机械台时消耗量，编制设计概算时，工程量应按设计结构几何轮廓尺寸计算。

而现行预算定额中均未计入超挖超填量、合理施工附加量及体积变化等，使用预算定额应按有关规定进行计算。

(3) 定额中其他材料费、零星材料费和其他机械费均以百分率（%）形式表示，其计算基数为：其他材料费以主要材料费之和为计算基数；零星材料费以人工费、机械费之和为计算基数；其他机械费以主要机械费之和为计算基数。

2.《水利水电设备安装工程定额》的使用

(1) 定额中人工工时、材料、机械台时等以实物量表示。其中材料和机械仅列出主要品种的型号、规格及数量，如品种、型号、规格不同，均不作调整。其它材料和一般小型机械及机具分别按占主要材料费和主要机械费的百分率计列。

(2) 安装费率定额中以设备原价作为计算基础，安装工程人工费、材料费、机械使用费和装置性材料费均以费率（%）形式表示，除人工费用外，使用时均不作调整。

(3) 装置性材料根据设计确定的品种、型号、规格和数量计算，并计入规定的操作损耗量。

(4) 使用电站主厂房桥式起重机进行安装工作时，桥式起重机台时费不计基本折旧费和安装拆卸费。

(5) 定额中零星材料费，以人工费、机械费之和为计算基数。

## 学习情境小结

本学习情景介绍了工程建设定额的概念、特性及分类，定额的使用原则与方法等。重点介绍了现行水利建筑工程定额的使用方法。

定额的使用应注意专业对口、与设计阶段对口、工程定额与费用定额配套使用的原则。具体的使用方法将在后面有关学习情景中详细介绍。

## 项目实训与思考

1. 什么叫工程建设定额？定额的特点有哪些？

2. 投资估算指标、概算定额、预算定额与施工定额之间的关系如何？

3. 什么叫机械幅度差，影响机械幅度差的因素有哪些？

4. 施工过程可分解为综合工作过程、工作过程、工序、操作、动作，分析它们之间的异同。

5. 水利部部颁定额的使用原则和应注意的问题有哪些？

6. 2002部颁定额的主要内容、表现形式及适用范围是什么？

7. 用10t塔式起重机吊装混凝土板，已知机械台班产量定额为30块，工作组内有1名吊车司机、5名安装起重工、2名电焊工。试求吊装每一块板的机械时间定额和人工时间定额。

8. 已知混凝土预制块为0.4m×0.185m×0.785m，防浪墙厚0.4m，高1m，灰缝按0.015m考虑，砌体损耗率为1.2%，砂浆损耗率为17.4%，试计算每立方米防浪墙砌块和砂浆的消耗量。

# 学习情境4 基础单价编制

**学习目标：**

1. 掌握人工预算单价的组成及计算方法。
2. 掌握材料预算价格的组成及计算方法。
3. 掌握施工机械台时费的组成及计算方法，了解补充台时费的编制方法。
4. 掌握施工用电、水、风预算价格的组成及计算方法。
5. 熟悉自行采备砂石料的生产工艺流程，了解其单价计算方法。
6. 掌握砂浆及混凝土材料预算价格的计算方法。

**学习任务：**

1. 人工预算单价的组成及计算方法。
2. 材料预算价格的组成及计算方法。
3. 施工机械台时费的组成及计算方法。

在编制水利水电工程概预算时，需要根据工程项目所在地区的有关规定、工程所在地的具体条件、施工技术、材料来源等，编制人工预算单价、材料预算价格、施工机械台时费、施工用电、风、水预算价格、砂石料单价、砂浆及混凝土材料价格，作为编制建筑安装工程单价的基本依据。这些预算价格统称为基础单价。

## 学习单元4.1 人工预算单价

人工预算单价是指生产工人在单位时间（工时）的费用，是在编制概预算中计算各种生产工人人工费时所采用的人工费单价，是计算建筑安装工程单价和施工机械使用费中人工费的基础单价。

人工预算单价的组成内容和标准，在不同的时期、不同的部门、不同的地区，都是不相同的。因此，在编制概预算时，必须根据工程所在地区工资类别和现行水利水电施工企业工人工资标准及有关工资性津贴标准，按照国家有关规定，正确地确定生产工人人工预算单价。

### 4.1.1 人工预算单价组成

人工预算单价由基本工资、辅助工资、工资附加费等三部分内容组成，划分为工长、高级工、中级工、初级工四个档次。

1. 基本工资

基本工资包括岗位工资、年功工资和年应工作天数内非作业天数的工资。

（1）岗位工资：指按照职工所在岗位从事的各项劳动要素测评结果确定的工资。

（2）年功工资：指按照职工工作年限确定的工资，随工作年限增加而逐年累加。

（3）生产工人年应工作天数内非作业天数的工资：包括职工开会学习、培训期间的工资，调动工作、休假、探亲期间的工资，因气候影响的停工工资，女工哺乳期间的工资，病假在六个月内的工资以及产、婚、丧假期的工资。

2. 辅助工资

辅助工资是指在基本工资之外，以其他形式支付给职工的工资性收入，指根据国家有关规定属于工资性质的各种津贴，主要包括地区津贴、施工津贴、夜餐津贴、节日加班津贴等。

3. 工资附加费

工资附加费是指按照国家规定提取的职工福利基金、工会经费、养老保险费、医疗保险费、工伤保险费、职工失业保险基金和住房公积金。

### 4.1.2 人工预算单价计算

人工预算单价应根据国家有关规定，按工程所在地区的工资区类别和水利水电施工企业工人工资标准并结合水利工程特点等进行计算。执行水利部水总［2002］116号文件制定的人工预算单价计算办法。

#### 4.1.2.1 人工预算单价计算方法

根据2002年水利部颁发的有关规定，现行人工预算单价包括以下3项12小项内容，以六类工资区为例，其分项计算方法如下：

1. 基本工资

基本工资(元/工日)＝基本工资标准(元/月)×地区工资系数×12月
÷年应工作天数×1.068 (4-1)

2. 辅助工资

(1) 地区津贴(元/工日)＝津贴标准(元/月)×12÷年应工作天数×1.068 (4-2)

(2) 施工津贴(元/工日)＝津贴标准(元/天)×365×95％÷年应工作天数×1.068 (4-3)

(3) 夜班津贴(元/工日)＝(中班津贴标准＋夜班津贴标准)÷2×(20％～30％) (4-4)

(4) 节日加班津贴(元/工日)＝基本工资(元/工日)×3×10÷年应工作天数×35％ (4-5)

3. 工资附加费

(1) 职工福利基金(元/工日)＝［基本工资(元/工日)＋辅助工资(元/工日)］×费率标准(％) (4-6)

(2) 工会经费(元/工日)＝［基本工资(元/工日)＋辅助工资(元/工日)］×费率标准(％) (4-7)

(3) 养老保险费(元/工日)＝［基本工资(元/工日)＋辅助工资(元/工日)］×费率标准(％) (4-8)

(4) 医疗保险费(元/工日)＝［基本工资(元/工日)＋辅助工资(元/工日)］×费率标准(％) (4-9)

(5) 工伤保险费(元/工日)＝［基本工资(元/工日)＋辅助工资(元/工日)］×费率标准(％) (4-10)

(6) 职工失业保险基金(元/工日)＝［基本工资(元/工日)＋辅助工资(元/工日)］×费率标准(％) (4-11)

(7) 住房公积金(元/工日)=[基本工资(元/工日)+辅助工资(元/工日)]
×费率标准(%) (4-12)

4. 人工工日预算单价(元/工日)=基本工资+辅助工资+工资附加费 (4-13)

5. 人工工时预算单价(元/工时)=人工工日预算单价(元/工日)
÷日工作时间(工时/工日) (4-14)

注:① 上述费用计算中的1.068为年应工作天数内非工作天数的工资系数。

② 在计算夜餐津贴时,式中百分数的选取方法为:枢纽工程取30%,引水及河道工程取20%。人工预算单价可采用表4.5所示格式计算。

#### 4.1.2.2 人工预算单价计算标准

1. 有效工作时间

年应工作天数:251工日(全年365d减去双休日104d、法定节日10d)。

日工作时间:8工时/工日。

年非作业天数:每年非工作天数按16d计算。

年有效工作天数:等于年应工作天数减去年非作业天数,为235d。

年应工作天数内非作业天数的工资系数:251÷235=1.068。

2. 基本工资

根据国家有关规定和水利部水利企业工资制度改革办法,并结合水利工程特点,分别确定了枢纽工程、引水及河道工程六类工资区分级工资标准。按国家规定享受生活费补贴的特殊地区,可按有关规定计算,并计入基本工资。

(1) 基本工资标准:基本工资标准表(六类工资区)见表4.1。

表4.1 基本工资标准表(六类工资区)

| 序号 | 名称 | 单位 | 枢纽工程 | 引水工程及河道工程 |
|---|---|---|---|---|
| 1 | 工长 | 元/月 | 550 | 385 |
| 2 | 高级工 | 元/月 | 500 | 350 |
| 3 | 中级工 | 元/月 | 400 | 280 |
| 4 | 初级工 | 元/月 | 270 | 190 |

注 按国家规定享受生活费补贴的特殊地区,可按有关规定计算,并计入基本工资。

(2) 地区工资系数:根据劳动部的规定,六类以上工资区的地区工资系数如表4.2所示。

表4.2 与六类工资区对应的各类工资区地区工资系数

| 工资区类别 | 地区工资系数 | 工资区类别 | 地区工资系数 |
|---|---|---|---|
| 七类工资区 | 1.0261 | 十类工资区 | 1.1043 |
| 八类工资区 | 1.0522 | 十一类工资区 | 1.1304 |
| 九类工资区 | 1.0783 | | |

(3) 辅助工资标准:经国家有关部门批准的地区津贴计入辅助工资,各省、自治区、直辖市规定的各种补贴按现行规定不进入人工预算单价。辅助工资标准见表4.3。

表 4.3　　辅助工资标准表

| 序号 | 项 目 | 枢纽工程 | 引水工程及河道工程 |
|---|---|---|---|
| 1 | 地区津贴 | 按国家、省、自治区、直辖市的规定 | |
| 2 | 施工津贴 | 5.3元/d | 3.5～5.3元/d |
| 3 | 夜餐津贴 | 4.5元/夜班，3.5元/中班 | |
| 备注：初级工的施工津贴标准按上述数值的50%计取 | | | |

(4) 工资附加费标准：工资附加费标准见表4.4。

表 4.4　　工资附加费标准表

| 序号 | 项 目 | 费率标准(%) | |
|---|---|---|---|
| | | 工长、高中级工 | 初级工 |
| 1 | 职工福利基金 | 14 | 7 |
| 2 | 工会经费 | 2 | 1 |
| 3 | 养老保险费 | 按各省、自治区、直辖市规定 | 按各省、自治区、直辖市规定的50% |
| 4 | 医疗保险费 | 4 | 2 |
| 5 | 工伤保险费 | 1.5 | 1.5 |
| 6 | 职工失业保险基金 | 2 | 1 |
| 7 | 住房公积金 | 按各省、自治区、直辖市规定 | 按各省、自治区、直辖市规定的50% |
| 备注：养老保险费率一般取20%以内，住房公积金费率取5%左右 | | | |

### 4.1.3 工程实例分析

**【工程实例分析4-1】**

1. 项目背景

某城市位于6类地区，兴建一座污水处理泵站工程，无地区津贴，养老保险费率20%，住房公积金费率5%。

2. 工作任务

计算初级工人工预算单价和计算工长的人工预算单价。

3. 分析与解答

第一步：进行初级工人工预算单价计算。

(1) 基本工资＝270×12÷251×1.068＝13.786(元/工日)

(2) 辅助工资为：

①地区津贴＝0元/工日

②施工津贴＝5.3×365×95%÷251×1.068×50%＝3.910(元/工日)

③夜餐津贴＝(4.5＋3.5)÷2×30%＝1.200(元/工日)

④节日加班津贴＝13.786×3×10÷251×35%＝0.577(元/工日)

辅助工资＝①＋②＋③＋④＝5.687(元/工日)

(3) 工资附加费：

①职工福利基金＝(13.786＋5.687)×7%＝1.363(元/工日)

②工会经费＝(13.786＋5.687)×1%＝0.195(元/工日)

③养老保险费＝(13.786＋5.687)×20%×50%＝1.947(元/工日)

④医疗保险费＝(13.786＋5.687)×2%＝0.389(元/工日)

⑤工伤保险费＝(13.786＋5.687)×1.5%＝0.292(元/工日)

⑥职工失业保险基金＝(13.786＋5.687)×1%＝0.195(元/工日)

⑦工伤保险费＝(13.786＋5.678)×5%×50%＝0.487(元/工日)

工资附加费＝①＋②＋③＋④＋⑤＋⑥＋⑦＝4.868(元/工日)

人工工时预算单价＝13.786＋5.687＋4.868＝24.341(元/工日)，取定为3.04元/工时

第二步：列表进行工长人工预算单价计算，如表4.5所示。

**表4.5　　工长人工预算单价计算表**

| 地区类别 | 六类 | 定额人工等级 | 工长 |
|---|---|---|---|
| 序号 | 项目 | 计算式 | 单价（元） |
| 1 | 基本工资 | 550×12÷251×1.068 | 28.083 |
| 2 | 辅助工资 | (1)＋(2)＋(3)＋(4) | 10.195 |
| (1) | 地区津贴 | 0 | 0 |
| (2) | 施工津贴 | 5.3×365×95%÷251×1.068 | 7.820 |
| (3) | 夜餐津贴 | (3.5＋4.5)÷2×30% | 1.200 |
| (4) | 节日加班津贴 | 28.083×3×10÷251×35% | 1.175 |
| 3 | 工资附加费 | (1)＋(2)＋(3)＋(4)＋(5)＋(6)＋(7) | 18.567 |
| (1) | 职工福利基金 | 28.083＋10.195）×14% | 5.359 |
| (2) | 工会经费 | 28.083＋10.195）×2% | 0.766 |
| (3) | 养老保险费 | 28.083＋10.195）×20% | 7.657 |
| (4) | 医疗保险费 | 28.083＋10.195）×4% | 1.531 |
| (5) | 工伤保险费 | 28.083＋10.195）×1.5% | 0.574 |
| (6) | 职工失业保险基金 | 28.083＋10.195）×2% | 0.766 |
| (7) | 住房公积金 | 28.083＋10.195）×5% | 1.914 |
| 4 | 人工工日预算单价 | 1＋2＋3 | 56.845 |
| 5 | 人工工时预算单价 | 56.845÷8 | 7.11 |

相应地，可计算出各地区不同工种的人工预算单价。表4.6列举了六类地区不同工种的人工预算单价（养老保险费率20%，住房公积金费率5%，无地区津贴）。

**表4.6　　六类地区不同工种人工预算单价表**

| 工程类别 | 枢　纽　工　程 | | 引水工程及河道工程 | |
|---|---|---|---|---|
| 工长 | 56.84（元/工日） | 7.11（元/工时） | 39.27（元/工日） | 4.91（元/工时） |
| 高级工 | 52.89（元/工日） | 6.61（元/工时） | 36.51（元/工日） | 4.56（元/工时） |
| 中级工 | 44.99（元/工日） | 5.62（元/工时） | 30.98（元/工日） | 3.87（元/工时） |
| 初级工 | 24.34（元/工日） | 3.04（元/工时） | 16.86（元/工日） | 2.11（元/工时） |

# 学习单元4.2 材料预算价格

在工程建设过程中，直接为生产某建筑工程而耗用的原材料、半成品、成品、零件等统称为材料。材料是建筑安装工人加工和施工的劳动对象，包括直接消耗在工程中的消耗性材料、构成工程实体的装置性材料和在施工中可重复使用的周转性材料。水利水电工程建设中，材料用量大，材料费是构成建筑安装工程投资的主要组成部分，所占比重很大，在建安工程投资中所占比重一般在30%以上，有的甚至达到60%左右。因此正确计算材料预算价格，对于提高工程概预算编制质量、合理确定和有效控制工程造价具有重要意义。

材料预算价格是指材料从购买地运到工地分仓库或相当于工地分仓库的材料堆放场地的出库价格。材料预算价格是计算建筑安装工程单价中材料费的基础单价，在编制过程中，必须进行深入的调查研究，坚持实事求是的原则，按工程所在地编制年价格水平计算。

## 4.2.1 主要材料与次要材料的划分

在编制材料预算价格时，首先遇到的问题是水利水电工程建设中所使用的材料品种繁多，规格各异，在编制材料的预算价格时没必要也不可能逐一详细计算，而是按其用量的多少及对工程投资的影响程度，将材料划分为主要材料和次要材料，对主要材料逐一详细计算其材料预算价格，而对次要材料则采用简化的方法进行计算。

1. 主要材料

主要材料是指在施工中用量大或用量虽小但价格很高，对工程投资影响较大的材料。这类材料的价格应按品种逐一详细计算。主要材料通常是指水泥、钢筋、木材、火工产品、油料（包括汽油、柴油）、砂石料等。

2. 次要材料

次要材料又称其他材料，指施工中用量少，对工程投资影响较小的除主要材料外的其他材料。一般包括电焊条、铁钉、铁件等。

其价格采用简化的方法进行计算，一般参照工程所在地区就近城市定额管理站发布的《市场价格信息》中的材料价格，加运至工地的运杂费用（一般可取预算价格的5%左右）来确定；或采用该材料的市场价，加8%左右的运杂费和采购及保管费计算。没有地区预算价格的材料，由设计单位参照水利工程实际价格水平确定。

需要说明的是，次要材料是相对于主要材料而言的，两者之间并没有严格的界限，要根据工程对某种材料用量的多少及其在工程投资中的比重来确定。如大体积混凝土掺用粉煤灰，或大量采用沥青混凝土防渗的工程，可将粉煤灰、沥青视为主要材料；而对石方开挖量很小的工程，则炸药可不作为主要材料。

## 4.2.2 主要材料预算价格的组成

主要材料预算价格一般包括材料原价、包装费、运杂费、运输保险费、采购及保管费五项。其中，材料的包装费并不是对每种材料都可能发生，如：散装材料不存在包装费，有的材料包装费已计入出厂价。

材料预算价格的计算公式为

$$\text{主要材料预算价格}=(\text{材料原价}+\text{包装费}+\text{运杂费})\times(1+\text{采购及保管费率})+\text{运输保险费} \quad (4-15)$$

### 4.2.3 主要材料预算价格的编制

在编制材料预算价格之前，需要到有关部门收集相关建筑材料的市场信息。通常需要收集的信息有：工程所在区域建筑材料的市场价格、供应状况、对外交通条件、已建工程的实际经验和资料、国家或地方有关法规等。为了节约资金，降低工程造价，应合理选择材料的供货商、供货地点、供货比例和运输方式等，一般情况下，应考虑就近选择材料来源地。

1. 材料原价

材料原价也称材料市场价或交货价格。随着市场经济的发展，材料价格（火工产品除外）已全部放开，一般按工程所在地区就近大的物资供应公司、材料交易中心的市场成交价或设计选定的生产厂家的出厂价或工程所在地建设工程造价管理部门公布的价格信息计算。同一种材料，因产源地、供应商家的不同，会有不同的供应价格，需根据市场调查的详细资料，按不同产源地的市场价格和供应比例，采取加权平均方法计算。一般水利工程的主要材料原价可按下述方法确定：

(1) 水泥。水泥产品根据国家计委、建材局计价管理的规定已全部执行市场价，水泥产品价格由厂家根据市场供求状况和水泥生产成本自主定价。水泥原价为选定厂家的出厂价。如设计采用早强水泥，可按设计确定的比例计入。在可行性研究阶段编制投资估算，水泥原价可统一按袋装水泥价格计算。

(2) 钢材。钢材根据设计所需要的规格品种的市场价计算。如果设计提供品种规格有困难时，钢筋可采用普通 $A_3$ 光面钢筋Φ16～Φ18 比例占 70%、低合金钢 20MnSi Φ20 ～Φ25 比例占 30%进行计算。各种型钢、钢板的代表规格、型号和比例，可根据设计要求确定。

(3) 木材。凡工程所需木材可由林区贮木场直供的工程，原则上均应执行设计所选定的贮木场的大宗市场批发价；由工程所在地区木材公司供应的，执行地区木材公司规定的大宗市场批发价。

确定木材原价的代表规格，按二（杉木）、三（松木）类树种各 50%，Ⅰ、Ⅱ等材各占 50%考虑，长度按 2.0～3.8m，原松木径级 $\phi$20～$\phi$28cm，锯材按中板中枋，杉木径级根据设计由贮木场供应情况确定。

(4) 油料。汽油、柴油的原价全部按工程所在地区石油公司的批发价计算。汽油代表规格为 70 号，柴油代表规格按工程所在地区气温条件确定。其中Ⅰ类气温区 0 号柴油比例占 75%～100%，－10 号～－20 号柴油比例占 0～25%；Ⅱ类气温区 0 号柴油比例占 55%～65%，－10 号～－20 号柴油比例占 35%～45%；Ⅲ类气温区 0 号柴油比例占 40%～55%，－10 号～－20 号柴油比例占 45%～60%。Ⅰ类气温区包括广东、广西、云南、贵州、四川、江苏、湖南、浙江、湖北、安徽；Ⅱ类气温区包括河南、河北、山西、山东、陕西、甘肃、宁夏、内蒙古；Ⅲ类气温区包括青海、新疆、西藏、辽宁、吉林、黑龙江。

(5) 火工产品。全部按国家及地方有关规定计算其价格。其中，炸药的代表规格为：2 号岩石铵锑炸药，4 号抗水岩石铵锑炸药，1～9kg/包。

上述 5 种建筑材料是水利水电工程概预算编制中一般必须编制预算价格的主要材料，在具体工程中须根据工程项目进行增删。

2. 包装费

包装费是指为便于材料的运输或为保护材料而进行包装所需的费用，包括厂家所进行的包装以及在运输过程中所进行的捆扎、支撑等费用。凡由生产厂家负责包装并已将包装费计入材料原价的，在计算材料的预算价格时，不再计算包装费。包装费和包装品的价值，因材料品种和厂家处理包装品的方式不同而异，应根据具体情况分别进行计算。

一般情况下，袋装水泥的包装费按规定计入出厂价，不计回收，不计押金，散装水泥有专罐车运输，一般不计包装费；钢材一般不进行包装，特殊钢材存在少量包装费，但与钢材价格相比，所占比重很小，编制预算价格时可忽略不计；木材应按实际发生的情况进行计算；火工产品包装费已包括在出厂价中；油料用油罐车运输，一般不存在包装费。

3. 材料运杂费

材料运杂费是指材料由产地或交货地点至工地分仓库或相当于工地分仓库的材料堆放场地所发生的各种运载工具的运输费、调车费、装卸费、出入库费和其他费用。由工地分仓库至各施工点的运输费用，已包括在定额内，在材料预算价格中不予计算。

在编制材料预算价格时，应按施工组织设计所选定的材料来源、运输流程（运输方式、运输工具、运输线路和运输里程）以及交通部门和厂家规定的取费标准，计算材料的运杂费。特殊材料或部件运输，要考虑特殊措施费、改造路面和桥梁等费用。

(1) 铁路运输费。委托国有铁路部门运输的材料，在国有线路上行驶时，其运杂费一律按铁道部现行规定计算；属于地方营运的铁路，执行地方的规定。

(2) 施工单位自备机车车辆在自营专用线上行驶的运杂费，按列车台时费和台时货运量以及运行维护人员开支摊销费计算。其运杂费计算公式为

$$\text{每吨运杂费}=\frac{\text{机车台时费}+\text{车辆台时费之和}}{\text{每列火车设计载重量}\times\text{装载系数}\times\text{列车每小时行驶次数}}+\text{每吨装卸费}+\text{现场管理人员开支的摊销费(元/t)} \quad (4-16)$$

如果自备机车还要通过国有铁路，还应付给铁路部门过轨费，其运杂费计算公式为：

$$\text{每吨运杂费}=\frac{\text{机车台时费}+\text{车辆台时费之和}+\text{列车过轨费}}{\text{每列火车设计载重量}\times\text{装载系数}\times\text{列车每小时行驶次数}}+\text{每吨装卸费}+\text{现场管理人员开支的摊销费(元/t)} \quad (4-17)$$

列车过轨费按铁道部门的规定计算。

(3) 公路和水路运杂费：按工程所在省、自治区、直辖市公路部门和航运部门的现行有关规定计算。

在计算材料运杂费时，应注意以下几点：

(1) 整车与零担比例。整车与零担比例系指火车运输中整车和零担货物的比例，又称"整零比"。汽车运输不考虑整零比。在铁路运输方式中，要确定每一种材料运输中的整车与零担比例，据以计算其运费。其比例主要视工程规模大小决定。工程规模大，由厂家直供的份额多，批量就大，整车比例就高。

整车运价较零担便宜，材料运费的计算中，应以整车运输为主。根据已建大、中型水利水电工程实际情况，水泥、木材、炸药、汽油和柴油等可以全部按整车计算；钢材可考虑一部分零担，其比例，大型水利水电工程可按10%～20%、中型工程可按20%～30%选取，如有实际资料，应按实际资料选取。

整零比在实际计算时多以整车或零担所占百分率表示。计算时，按整车和零担所占的百分率加权平均计算运价。计算公式为

$$\text{运价}=\text{整车运价}\times\text{整车量(\%)}+\text{零担运价}\times\text{零担量(\%)} \quad (4-18)$$

(2) 装载系数。在实际运输过程中，由于材料批量原因，可能装不满一整车而不能满载；或虽已满载，但因材料容重小其运输重量不能达到车皮的标记吨位；或为保证行车安全，对炸药类危险品也不允许满载。这样，就存在实际运输重量与运输车辆标记载重量不同的问题，而交通运输部门是按标记载重量收取费用的（整车运输）。在计算运杂费时，用装载系数来表示：

$$装载系数=实际运输量\div运输车辆标记载重量 \tag{4-19}$$

据统计，火车整车装载系数见表4.7，供计算时参考。

考虑装载系数后的实际运价计算为

$$实际运价=规定运价\div装载系数 \tag{4-20}$$

**表4.7　　火车整车运输装载系数**

| 序号 | 材料名称 | | 单位 | 装载系数 |
|---|---|---|---|---|
| 1 | 水泥、油料 | | t/车皮 t | 1.00 |
| 2 | 木材 | | $m^3$/车皮 t | 0.90 |
| 3 | 钢材 | 大型工程 | t/车皮 t | 0.90 |
| 4 | | 中型工程 | t/车皮 t | 0.80～0.85 |
| 5 | 炸药 | | t/车皮 t | 0.65～0.70 |

汽车运输货物不考虑装载系数。一般货物计费重量均按实际运输重量计算。对每立方米不足333kg的轻浮货物（如油桶），整车运输时，装车高度、宽度和长度不得超过规定限度，以车辆标重计费；零担运输时，以货物包装最高、最宽、最长部分计算体积，按每立方米折重333kg计价。

(3) 毛重系数。材料毛重指包括包装品重量的材料运输重量。单位毛重则指单位材料的运输重量。运输部门是按毛重计算运费的，而不是以物资的实际重量计算运费，因此，材料运输费要考虑材料的毛重系数。

$$毛重系数=毛重\div净重 \tag{4-21}$$

建筑材料中，水泥、钢材和油罐车运输的油料的毛重系数为1.0；木材的单位重量与材质有关，一般为0.6～0.8t/$m^3$，毛重系数为1.0；炸药毛重系数为1.17；汽油、柴油采用自备油桶运输时，其毛重系数汽油为1.15，柴油为1.14。

考虑毛重系数后的实际运价为

$$实际运价=规定运价\times毛重系数 \tag{4-22}$$

综合考虑以上因素，铁路运价可按式（4-23）计算。一个工程有两种以上的对外交通方式时，还需要确定每种材料在各种运输方式中所占的比例，求出加权平均运杂费。修建铁路专用线的工程，在施工初期铁路往往不能通车，在这段期间内的全部运输量，都得依靠公路或其他运输方式承担。在确定运量比例时，不要忽略了施工初期的运输方式。

$$\begin{aligned}铁路运价=&\frac{整车规定运价}{装载系数}\times毛重系数\times整车比例\\&+零担规定运价\times毛重系数\times零担比例\end{aligned} \tag{4-23}$$

4. 材料运输保险费

材料在运输过程中，如需进行保险，就应向保险公司交纳货物保险费。其计算公式为

材料运输保险费＝材料原价×材料运输保险费率　　(4-24)

材料运输保险费率可按工程所在省、自治区、直辖市或中国人民保险公司的有关规定计算。

5. 材料采购及保管费

材料采购及保管费是指建设单位和施工单位的材料供应部门在组织材料的采购、运输保管和供应过程中所发生的各项费用。其主要内容包括：

(1) 材料采购、供应及保管部门工作人员的基本工资、辅助工资、工资附加费、教育经费、办公费、差旅交通费、劳动保护费及工具用具使用费等项费用。

(2) 仓库、转运站等设施的检修费、固定资产折旧费、技术安全措施费，以及材料的检验、试验费等；

(3) 材料在运输、保管过程中发生的损耗。

材料采购及保管费计算公式为

材料采购保管费 ＝(材料原价＋包装费＋运杂费)×采购及保管费率　　(4-25)

材料采购及保管费率按主管部门规定计算，现行规定为3%。

### 4.2.4　基价、限价及调差价

1. 基价

为了避免材料市场价格起伏变化，造成间接费、利润相应的变化，有些部门（如工民建和水利主管部门）对主要材料规定了统一的价格，按此价格进入工程单价，计取有关费用，故称为取费价格。这种价格由主管部门发布，在一定时期内固定不变，故又称基价。

2. 限价

2002年水利部在颁布的《水利工程设计概（估）算编制规定》中专门指出，西藏等地区，部分材料运输距离较远，预算价格较高，应限价计入工程单价，余额以补差形式计算税金后列入本相应部分之后。外购砂、碎（砾）石、块石、料石等预算价格控制在70元/$m^3$。这种只规定上限的基价，称为规定价或限价。

3. 材料调差价

相对于基价、限价而言，按实际市场价计算出的材料预算价与限价之差称为材料调差价。在计算工程单价时，凡遇到外购砂、碎石（砾石）、块石、料石等的工程单价，其材料预算价格如超过限价，应按限价进入工程单价计费，超过部分以补差形式计算税金后列入相应部分之后。

### 4.2.5　工程实例分析

**【工程实例分析4-2】**

1. 项目背景

某水利工程水泥由甲水泥厂直供，水泥强度等级为42.5，其中袋装水泥占10%，出厂价为320元/t；散装水泥占90%，出厂价为300元/t。运输路线、运输方式和各项费用：自水泥厂通过公路运往工地仓库，其中袋装运杂费25.6元/t，散装运杂费16.9元/t；从仓库至拌和楼由汽车运送，运费为1.5元/t；进罐费1.3元/t；运输保险费率按1%计；采购保管费按3%计。

2. 工作任务

计算此水利工程用水泥的预算价格。

3. 分析与解答

第一步：水泥原价＝袋装水泥市场价×10%＋散装水泥市场价×90%

＝320×10%＋300×90%＝302(元/t)

第二步：水泥运杂费＝水泥厂至工地仓库运杂费＋工地仓库至拌和楼运杂费＋进罐费

＝25.6×10%＋16.9×90%＋1.5＋1.3＝20.57(元/t)

第三步：水泥运输保险费 ＝ 水泥原价×运输保险费率＝302×1%＝3.02(元/t)

第四步：水泥预算价＝(原价＋包装费＋运杂费)×(1＋采购及保管费率)＋运输保险费

＝(302＋0＋20.57)×(1＋3%)＋3.02＝335.27(元/t)

**【工程实例分析4-3】**

1. 项目背景

某水利枢纽工程工地距A市73km，距B市火车站28km。钢筋由省物资站供应30%，由A市金属材料公司供应70%。两供应点供应的钢筋，低合金20MnSi螺纹钢占60%，普通A3光面钢筋占40%（与设计要求一致）。低合金20MnSi螺纹钢出厂价为2400元/t；普通A3光面钢筋出厂价为2200元/t.

运输流程。省物资站供应的钢筋用火车运至B市火车站，运距150km，再用汽车运至工地分仓库，运距28km。A市金属材料公司供应的钢筋直接由汽车运至工地分仓库，运距73km。

运输费用。火车运输整车零担比70∶30，整车装载系数0.80；火车运价整车运价20.00元/t，零担运价0.06元/kg；火车出库装车综合费4.60元/t，卸车费1.6元/t。汽车运价0.55元/(t·km)；汽车装车费2.00元/t、卸车费1.8元/t。运输保险费率为0.8%。毛重系数为1。

2. 工作任务

计算此水利工程用水泥的预算价格。

3. 分析与解答

第一步：进行主要材料运输费用计算，见表4.8。

**表4.8　主要材料运输费用计算表**

<table>
<tr><td>编号</td><td>1</td><td>2</td><td>材料名称</td><td colspan="2">钢筋</td><td>材料编号</td><td></td></tr>
<tr><td>交货条件</td><td>物资站</td><td>材料公司</td><td>运输方式</td><td>火车</td><td>汽车</td><td colspan="2">火车</td></tr>
<tr><td>交货地点</td><td></td><td></td><td>货物等级</td><td></td><td></td><td>整车</td><td>零担</td></tr>
<tr><td>交货比例</td><td>30%</td><td>70%</td><td>装载系数</td><td>0.80</td><td></td><td>70%</td><td>30%</td></tr>
</table>

<table>
<tr><td>编号</td><td>运输费用项目</td><td>运输起讫地点</td><td>运输距离(km)</td><td>计算公式</td><td>合计(元)</td></tr>
<tr><td rowspan="3">1</td><td>铁路运杂费</td><td>物资站－B市站</td><td>150</td><td>20.00÷0.8×0.7＋0.06×1000×0.3＋4.6＋1.6</td><td>41.70</td></tr>
<tr><td>公路运杂费</td><td>B市站－工地</td><td>28</td><td>0.55×28＋2.00＋1.8</td><td>19.20</td></tr>
<tr><td>综合运杂费</td><td></td><td></td><td></td><td>60.90</td></tr>
<tr><td rowspan="2">2</td><td>公路运杂费</td><td>材料公司—工地</td><td>73</td><td>0.55×73＋2.00＋1.80</td><td>43.95</td></tr>
<tr><td>综合运杂费</td><td></td><td></td><td></td><td>43.95</td></tr>
<tr><td colspan="4">每吨运杂费（元/t）</td><td colspan="2">60.90×0.3＋43.95×0.7＝49.04</td></tr>
</table>

第二步：求主要材料预算价格。

先分别计算低合金 20MnSi 螺纹钢和普通 A3 光面钢筋的预算价格，再按其所占比例求得钢筋的综合预算价格，计算见表 4.9。

**表 4.9　　主要材料预算价格计算表**

| 编号 | 名称及规格 | 单位 | 原价依据 | 单位毛重（吨） | 每吨运费（元） | 价格（元/t） | | | | | |
|---|---|---|---|---|---|---|---|---|---|---|---|
| | | | | | | 原价 | 运杂费 | 采购及保管费 | 运到工地分仓库价格 | 保险费 | 预算价格 |
| 1 | 20MnSi 螺纹钢 | t | | 1.0 | 49.04 | 2400 | 49.04 | 73.47 | 2522.51 | 19.2 | 2541.71 |
| 2 | 普通 A3 光面钢筋 | t | | 1.0 | 49.04 | 2200 | 49.04 | 67.47 | 2316.51 | 17.6 | 2334.11 |
| 钢筋综合材料预算价格 | | | | | | 2541.71×60%+2334.11×40% | | | | | 2458.67 |

# 学习单元 4.3　施工用电、水、风预算单价

电、水、风在水利水电工程施工中消耗量很大，其预算价格的准确程度直接影响施工机械台时费和工程单价的高低，从而影响到工程造价。因此，在编制电、水、风预算单价时，要根据施工组织设计所确定的电、水、风供应方式、布置形式、设备情况和施工企业已有的实际资料分别进行计算。

## 4.3.1　施工用电价格

施工用电按其用途可分为生产用电和生活用电两部分。生产用电系指施工机械用电、施工照明用电和其他生产用电。生产用电直接计入工程成本。生活用电系指生活文化福利建筑的室内、外照明和其他生活用电。水利水电工程概算中的施工用电电价计算范围仅指生产用电。生活用电不直接用于生产，应在间接费内开支或由职工负担，不在施工用电电价计算范围内。

水利水电工程施工用电的电源有外购电和自发电两种形式。由国家、地方电网或其他电厂供电叫外购电，其中国家电网供电电价低廉，电源可靠，是施工时的主要电源。由施工单位自建发电厂或柴油发电厂供电叫自发电，自发电一般为柴油机发电机组供电，成本较高，一般作为施工单位的备用电源或高峰用电时使用。

### 4.3.1.1　施工用电价格的组成

施工用电价格，由基本电价、电能损耗摊销费和供电设施维修摊销费三部分组成。

1. 基本电价

(1) 外购电的基本电价：指按国家或地方的规定由供电部门收取的电价。凡是国家电网供电，执行国家规定的基本电网电价中的非工业标准电价，包括电网电价、电力建设基金、用电附加费及各种加价。由地方电网或其他企业中、小型电网供电的，执行地方电价主管部门规定的电价。

(2) 自发电的基本电价：指施工企业自建发电厂（或自备发电机）的单位成本。自建发电厂一般有柴油发电厂（柴油发电机组）、燃煤发电厂和水力发电厂等。在城市水利工程施工中，施工单位一般自备柴油发电机组或柴油发电机作为备用电源。

柴油发电厂供电，应根据自备电厂所配置的设备，以台时总费用来计算单位电能的成本作为基本电价，可按下式计算：

基本电价＝台时总费用÷[台时总发电量×(1－厂用电率)]　　(4－26)

台时总费用＝柴油发电机组(台)时费＋水泵组(台)时费　　(4－27)

台时总发电量＝发电机额定容量之和×发电机出力系数　　(4－28)

式中：发电机出力系数 $K$、根据设备的技术性能和状态选定，一般可取0.8～0.85；厂用电率一般可取4%～6%。

柴油发电机供电如果采用循环冷却水，不用水泵，基本电价的计算公式为

基本电价＝台时总费用÷[台时总发电量×(1－厂用电率)]＋单位循环冷却水费　　(4－29)

台时总费用＝柴油发电机组(台)时费　　(4－30)

单位循环冷却水费可取0.03～0.05元/(kW·h)，其他同前。

2. 电能损耗摊销费

(1) 外购电的电能损耗摊销费：指从施工企业与供电部门的产权分界处起到现场各施工点最后一级降压变压器低压侧止，所有变配电设备和输配电线路上所发生的电能损耗摊销费。包括由高压电网到施工主变压器高压侧之间的高压输电线路损耗和由主变压器高压侧至现场各施工点最后一级降压变压器低压侧之间的变配电设备及配电线路损耗两部分。

(2) 自发电的电能损耗摊销费：指从施工企业自建发电厂的出线侧至现场各施工点最后一级降压变压器低压侧止，所有变配电设备和输配电线路上发生的电能损耗摊销费。当出线侧为低压供电时，损耗已包括在台时耗电定额内；当出线侧为高压供电时，则应计入变配电设备及线路损耗摊销费。

从最后一级降压变压器低压侧至施工用电点的施工设备和低压配电线路损耗，已包括在各用电施工设备、工器具的台时耗电定额内，电价中不再考虑。

电能损耗摊销费通常用电能损耗率表示。

3. 供电设施维修摊销费

供电设施维修摊销费指摊入电价的变、配电设备的基本折旧费、大修理、安装拆卸费、设备及输配电线路的移设和运行维护费等。

按现行编制规定，施工场外变、配电设备可计入临时工程，故供电设施维修摊销费中不包括基本折旧费。

供电设施维修摊销费一般可根据经验指标计算。

#### 4.3.1.2　电价计算

1. 外购电电价[元/(kW·h)]

根据施工组织设计确定的供电方式以及不同电源的电量所占比例，按国家或工程所在省自治区、直辖市规定的电网电价和规定的加价进行计算。计算公式为

电网供电价格＝基本电价÷(1－高压输电线路损耗率)
÷(1－35kV以下变配电设备及配电线路损耗率)
＋供电设施维修摊销费(变配电设备除外)　　(4－31)

式中：高压输电线路损耗率，可取4%～6%；变配电设备及配电线路损耗率，可取5%～8%。线路短、用电负荷集中取小值，反之取大值。

供电设施维修摊销费，可取0.02～0.03元/(kW·h)。

2. 自发电电价［元/(kW·h)］

(1) 采用循环冷却水，计算公式为

柴油发电机供电价格＝柴油发电机组(台)时费÷［柴油发电机额定容量之和×发电机出力系数×(1－厂用电率)×(1－变配电设备及配电线路损耗率)］＋供电设施维修摊销费＋单位循环冷却水费　(4-32)

(2) 采用专用水泵供给冷却水，计算公式为

柴油发电机供电价格＝［柴油发电机组(台)时费＋水泵组(台)时费］÷［柴油发电机额定容量之和×发电机出力系数×(1－厂用电率)×(1－变配电设备及配电线路损耗率)］＋供电设施维修摊销费＋单位循环冷却水费　(4-33)

式中：各指标取值同前。

3. 综合电价［元/(kW·h)］

外购电与自发电的电量比例按施工组织设计确定。同一工程中有两种或两种以上供电方式供电时，综合电价应根据供电比例加权平均计算。

### 4.3.2 施工用水价格

水利水电工程的施工用水，包括生产用水和生活用水两部分。生产用水指直接进入工程成本的施工用水，主要包括施工机械用水、砂石料筛洗用水、混凝土拌制养护用水、钻孔灌浆用水、土石坝砂石料压实用水等。生活用水主要指用于职工、家属的饮用和洗涤等的用水。水利水电基本建设工程概预算中施工用水的水价，仅指生产用水的水价。对生产用水计算水价是计算各种用水施工机械台时费用和工程单价的依据。生活用水应由间接费用开支和职工自行负担，不属于施工用水水价计算范畴。如生产、生活用水采用同一系统供水，凡为生活用水而增加的费用（如净化药品费等），均不应摊入生产用水的单价内。生产用水如需分别设置几个供水系统，则可按各系统供水量比例加权平均计算综合水价。

施工时多采用工程所在地自来水公司管路供水，其施工用水价格直接采用居民生活用水价格。如果根据施工组织，施工时需配置供水系统，可按下列方法进行计算。

#### 4.3.2.1 施工用水价格的组成

施工用水价格由基本水价、供水损耗摊销费和供水设施维修摊销费组成。

1. 基本水价

基本水价是根据施工组织设计确定的高峰用水量所配备的供水系统设备（不含备用设备），按台时产量分析计算的单位水量的价格。基本水价是构成水价的基本部分，其高低与生产用水的工艺要求以及施工布置密切相关，如用水需作沉淀处理、扬程高等，则水价高，反之水价就低。

基本水价的计算公式为

基本水价＝水泵组(台)时费÷［水泵额定容量之和($m^3/h$)×能量利用系数］　(4-34)

式中：能量利用系数一般取0.75～0.85。

2. 供水损耗摊销费

水量损耗是指施工用水在储存、输送、处理过程中的水量损失。在计算水价时，水量

损耗通常以损耗率的形式表示，计算公式为

$$损耗率(\%)=损失水量\div水泵总出水量\times100\% \quad (4-35)$$

供水损耗率的大小与蓄水池及输水管路的设计、施工质量和维修管理水平的高低有直接关系，编制概算时一般可按出水量的8%～12%计取，在预算阶段，如有实际资料，应根据实际资料计算。

3. 供水设施维修摊销费

供水设施维修摊销费是指摊入水价的水池、供水管路等供水设施的单位维护修理费用。一般情况下，该项费用难以准确计算，可按0.02～0.03元/$m^3$的经验指标摊入水价，大型工程或一、二级供水系统可取大值，中小型工程或多级供水系统可取小值。

**4.3.2.2 水价计算**

$$施工用水价格=基本水价\div(1-损耗率)+供水设施维修摊销费 \quad (4-36)$$

**4.3.2.3 水价计算时应注意的问题**

(1) 水泵台时总出水量计算，应根据施工组织设计选定的水泵型号、系统的实际扬程和水泵性能曲线确定。

(2) 在计算台时总出水量和台时总费用时，如计入备用水泵的出水量，则台时总费用中亦应包括备用水泵的台时费。如备用水泵的出水量不计，则台时费也不包括。

(3) 供水系统为一级供水，台时总出水量按全部工作水泵的总出水量计算。供水系统为多级供水，则：

1) 当全部水量通过最后一级水泵出水，台时总出水量按最后一级工作水泵的出水量计算，但台时总费用应包括所有各级工作水泵的台时费。

2) 有部分水量不通过最后一级，而由其他各级分别供水时，要逐级计算水价。

3) 当最后一级系供生活用水时，则台时总出水量包括最后一级，但该级台时费不应计算在台时总费用内。

(4) 施工用水有循环用水时，水价要根据施工组织设计的供水工艺流程计算。

(5) 同一工程中有两个或两个以上供水系统时，应根据供水比例加权平均计算综合水价。

### 4.3.3 施工用风价格

水利水电工程施工用风主要指在水利水电工程施工过程中用于石方爆破钻孔、混凝土浇筑、基础处理、结构、机电设备安装工程等风动机械所需的压缩空气。如风钻、潜孔钻、振动器、凿岩台车等。施工用风价格是计算各种风动机械台时费的依据。

压缩空气一般由自建压缩系统供给。常用的有固定式空压机和移动式空压机。在大中型工程中，一般都采用多台固定式空压机集中组成压气系统，并以移动式空压机为辅助。为保证风压，减少管路损耗，顾及施工初期及零星工程用风需要，一般工程多采用分区布置供风系统，这种情况下应按各系统供风量的比例加权平均计算综合风价。

对于工程量小、布局分散的工程，常采用移动式空气压缩机供风，此时可将其与不同施工机械配套，以空压机台时数乘台时费直接计入工程单价，不再单独计算其风价，相应风动机械台时费中不再计算台时耗风价。因此这里所计算的风价是指固定式供风系统的供风价格。

施工用风价格的组成和电价相似，由基本风价、供风损耗摊销费和供风设施维修摊销费组成。

$$施工用风价格=基本风价\times[1\div(1-损耗率)]+供风设施维修摊销费 \quad (4-37)$$

1. 基本风价

基本风价是指根据施工组织设计所配置的供风系统设备，按台时总费用除以台时总供风量计算的单位风量价格。计算公式为

$$基本风价=台时总费用\div台时总供风量 \quad (4-38)$$

$$台时总费用=空气压缩机组（台）时总费用+水泵组（台）时总费用 \quad (4-39)$$

$$台时总供风量=60(min)\times空气压缩机额定容量之和\times能量利用系数 \quad (4-40)$$

式中：能量利用系数可取 0.70～0.85。

空气压缩机系统如果采用循环冷却水，不用水泵，则基本风价计算公式为

$$基本风价=空气压缩机组(台)时总费用\div台时总供风量+单位循环冷却水费 \quad (4-41)$$

式中：单位循环冷却水费可取 0.005 元/$m^3$。

2. 供风损耗摊销费

供风损耗摊销费，是指由压气站至用风工作面的固定供风管道，在输送压气过程中所发生的风量损耗摊销费用。损耗及损耗摊销费的大小与管道长短、管道直径、闸阀和弯头等构件多少、管道敷设质量、设备安装高程的高低有关。损耗摊销费常用损耗率表示，损耗率一般可按总用风量的 8%～12%选取，供风管路短的，取小值，长的取大值。

风动机械本身的用风及移动的供风管道损耗已包括在该机械的台时耗风定额内，不在风价中计算。

3. 供风设施维修摊销费

供风设施维修摊销费指摊入风价的供风管道的维护修理费用。因该项费用数值甚微，初步设计阶段常不进行具体计算，而采用经验指标值，一般取 0.002～0.003 元/$m^3$。编制预算时，若实际资料不足无法进行具体计算时，也可采用上述经验值。

### 4.3.4 工程实例分析

**【工程实例分析 4-4】**

1. 项目背景

某施工单位自备燃煤电厂，已知施工期间需要的发电量及其余资料为：发电量 $1.546\times10^6$ kW·h，厂用电率 8%，燃煤消耗费 605894 元，水费 11552 元，材料费 75904 元，运行、维修、管理人员工资 70136 元，基本折旧费 30198 元，大修费 11936 元，其他费用 11826 元。

2. 工作任务

试计算基本电价。

3. 分析与解答

(1) 总供电量$=1.546\times10^6\times(1-8\%)=1.42232\times10^6$(kW·h)。

(2) 总费用=605894+11552+75904+70136+30198+11936+11826=817446(元)。

(3) 基本电价=总费用/总供电量=0.57 元/(kW·h)。

**【工程实例分析 4-5】**

1. 项目背景

某水利工程施工用电 90%由地方电网供电，10%自备柴油机发电。已知电网基本电

价为 0.398 元/(kW・h)，损耗率高压线路取 5%，变配电设备和输电线路损耗率取 8%，供电设施摊销费取 0.03 元/(kW・h)。自备柴油机发电，容量 250kW1 台，台时费用 210.68 元/台时；200kW1 台，台时费用 176.22 元/台时；2.2kW 潜水泵 2 台，供给冷却水，每台台时费用 13.52 元/台时；厂用电率取为 5%，发电机出力系数取 0.80。

2. 工作任务

请计算外购电、自发电电价和综合电价。

3. 分析与解答

(1) 外购电电价=0.398÷(1-5%)÷(1-8%)+0.03=0.485[元/(kW・h)]

(2) 自发电的电价

1) 台时总费用=210.68×1+176.22×1+13.52×2=413.94(元)

2) 台班总发电量=(250+200)×0.8=360(kW・h)

3) 基本电价=413.94÷[360×(1-5%)]=1.210[元/(kW・h)]

4) 自发电的电价=1.210÷(1-8%)+0.03=1.345[元/(kW・h)]

(3) 综合电价=1.345×10%+0.485×90%=0.571[元/(kW・h)]

取定综合电价为 0.57 元/(kW・h)。

**【工程实例分析 4-6】**

1. 项目背景

某工程施工生产用水设两个供水系统。甲系统设 150D30×4 水泵 3 台，其中备用 1 台，包括管路损失总扬程 116m，相应出水流量 150$m^3$/(h・台)；乙系统设 3 台 100D45×3 水泵，其中备用一台，总扬程 120m，相应出水量 90 $m^3$/(h・台)。两供水系统供水比例为 60∶40，均为一级供水。已知水泵台时费分别为 96 元/台时和 75 元/台时。水量损耗率取 10%，维修摊销费取 0.03 元/$m^3$，能量利用系数取 0.8。

2. 工作任务

求综合水价。

3. 分析与解答

(1) 甲系统的水价：(96×2)÷[150×2×0.8×(1-10%)]+0.03=0.919(元/$m^3$)

(2) 乙系统的水价：(75×2)÷[90×2×0.8×(1-10%)]+0.03=1.187(元/$m^3$)

(3) 综合水价为：0.919×60%+1.187×40%=1.026(元/$m^3$)

取定综合电水价为 1.03 元/$m^3$。

**【工程实例分析 4-7】**

1. 项目背景

某水利工程供风系统有两个，有关施工用风基本资料见表 4.10。

**表 4.10　　基 本 资 料**

| 项　目 | 系统一 | 系统二 | 项　目 | 系统一 | 系统二 |
|---|---|---|---|---|---|
| 空压机容量 | 40$m^3$/min 一台 | 20$m^3$/min 三台 | 单位循环冷却水费 | 0.005 元/$m^3$ | 0.005 元/$m^3$ |
| 供风比例 | 30% | 70% | 供风设施摊销费 | 0.002 元/$m^3$ | 0.002 元/$m^3$ |
| 能量利用系数 | 0.75 | 0.80 | 空压机台时费 | 132 元/台时 | 73 元/台时 |
| 供风损耗 | 10% | 10% | | | |

2. 工作任务

请计算该工程施工用风综合价格。

3. 分析与解答

(1) 系统一的风价为

$$132/[40\times60\times0.75\times(1-10\%)]+0.005+0.002=0.088(元/m^3)$$

(2) 系统二的风价为

$$(73\times3)/[20\times3\times60\times0.80\times(1-10\%)]+0.005+0.002=0.051(元/m^3)$$

(3) 施工用风综合价格为

$$0.088\times30\%+0.051\times70\%=0.062(元/m^3)$$

# 学习单元4.4 施工机械台时费

施工机械台时费是指一台施工机械在一个工作小时内为使机械正常运行所需支付（损耗）和分摊的各种费用的总和。施工机械使用费以台时为计量单位。台时费是计算建筑安装工程单价中机械使用费的基础单价，应根据施工机械台时费定额及有关规定进行编制。随着水利工程施工机械化程度的提高，施工机械台时费在工程投资中所占比例越来越大，目前已达到20%～30%。因此准确计算施工机械台时费对合理确定工程造价非常重要。

## 4.4.1 施工机械台时费的组成内容

施工机械台时费由三类费用组成。

### 4.4.1.1 一类费用

一类费用由基本折旧费、修理及替换设备费（含大修理费、经常性修理费、替换设备费）、安装拆卸费等组成。一类费用在施工机械台时费定额中以金额表示，其大小是按定额编制年的物价水平确定的，因此考虑物价上涨因素，编制台时费时应按主管部门公布的调整系数进行调整。现行部颁《水利工程施工机械台时费定额》一类费用是按2000年物价水平编制的。

1. 基本折旧费

指机械在规定使用期内收回原始价值的台时折旧摊销费用。

2. 修理及替换设备费

指机械使用过程中，为了使机械保持正常功能而进行修理所需的费用、日常保养所需的润滑油料费、擦拭用品费、机械保管费以及替换设备、随机使用的工具附具等所需的台时摊销费。包括：

(1) 大修理费。指机械使用一定台时，为了使机械保持正常功能而进行大修理所需的台时摊销费用。部分属于大型施工机械的中修费合并入大修理费内一起计列。

(2) 经常性修理费。包括中修费（属于大型施工机械不包括中修费）、小修费、各级保养费、润滑及擦拭材料费以及保管费等费用的台时摊销费。

(3) 替换设备费。包括机械需用的蓄电池、变压器、启动器、电线、电缆、电器开关、仪表、轮胎、传动皮带、输送皮带、钢丝绳、胶皮管等替换设备和为了保证机械正常运转所需的随机使用的工具附具的摊销、维护费。

3. 安装拆卸费

指机械进出工地的安装、拆卸、试运转和场内转移及辅助设施的摊销费用。其主要内容有：

(1) 安装前的准备，如设备开箱、检查清扫、润滑及电气设备烘干等所需的费用。

(2) 设备自场内仓库至安装拆卸地点的往返运输费用和现场范围内的运转费用。

(3) 设备进、出入工地的安装、调试以及拆除后的整理、清扫和润滑等费用。

(4) 一般的设备基础开挖、混凝土浇筑和固定锚桩等费用。如因地形条件和施工布置需要进行大量土石方开挖及混凝土浇筑等，应列入临时工程项目。

(5) 为设备的安装拆卸所搭设的平台、脚手架、地锚和缆风索等临时设施和施工现场清理等的费用。

不需要安装拆卸的施工机械，台时费中不计列此项费用，例如，自卸汽车、船舶、拖轮等。现行施工机械台时费定额中，凡备注栏内注有"※"的大型施工机械，表示该项定额未计列安装拆卸费，其费用在临时工程中的"其他施工临时工程"中计算，如混凝土搅拌楼、缆索起重机、钢模台车等。

#### 4.4.1.2 二类费用

二类费用在施工机械台时费定额中以工时数量和实物消耗量表示。是施工机械正常运转时机上人工、燃料、动力费用，其数量定额一般不允许调整。但是因工程所在地的人工预算价、材料市场价格各异，所以此项费用按国家规定的人工工资计算办法和工程所在地的物价水平分别计算，又称可变费用。

1. 机上人工费

指施工机械运转时应配备的机上操作人员预算工资所需的费用。机上人工在台时费定额中以工时数量表示，它包括机械运转时间、辅助时间、用餐、交接班以及必要的机械正常中断时间。机下辅助人员预算工资一般列入工程人工费，不含在内。

2. 动力、燃料费

指施工机械正常运转时所耗用的各种动力、燃料及各种消耗性材料，包括风（压缩空气)、水、电、汽油、柴油、煤和木柴等所需的费用。定额中以实物消耗量表示。其中，机械消耗电量包括机械本身和最后一级降压变压器低压侧至施工用电点之间的线路损耗，风、水消耗包括机械本身和移动支管的损耗。

#### 4.4.1.3 三类费用

三类费用是指施工机械每台时所摊销的牌照税、车船使用税、养路费、保险费等。按各省、自治区、直辖市现行规定收费标准计算。不领取牌照、不交纳养路费的非车船类施工机械不计算。

### 4.4.2 施工机械台时费的计算

台时费的计算现执行2002年水利部颁发的《水利工程施工机械台时费定额》及有关规定。

一类费用：按现行部颁规定，以金额形式表示，价格水平为2000年。

二类费用：将定额中的机上人工，燃料、动力消耗材料数量分别对应乘以人工预算单价、材料预算单价，合计值即为第二类费用。

一般情况下不需支付三类费用，如施工机械须通过公用车道时，按工程所在地政府现行规定的收费标准计算车船使用税和养路费。

计算公式分别为

$$一类费用=定额一类费用金额\times编制年调整系数 \tag{4-42}$$

$$二类费用=定额机上人工工时数\times中级工人工预算单价+\sum(定额动力、燃料消耗量\times动力、燃料预算价格) \tag{4-43}$$

一、二类费用之和即为施工机械台时费。

$$施工机械台时费=一类费用+二类费用+三类费用 \tag{4-44}$$

### 4.4.3 补充施工机械台时费的编制

当施工组织设计选用的机械在《水利工程施工机械台时费定额》中规格、型号与定额不符或缺项时，需要编制补充机械台时费。当设计选取的施工机械在定额中存在，但其设备容量与现行定额中同类设备不符且位于定额所包含的容量范围之内时，为了与现行定额水平吻合，可按现行定额水平采取直线内插法分别确定各项费用，编制补充机械台时费定额，也可按以下办法编制施工机械台时费。

1. 基本折旧费

计算公式如下：

$$台时基本折旧费=机械预算价格\times(1-残值率)\div机械经济寿命总台时 \tag{4-45}$$

或

$$台时基本折旧费=机械预算价格\times年折旧率\div机械年工作台时 \tag{4-46}$$

$$国产施工机械预算价格=机械原价+运杂费 \tag{4-47}$$

$$残值率=(机械残值-清理费)\div机械预算价格\times100\% \tag{4-48}$$

$$机械经济寿命总台时=经济使用年限\times年工作台时 \tag{4-49}$$

式中，运杂费一般按机械设备原价的5%～7%计算；残值率一般可取4%～5%；机械经济寿命总台时，指机械在经济使用期内所运转的总台时数；经济使用年限，指国家规定的该种机械从使用到报废的平均工作年数；年工作台时，指该种机械在经济使用期内平均每年运行的台时数；进口施工机械预算价格，包括到岸价、关税、增值税（或产品税）、调节税、进出口公司手续费、人民币保证金和银行手续费、国内运费等项费用，按国家现行有关规定及实际调查资料计算；公路运输机械（汽车、拖车、公路自行机械）按国务院发布《车辆购置附加费征收办法》的规定，需增加车辆购置附加费。计算公式如下：

$$公路运输机械预算价格=车辆出厂价+运杂费+车辆购置附加费 \tag{4-50}$$

2. 大修理费

计算公式为

$$台时大修理费=一次大修理费用\times大修次数\div机械经济寿命总台时 \tag{4-51}$$

大修次数是指机械在经济使用期限内需进行大修理的次数，计算公式如下：

$$大修理次数=机械经济寿命总台时\div大修理间隔台时-1 \tag{4-52}$$

一次大修费用可按一次大修所需的人工、材料、机械等进行计算，也可参考实际资料按占机械预算价格的百分率计算。

3. 经常性修理费

经常性修理费包括修理费、润滑及擦拭材料费等。

(1) 修理费。包括中修和各级保养，一般按大修间隔内的平均修理费计算，计算公式为

$$修理费=大修理间隔期内修理费之和÷大修理间隔台时 \tag{4-53}$$

大修理间隔期内修理费为中修费用、各级保养费用之和。

也可按下式计算：

$$经常性修理费=台时大修理费×经常性修理费率 \tag{4-54}$$

$$经常性修理费率=\frac{典型机械台时经常修理费}{典型机械台时大修理费}×100\% \tag{4-55}$$

(2) 润滑及擦拭材料费。计算公式如下：

$$台时润滑及擦拭材料费=机械年润滑及擦拭材料费÷年工作台时 \tag{4-56}$$

其中，润滑油脂的耗用量一般按机械台时耗用燃料油量的百分比计算，柴油机械按6%，汽油机械按5%，面纱头及其他油等耗用量，可按实际情况计算。

4. 机械保管费

机械保管费是指机械保管部门保管机械所需的费用。包括机械在规定年工作台时以外的保养、维护所需的人工、材料和用品费用。其计算公式如下：

$$台时保管费=机械预算价格÷机械年工作台时×保管费率 \tag{4-57}$$

保管费率一般在0.15%～1.5%范围内，其高低与机械预算价格有直接的关系。机械预算价格低，保管费率高；反之亦然。

5. 替换设备及工具、附具费

替换设备及工具、附具费是指机械正常运行所需更换的设备工具、附具摊销到台时费中。计算公式为

$$台时替换设备及工具、附具费=年替换设备及工具、附具费÷年工作台时 \tag{4-58}$$

在资料不易取得的情况下，也可按上述占大修理费的百分率的方法计算。

6. 安装拆卸及辅助设施费

计算公式为

$$台时安装拆卸及辅助设施费=台时大修理费×安拆费率 \tag{4-59}$$

$$安拆费率=典型机械安装拆卸及辅助设施费÷典型机械台时大修理费×100\% \tag{4-60}$$

特大型和部分大型施工机械的安装拆卸及辅助设施费，不在施工机械台时费中计列，而另列于临时工程中。

以上1～6项费用之和为一类费用。其中的2～6项费用计算较繁琐，资料不易取得，编制补充机械台时费时也可按相似机械相应定额中的各项费用占基本折旧费的比例计算，其中2～5项之和即为修理及替换设备费。

7. 机上人工费

计算公式为

$$台时机上人工费=机上人工工时数×人工工时预算单价 \tag{4-61}$$

8. 燃料、动力费（油、电、风、水、煤）

(1) 内燃机械台时燃料消耗量。计算公式为

$$Q=1(\text{h})×NGK \tag{4-62}$$

式中：$Q$为台时燃料消耗量，kg；$N$为发动机额定功率，kW；$G$为额定耗油量，kg/(kW·h)；$K$为发动机综合利用系数，一般取0.20～0.40。

(2) 电动机械台时电力消耗量。计算公式为

$$Q=1(\mathrm{h})\times NK \tag{4-63}$$

$$K=K_1\cdot K_2/K_3\cdot K_4 \tag{4-64}$$

式中：$Q$ 为台时电力消耗量，kW·h；$N$ 为电动机额定功率，kW；$K$ 为电动机综合利用系数；$K_1$ 为电动机出力系数，一般取 0.40～0.60；$K_2$ 为电动机能量利用系数，一般取 0.50～0.70；$K_3$ 为低压线路电力损耗系数，一般取 0.95；$K_4$ 为平均负荷时电动机有效利用系数，一般取 0.78～0.88。

(3) 风动机械台时压气消耗量。计算公式为

$$Q=60(\mathrm{min})\times qK \tag{4-65}$$

式中：$Q$ 为台时压气消耗量，$m^3$；$q$ 为风动机械压气消耗量，$m^3/min$；$K$ 为风动机械综合利用系数，一般可取 0.60～0.70。

(4) 蒸汽机械台时水、煤消耗量。计算公式为

$$Q=1(\mathrm{h})\times NGK \tag{4-66}$$

式中：$Q$ 为台时水、煤消耗量，kg；$N$ 为蒸汽机额定功率，kW；$G$ 为额定水、煤耗用量，kg/(kW·h)；$K$ 为蒸汽机综合利用系数，机车取 0.14～0.80，锅炉、打桩机取 0.55～0.75。

上述 7、8 两项费用之和为二类费用。一类费用、二类费用之和即为所计算的施工机械台时费。

### 4.4.4 组合台时费的计算

组合台时（简称组时）是指多台施工机械设备相互衔接或配备形成的机械联合作业系统的台时，组时费是指系统中各机械台时费之和。其计算公式为

$$\text{机械组时费}=\sum\text{机械设备的台时费}\times\text{机械配备的台数} \tag{4-67}$$

### 4.4.5 工程实例分析

**【工程实例分析 4-8】**

1. 项目背景

某水利工程中中级工人工预算单价为 5.60 元/工时，柴油预算价格为 3.61 元/kg。台时费中一类费用不需调整。

2. 工作任务

请按现行台时费定额计算 15t 自卸汽车的台时费。

3. 分析与解答

第一步：查《水利工程施工机械台时费定额》中编号为 3017 的定额子目得：一类费用中折旧费 42.67 元/台时、修理及替换设备费 29.87 元/台时，一类费用小计为 72.54 元/台时；二类费用中机上人工为 1.3 工时/台时，柴油耗量为 13.1kg/台时。

第二步：计算二类费用。

(1) 机上人工费＝1.3×5.60＝7.28(元/台时)

(2) 动力燃料费＝13.1×3.61＝47.29(元/台时)

(3) 二类费用＝7.28＋47.29＝54.57(元/台时)

第三步：计算 15t 自卸汽车的机械台时费。

15t 自卸汽车的机械台时费＝一类费用＋二类费用＝72.54＋54.57＝127.11(元/台时)

**【工程实例分析 4-9】**

1. 项目背景

某工程用 QTP—80 外爬式塔式起重机，它的基础资料如下：

(1) 出厂价 39.6 万元，远杂费率 5%。

(2) 设备使用年限 19 年，年工作台时 2000 个，耐用总台时 38000 个，残值率 4%。

(3) 大修理次数 2 次，一次大修理费占设备预算价格的 4%。

(4) 台时经常性修理费占台时大修理费的 231%。

(5) 台时替换设备费占台时大修理费的 88%。

(6) 安装拆卸及辅助设施费，按规定单独计算，不列入台时费。

(7) 年保管费占设备预算价格的 0.25%。

(8) 燃料、动力费：电动机容量 53.4kW (其中主机容量 30kW)，时间利用系数 0.4，能量利用系数 0.5，电动机效率 0.88，低压线路损耗系数 0.95。

(9) 机上人工 2 个，预算工资 5.62 元/工时。

(10) 电价 0.5 元/(kW·h)。

2. 工作任务

计算 QTP—80 外爬式塔式起重机台时费。

3. 分析与解答

第一步：计算第一类费用。

设备预算价＝396000×(1＋5%)＝415800(元)

① 基本折旧费＝415800×(1－4%)÷38000＝10.50(元/台时)

② 大修理费＝(415800×4%)×2÷38000＝0.88(元/台时)

③ 经常性修理费＝0.88×231%＝2.03(元/台时)

④ 替换设备及工具、附具费＝0.88×88%＝0.77(元/台时)

⑤ 保管费＝415800×0.25%÷2000＝0.52(元/台时)

一类费用小计：14.70 元/台时

第二步：计算第二类费用。

① 机上人工工资＝2×5.62＝11.24(元/台时)

② 耗电费＝53.4×0.4×0.5×1÷(0.88×0.95)×0.5＝6.39(元/台时)

第二类费用小计：17.63 元/台时

第三步：计算 QTP—80 外爬式塔式起重机台时费。

台时费＝一类费用＋二类费用＝14.70＋17.63＝32.33(元/台时)

## 学习单元4.5　砂 石 料 单 价

砂石料是水利工程中砂砾料、砂、卵（砾）石、碎石、块石、料石、骨料等材料的统称。其中：砂砾料指未经加工的天然砂卵石料；骨料指经过加工分级后可用于混凝土制备的砂、砾石和碎石的统称；砂指粒径不超过 5mm 的骨料；碎石指经破碎、加工分级后粒径大于 5mm 的骨料；砾石指砂砾料经加工分级后粒径大于 5mm 的卵石；碎石原料指未经破碎、加工的岩石开采料；超径石指砂砾料中大于设计骨料最大粒径的卵石；块石指长、宽各为厚度的2～3倍，厚度大于20cm的石块；片石指长、宽各为厚度的3倍以上、厚度大于15cm的石块；毛条石指长度大于60cm的长条形四棱方正的石料；料石指毛条石经过修边打荒加工、外露面方正、各相邻面正交、表面凹凸不超过10mm的石料。砂石料按粒径大小可划分为细骨料和粗骨料两种，其中：细骨料是指粒径在0.15～5mm的砂料；粗骨料是指粒径在5～20cm、20～40cm、40～80cm、80～120（150）mm的碎（卵）石料。

砂石料是水利水电工程的主要建筑材料，按其来源不同一般可分为天然砂石料和人工砂石料两种。天然砂石料是岩石经风化和水流冲刷而形成的，有河砂、山砂、海砂以及河卵石、山卵石和海卵石等；人工砂石料是采用爆破等方式，开采岩体经机械设备的破碎、筛洗、碾磨加工而成的碎石和人工砂（又称机制砂）。

小型工程一般由施工企业到工地附近的料场采购。砂石料预算单价按主要材料预算价格的计算方法进行，也可按地方定额站发布的工业与民用建筑材料预算价格加至工地的运杂费用计算。材料的容重可分别按黄砂1.5t/$m^3$、碎石1.6t/$m^3$、块石1.7t/$m^3$计算。在计算过程中，砂、碎石（砾石）、块石等预算价格如超过70元/$m^3$的，按70元/$m^3$进入工程单价，计取有关费用，超过70元/$m^3$的部分计取税金后列入相应部分之后。

在水利工程建设中，由于砂石料使用强度高，使用量大，大中型工程一般由施工单位自行采备，形成机械化联合作业系统。自行采备的砂石料必须单独编制单价。水利水电工程中砂石料单价的高低对工程投资的影响较大，所以在编制其单价时，必须深入现场调查，认真收集地质勘探、试验、设计资料，掌握其生产条件、生产流程，正确选用定额进行计算，保证砂石料单价的可靠性。现主要介绍自行采备砂石料的单价分析方法。

### 4.5.1 砂石料生产的工艺流程与单价组成

#### 4.5.1.1 砂石料生产的工艺流程

1. *覆盖层清除*

天然砂石料场或采石场表面的杂草、树木、腐殖土或风化与弱风化岩石及夹泥层等覆盖物，在毛料开采前必须清理干净。

该工序单价应根据施工组织设计确定的施工方式，套用一般土石方工程概预算定额计算，然后摊入砂石料成品单价中。

2. *毛料开采运输*

毛料开采运输是指毛料从料场开采、运输到筛分厂毛料堆的整个过程。

该工序费用应根据施工组织设计确定的施工方法，选用概预算定额进行计算。

3. *毛料的破碎、筛分、冲洗*

(1) 天然砂石料。天然砂石料的破碎、筛分、冲洗加工一般包括预筛分、超径石破碎、筛洗、中间破碎、二次筛分、堆存及废弃料清除等工序。

筛洗是指将毛料和碎石半成品通过各级筛分机与洗砂机筛分、冲洗成设计需要的质量合格的不同粒径粗骨料与细骨料的过程。一般包括预筛、初筛、复筛、洗砂等过程。其中，预筛分是指将毛料隔离超径石的过程。

破碎加工一般包括超径石破碎（粗碎）和中间破碎（中碎）。超径石破碎是指将预筛分隔离的超径石进行一次或两次破碎，加工成需要粒径的碎石半成品的过程；中间破碎是指由于生产和级配平衡的需要，将一部分大粒径骨料进行破碎加工的过程。按现行定额规定，超径石破碎定额包含中间破碎，只是在计算破碎单价时应根据要求破碎产品的粒径不

同查找相应的定额表。破碎后的碎石再返回筛分厂进行筛洗。

二次筛分是指粗骨料在运输、贮存过程中会受污染，逊径含量也可能超标，为保证混凝土质量，有的工程在骨料上搅拌楼之前进行的第二次筛分。

(2) 人工砂石料。人工砂石料的破碎、筛分、冲洗加工一般包括破碎（一般分为粗碎、中碎、细碎)、筛分（一般分为预筛、初筛、复筛)、清洗等工序。根据现行定额，人工砂石料加工分为三种情况，即单独生产碎石、单独生产人工砂、同时生产碎石和人工砂。当人工砂石料加工的碎石原料含泥量超过5%时，需增加预洗工序。

编制破碎筛洗加工单价时，应根据施工组织设计确定的施工机械、施工方法、套用相应概预算定额进行计算。

4. 成品的运输

成品运输是指将经过筛洗加工后的成品料，运至混凝土搅拌楼前的调节料仓或与搅拌楼上料胶带输送机相接为止的过程。运输方式根据施工组织设计确定，运输单价采用概预算相应的子目计算。

以上各工序可根据料场天然级配和混凝土生产需要，在施工组织设计中确定其取舍与组合。可参考图4.1～图4.6工艺流程图。

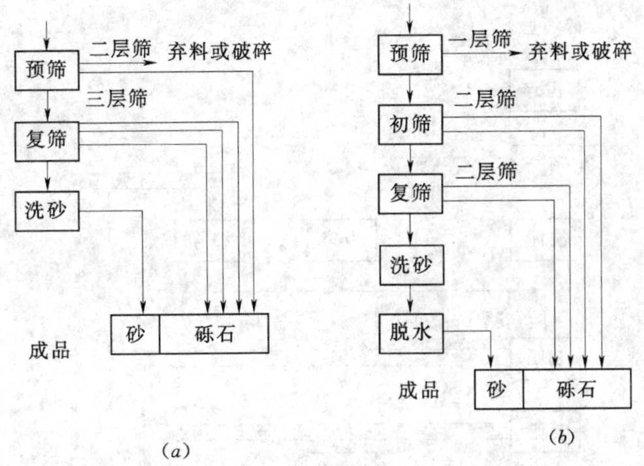


图4.1 天然砂砾料筛洗工艺流程

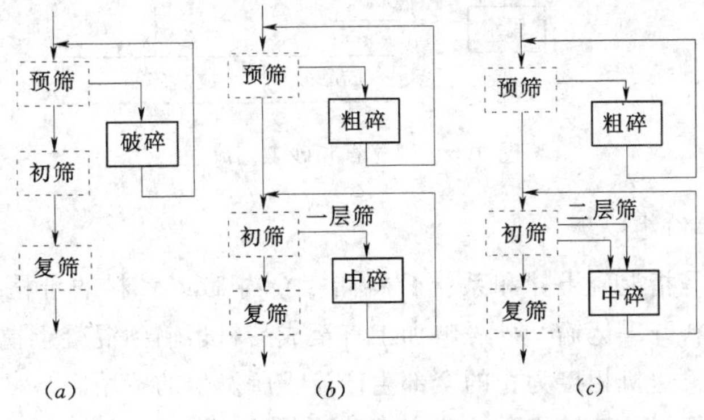


图4.2 超径石破碎工艺流程

(a) $d<150$mm；(b) $d<80$mm；(c) $d<40$mm

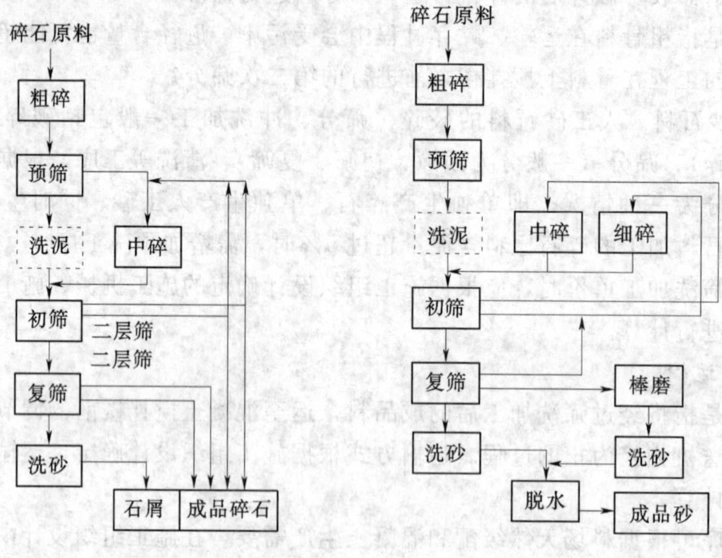


图 4.3　制碎石工艺流程　　　　图 4.4　制砂工艺流程

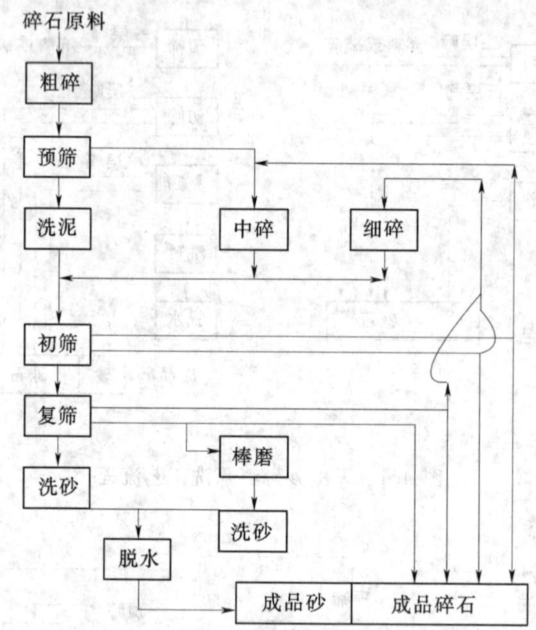


图 4.5　制碎石和砂工艺流程

#### 4.5.1.2　砂石料单价组成

砂石料单价，是指混凝土拌和系统骨料储存仓内 $1m^3$ 骨料的价格，它一般包括从料场覆盖层清除到毛料开采运输、砂砾料加工直至成品料运输到混凝土搅拌楼前调节料仓或与搅拌楼上料胶带输送机相接为止的全部生产流程所发生的费用。

砂石料单价应根据施工组织设计确定的砂石备料方案和工艺流程，按相应定额计算各加工工序单价，然后累计计算成品单价。

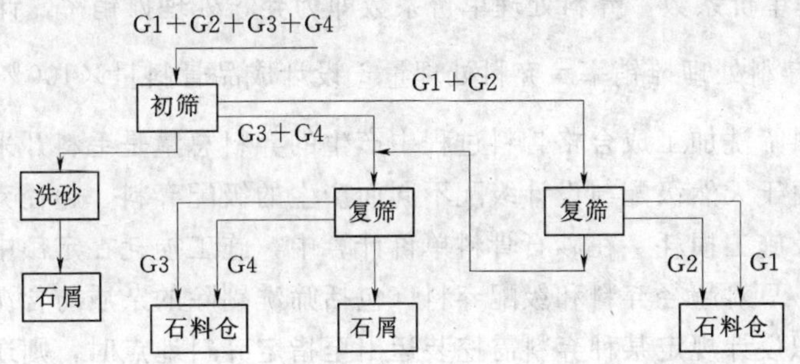


图 4.6 骨料二次筛分工艺流程

## 4.5.2 砂石料单价的计算

### 4.5.2.1 进行砂石料级配平衡计算

级配平衡计算的主要内容有：

(1) 根据地质勘探资料，编制砂砾料天然级配表。

(2) 根据砂浆、混凝土工程量及其配合比列表计算出骨料需用量。

(3) 确定天然砂砾料可利用率。

(4) 根据天然级配表、骨料需用量表列表进行骨料级配平衡计算，表中列出各种粒径骨料需用量、天然产出量以及各种粒径骨料缺少量和富裕量。若骨料级配供求不平衡，则需要进行调整。如砾石多而缺砂时，可用砾石制砂，中小石不足时，可用超径石或大石破碎补充等。

### 4.5.2.2 确定砂石加工厂规模及计算参数

1. 确定砂石加工厂规模

砂石加工厂规模由施工组织设计确定。根据《施工组织设计规范》规定，砂石加工厂的生产能力应按混凝土高峰时段（3～5 个月）月平均骨料需用量及其它砂石需用量计算。砂石加工厂生产时间，通常为每日二班制，高峰时为三班制，每月有效工作时间可按 360h 计算。小型工程的砂石加工厂一班制生产时，每月有效工作时间可按 180h 计算。计算出需要成品的小时生产能力后计及损耗，即可求得按进料量计的砂石加工厂小时处理能力。

2. 确定计算参数

计算参数主要是指砂石料生产流程中各工序的工序单价系数。主要有：

(1) 覆盖层清除单价系数。覆盖层清除单价系数即为覆盖层清除摊销率，是指覆盖层的清除量占设计成品骨料量的比例，计算公式为

$$覆盖层清除摊销率＝覆盖层清除量(m^3 自然方)÷设计成品骨料量(t)×100\% \quad (4-68)$$

如各料场清除覆盖层性质与施工方法不同，应分别计算各料场覆盖层清除摊销率。

(2) 毛料采运单价系数。毛料采运单价系数按现行 2002 年部颁定额确定，其中，天然砂砾料采运单价系数按砂砾料筛洗定额表中砂砾料采运量除以定额数量确定；砾石原料采运单价系数按人工砂石料加工定额表中碎石原料量（包含含泥量）除以定额数量确定。

(3) 含泥碎石预洗单价系数。含泥碎石预洗单价系数按现行 2002 年部颁定额分章说明规定确定：制碎石取 1.22；制人工砂取 1.34。

(4) 弃料处理单价系数。弃料处理单价系数即为弃料处理摊销率，计算公式为

弃料处理摊销率＝弃料处理量÷设计成品骨料量×100%　　(4－69)

由天然砂砾料筛洗加工成合格骨料过程中产生的弃料总量是毛料开采量与设计成品骨料量之差，包括由于天然级配与设计级配不同而产生的级配弃料、超径弃料、筛洗剔除的杂质和含泥量以及施工损耗。在砂石骨料单价计算中，施工损耗在定额中考虑，不再计入弃料处理摊销率，只对超径弃料和级配弃料（包括筛洗剔除的杂质与含泥量）分别计算摊销率。如施工组织设计规定某种弃料需挖装运出至指定弃料地点时，则还应计算这一部分运出弃料摊销率。

弃料处理单价应按弃料处理摊销率摊入到成品骨料单价中。

(5) 超径石破碎单价系数。超径石破碎（包含中间破碎）单价系数即为超径石破碎摊销率。超径石如果破碎利用，则需将其破碎单价按超径石破碎摊销率摊入到成品骨料单价中。计算公式为

超径石破碎单价系数＝超径石破碎量÷砾石总用量　　(4－70)

(6) 二次筛分单价系数。如果骨料需要进行二次筛分，则需将二次筛分单价按二次筛分单价系数摊入到成品骨料单价中去。

二次筛分单价系数＝二次筛分量÷砾石总用量　　(4－71)

此外，砂砾料筛洗、人工制碎石、人工制砂、人工制碎石和砂、成品（半成品）运输等工序的工序单价系数均为1.0。

#### 4.5.2.3　计算各工序单价

1. *计算覆盖层清除单价*

覆盖层清除单价以自然方计，根据施工组织设计确定的施工方法，采用土石方工程相应定额编制单价。

2. *计算毛料采运、加工、运输单价*

毛料（砂砾料或碎石原料）采运、加工、运输单价应根据施工组织设计确定的施工方法，结合砂石料加工厂生产规模，采用现行2002部颁概预算定额第六章“砂石备料工程”中相应定额子目编制概预算单价。

计算时应注意以下几点：

(1) 除注明者外，毛料开采、运输定额计量单位为成品方（堆方、码方），砂石料加工等定额计量单位为成品重量（t）。计量单位之间的换算如无实际资料时，可参考表4.11数据。

表 4.11　　砂石料密度参考表

| 砂石料类别 | 天然砂石料 | | | 人工砂石料 | | |
|---|---|---|---|---|---|---|
| | 松散砂砾混合料 | 分级砾石 | 砂 | 碎石原料 | 成品碎石 | 成品砂 |
| 密度（$t/m^3$） | 1.74 | 1.65 | 1.55 | 1.76 | 1.45 | 1.50 |

(2) 在计算人工砂石料加工单价时，如果生产碎石的同时，附带生产人工砂的数量不

超过总量的10%，则采用单独制碎石定额计算其单价；如果生产碎石的同时，生产的人工砂数量超过总量的10%，则采用同时制碎石和砂的定额计算其单价。

(3) 在计算砂砾料（或碎石原料）采运单价时，如果有几个料场，或有几种开采运输方式时，应分别编制单价后用加权平均方法计算毛料采运综合单价。

(4) 弃料单价应为选定处理工序处的砂石料单价。在预筛时产生的超径石弃料单价，其筛洗工序单价可按砂砾料筛洗定额中的人工和机械台时数量各乘0.2系数计价，并扣除用水。若余弃料需转运到指定地点时，其运输单价应按砂石备料工程有关定额子目计算。

(5) 根据施工组织设计，砂石加工厂的预筛粗碎车间与成品筛洗车间距离超过200m时，应按半成品料运输方式及相关定额计算其单价。

#### 4.5.2.4　计算砂石料综合单价

砂石料综合单价等于各工序单价分别乘以其单价系数后累加。在砂石料综合单价计算中，如弃料用于其他工程项目，应按可利用量的比例从砂石单价中扣除。

### 4.5.3　自采块石料石单价计算

自采块石、片石、料石、条石单价是指开采质量合格的石料并运输到施工现场堆料点所需人工费、材料费和机械使用费的单位价格。一般包括料场覆盖层（风化层、无用夹层等）清除、石料开采、加工（修凿）、运输、堆存以及以上施工过程中的损耗等。但块石、片石、条石、料石加工及运输各节概预算定额中，均已考虑了开采、加工、运输、堆存损耗因素在内，计算概预算单价时不另计系数和损耗。

$$J_{石}=fF+D_1+D_2 \tag{4-72}$$

式中：$J_{石}$ 为自采块石、片石、条石、料石单价，片石、自采块石单价以元/$m^3$ 成品码方计，料石、条石以元/$m^3$ 清料方计；$f$ 为覆盖层清除摊销率，指覆盖层清除量占需用石料方量的比例，以%计；$F$ 为覆盖层清除单价，元/ $m^3$；$D_1$ 为石料开采加工单价，根据岩石级别、石料种类和施工方法按定额相应子目计算，元/ $m^3$；$D_2$ 为石料运输堆存单价，根据施工方法和运距按定额相应子目计算，元/ $m^3$。

### 4.5.4　工程实例分析

**【工程实例分析4-10】**

1. 项目背景

某水利水电工程，混凝土总量100万$m^3$，混凝土强度等级为C15，水泥强度等级为32.5，其中四级配50万$m^3$，三级配35万$m^3$，二级配15万$m^3$，另用接缝水泥砂浆2.0万$m^3$，砂浆强度等级为M20。施工组织设计确定高峰时段混凝土浇筑量为5万$m^3$/月，砂石加工厂设在料场附近，与混凝土搅拌楼相距2500m，其间成品骨料运输采用胶带运输机。粗骨料上搅拌楼之前设二次筛分，4种骨料中有一半需进行二次筛洗。

该工程天然砂砾料场距坝址3km，为水下中厚层料场，有效层平均厚度4m，无覆盖，拟采用2$m^3$液压反铲挖掘机，2$m^3$液压正铲挖掘机装15t自卸汽车运1km到加工厂。

据地质勘探资料，砂砾料天然级配见表4.12。

2. 工作任务

试根据以上资料计算石子概算单价、砂子综合概算单价。

表 4.12　　砂砾料天然级配表

| 项目 | 以天然砂砾料为100% | | | | 以砾石为100% | | | | 自然密度（t/m³） | 砾石含泥率（%） |
|---|---|---|---|---|---|---|---|---|---|---|
| | 超径石（>150） | 砾石（150～5） | 砂子（5～0.15） | 粉粒（<0.15） | G1（150～80） | G2（80～40） | G3（40～20） | G4（20～5） | | |
| 百分数 | 10.0 | 75.0 | 10.0 | 5.0 | 35.0 | 45.0 | 8.0 | 12.0 | 1.95 | <0.1 |

注　石子、砂子粒径单位为mm，以下表同。

3. 分析与解答

第一步：骨料需用量计算。

查2002《水利建筑工程概算定额》附录7中附表7.7和附表7.15，或查本书附录2。骨料需用量计算见表4.13。

表 4.13　　骨料需用量计算表

| 序号 | 项目 | 混凝土量（万m³） | 骨料量（万t） | 砂子 | | 砾石 | | 石子级配（%） | | | |
|---|---|---|---|---|---|---|---|---|---|---|---|
| | | | | 单位用量（t/m³） | 合计用量（万t） | 单位用量（t/m³） | 合计用量（万t） | G1（150～80） | G2（80～40） | G3（40～20） | G4（20～5） |
| 1 | 砂浆 | 2.0 | 3.10 | 1.55 | 3.1 | 0 | 0 | | | | |
| 2 | 二级配 | 15.0 | 32.25 | 0.78 | 11.70 | 1.37 | 20.55 | | | 50 | 50 |
| 3 | 三级配 | 35.0 | 79.10 | 0.62 | 21.70 | 1.64 | 57.40 | | 40 | 30 | 30 |
| 4 | 四级配 | 50.0 | 116.50 | 0.53 | 26.50 | 1.80 | 90.00 | 30 | 30 | 20 | 20 |
| 5 | 共计 | 102 | 230.95 | 0.62 | 63.00 | 1.65 | 167.95 | | | | |
| 6 | 百分比（%） | | 100 | | 27.3 | | 72.7 | 16.08 | 29.74 | 27.09 | 27.09 |

第二步：级配平衡计算。

天然砂砾料中粒径小于0.15mm的粉粒在加工过程中随水冲走，大于150mm的超径石有2%无法利用，预筛后作弃料处理。由表4.12可知，天然砂砾料可利用率为100%－5%－2%＝93%，因此天然砂砾料产出量为230.95÷93%＝248.33（万t），骨料需用量与天然级配平衡情况见表4.14。

表 4.14　　骨料级配平衡表

| 序号 | 项目 | 总量（万t） | 其中有用量 | | 砾石分级量10⁴t | | | | >150超径石利用量（万t） | 弃料量（万t） |
|---|---|---|---|---|---|---|---|---|---|---|
| | | | 砂量（万t） | 砾石（万t） | G1（150～80） | G2（80～40） | G3（40～20） | G4（20～5） | | |
| 1 | 骨料需用量 | 230.95 | 63.00 | 167.95 | 27.00 | 49.95 | 45.50 | 45.50 | | |
| 2 | 天然产出量 | 248.33 | 24.83 | 186.25 | 65.19 | 83.81 | 14.90 | 22.35 | 19.87 | 17.38 |
| 3 | 平衡情况 | ＋17.38 | －38.17 | ＋18.30 | ＋38.19 | ＋33.86 | －30.60 | －23.15 | ＋19.87 | |

注　其中超径石弃料量为248.33×2%＝4.97(万t)。

由表4.14可见，骨料级配供求不平衡：砾石多，砂缺38.17×$10^4$t，占需用量的

60%，需用砾石制砂；另外，G3、G4 石子缺 $53.75\times10^4$t，需用超径石和大石破碎补充，破碎量为 19.87＋38.19＋33.86＝91.92（万 t），占砾石总产量［186.25＋19.87＝206.12（万 t）］的 44.6%，占砂石总用量 230.95 万 t 的 39.8%。

第三步：拟定砂石料生产流程和工厂规模。

(1) 砂石料生产流程。根据级配平衡计算成果和施工组织设计，可拟定出砂石料生产流程，如图 4.7 所示。

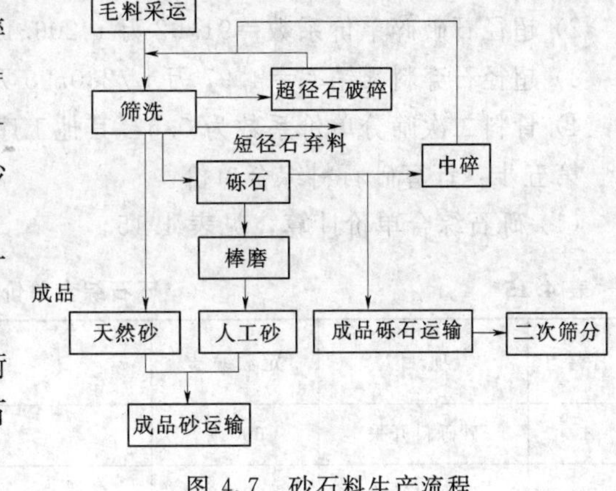


图 4.7 砂石料生产流程

(2) 计算砂石加工厂规模。

1) 砂砾料筛洗厂生产能力：

$$Q=1.16\times50000\text{m}^3/\text{月混凝土量}\times230.95\text{万 t 骨料}\div102\text{万 m}^3\text{混凝土}\div360\text{h/月生产时间}=364.1\text{t/h}$$

式中：1.16 为加工损耗系数，查砂砾料筛洗定额确定，即用砂砾料采运量除以定额数量；360h/月为砂石加工厂每月有效工作时间。

查定额可知，砂砾料筛洗厂生产规模应为 $Q_1=2\times220$t/h。

2) 超径石破碎车间生产能力：

$$Q=91.92\text{万 t}\div248.33\text{万 t}\times2\times220\text{t/h}=162.8\text{t/h}$$

查定额可知，超径石破碎生产规模应为 $Q_2=1\times160$t/h。

3) 二次筛分厂生产能力（按混凝土搅拌能力计算）：

$$Q=50000\text{m}^3/\text{月}\div360\text{h/月}=138.8\text{m}^3/\text{h 混凝土}$$

查定额可知，二次筛分生产规模应为 $Q_3=140\text{m}^3/\text{h}$。

4) 砾石制砂厂生产能力：

$$Q=1.28\times38.17\text{万 t}\div248.33\text{万 t}\times2\times220\text{t/h}=86.6\text{t/h}$$

式中：1.28 为损耗系数，查人工制砂定额确定，即用定额中碎石原料采运量除以定额数量。

查定额可知，砾石制砂厂生产规模应为 $Q_4=2\times50$t/h。

第四步：计算工序单价和工序单价系数。

(1) 计算工序单价。工序单价可根据施工组织设计确定的施工方法与砂石加工厂规模选用相应的定额子目计算。假设各工序单价计算结果为：砂砾料开采单价 1.99 元/$\text{m}^3$，砂砾料运输单价 6.06 元/$\text{m}^3$，砂砾料筛洗单价 5.34 元/t，超径石破碎单价 3.94 元/t，成品骨料运输单价 6.22 元/$\text{m}^3$，骨料二次筛分单价 3.30 元/t，机制砂单价 23.86 元/t。工序单价计算过程略，计算方法详见学习情景 5。

(2) 计算工序单价系数。

1) 毛料采运单价系数：查砂砾料筛洗定额可知，砂砾料开采、运输单价系数为

116/100＝1.16；查机制砂定额可知，碎石原料采运单价系数为128/100＝1.28。

2）超径石破碎单价系数＝91.92万t/206.12万t＝0.446。

3）超径石弃料摊销率＝4.97万t/230.95万t＝0.022。

4）骨料二次筛分单价系数为0.5，其他工序单价系数为1.0。

第五步：计算砂石料综合单价。

(1) 砾石综合单价计算，见表4.15。

**表4.15　砾石综合单价计算表**

| 序号 | 项目 | 定额编号 | 工序单价(元/t) | 系数 | 复价(元/t) |
|---|---|---|---|---|---|
| 1 | 砂砾料开采 | 60047 | 1.99/1.74 | 1.16 | 1.33 |
| 2 | 砂砾料运输 | 60212 | 6.06/1.74 | 1.16 | 4.04 |
| 3 | 砂砾料筛洗 | 60075 | 5.34 | 1.0 | 5.34 |
| 4 | 超径石破碎 | 60092 | 3.94 | 0.446 | 1.76 |
| 5 | 超径弃料摊销(就地弃料) | 60047<br>60212<br>60075 | 1.33＋4.04＋5.34×0.2＝6.438 | 0.022 | 0.14 |
| 6 | 成品运输($L$＝2500m) | 60164 | 6.22/1.65 | 1.0 | 3.77 |
| 8 | 二次筛分 | 60411 | 3.30 | 0.5 | 1.65 |
| 9 | 合计 | | | | 18.03 |
| 备注：砾石单价为18.03×1.65＝29.75(元/m³) | | | | | |

(2) 砂子综合单价计算。本工程生产的砂有天然砂和人工砂两种，应先分别计算出其单价，再按其所占比例加权计算出砂子的综合单价。天然砂和人工砂的单价计算如表4.16、表4.17所示。

**表4.16　天然砂单价计算表**

| 序号 | 项目 | 定额编号 | 工序单价(元/t) | 系数 | 复价(元/t) |
|---|---|---|---|---|---|
| 1 | 砂砾料开采 | 60047 | 1.99/1.74 | 1.16 | 1.33 |
| 2 | 砂砾料运输 | 60212 | 6.06/1.74 | 1.16 | 4.04 |
| 3 | 砂砾料筛洗 | 60075 | 5.34 | 1.0 | 5.34 |
| 4 | 超径弃料摊销(就地弃料) | 60047<br>60212<br>60075 | 1.33＋4.04＋5.34×0.2＝6.438 | 0.022 | 0.14 |
| 5 | 成品运输(L＝2500m) | 60164 | 6.22/1.55 | 1.0 | 4.01 |
| 6 | 合计 | | | | 14.86 |
| 备注：天然砂单价为14.86×1.55＝23.03(元/m³) | | | | | |

表 4.17　　砾石制砂单价计算表

| 序号 | 项目 | 定额编号 | 工序单价（元/t） | 系数 | 复价（元/t） |
|---|---|---|---|---|---|
| 1 | 砾石原料（d<40mm） | | 1.33＋4.04＋5.34＋1.76＝12.47 | 1.28 | 15.96 |
| 2 | 机制砂 | 60133 | 23.86 | 1.0 | 23.86 |
| 3 | 成品运输（L＝2500m） | 60164 | 6.22/1.50 | 1.0 | 4.15 |
| 4 | 合 计 | | | | 43.97 |
| 备注：天然砂单价为 43.97×1.50＝65.96（元/m³） | | | | | |

注　砾石原料价按砾石采运、筛洗、破碎综合价计算。

第六步：计算砂子综合单价计算。

砂子综合单价＝23.03×24.83/(24.83＋38.17)＋65.96×38.17/(24.83＋38.17)
＝49.04(元/m³)

# 学习单元 4.6　混凝土及砂浆材料单价

混凝土、砂浆材料单价是指配制 1m³ 混凝土、砂浆所需的水泥、砂石骨料、水、掺合料及外加剂等各种材料的费用之和，不包括混凝土和砂浆拌制、运输、浇筑等工序的人工、材料和机械费用，也不包括除搅拌损耗外的施工操作损耗及超填量等。混凝土、砂浆材料单价在混凝土工程单价中占有较大的比重，在编制混凝土工程概算单价时，应根据设计选定的不同工程部位的混凝土及砂浆的强度等级、级配和龄期确定出各组成材料的用量，进而计算出混凝土、砂浆材料单价。

根据每立方米混凝土、砂浆中各种材料预算用量分别乘以其材料预算价格，其总和即为定额项目表中混凝土、砂浆的材料单价。

## 4.6.1　编制混凝土材料单价应遵循的原则

(1) 编制拦河坝等大体积混凝土概预算单价时，必需考虑掺加适量的粉煤灰以节省水泥用量，其掺量比例应根据设计对混凝土的温度控制要求或试验资料选取。如无试验资料，可根据一般工作实际掺用比例情况，按现行《水利建筑工程概算定额》附录 7“掺粉煤灰混凝土材料配合表”选取。

(2) 编制所有现浇混凝土及碾压混凝土概预算单价时，均应采用掺外加剂（木质素磺酸钙等）的混凝土配合比作为计价依据，以减少水泥用量。一般情况下不得采用纯混凝土配合比作为编制混凝土概预算单价的依据。

(3) 应根据设计对不同水工建筑物的不同运用要求，尽可能利用混凝土的后期强度(60d、90d、180d、360d)，以降低混凝土强度等级，节省水泥用量。现行定额中，不同混凝土配合比所对应的混凝土强度等级均以 28d 龄期的抗压强度为准，如设计龄期超过 28d，应进行换算，各龄期强度等级换算为 28d 龄期强度等级的换算系数见表 4.18。当换算结果介于两种强度等级之间时，应选用高一级的强度等级。如某大坝混凝土采用 180d 龄期设计强度等级为 C20，则换算为 28d 龄期时对应的混凝土强度等级为：C20×0.71≈

C14，其结果介于C10与C15之间，则混凝土的强度等级取C15。

表4.18 混凝土龄期与强度等级换算系数

| 设计龄期(d) | 28 | 60 | 90 | 180 | 360 |
|---|---|---|---|---|---|
| 强度等级换算系数 | 1.00 | 0.83 | 0.77 | 0.71 | 0.65 |

### 4.6.2 混凝土材料单价的计算

混凝土各组成材料的用量是计算混凝土材料单价的基础，应根据工程试验提供的资料计算。若设计深度或试验资料不足，也可按下述计算步骤和方法计算混凝土半成品的材料用量及材料单价。

1. 选定水泥品种与强度等级

拦河坝等大体积水工混凝土，一般可选用强度等级为32.5与42.5的水泥。对水位变化区外部混凝土，宜选用普通硅酸盐大坝水泥和普通硅酸盐水泥；对大体积建筑物内部混凝土、位于水下的混凝土和基础混凝土，宜选用矿碴硅酸盐大坝水泥、矿碴硅酸盐水泥和粉煤灰硅酸盐水泥。

2. 确定混凝土强度等级和级配

混凝土强度等级和级配是根据水工建筑物各结构部位的运用条件、设计要求和施工条件确定的。在资料不足的情况下，可参考表4.19选定。

表4.19 混凝土强度等级与级配参考表

| 工程类别 | 不同强度等级不同级配混凝土所占比例(%) | | | |
|---|---|---|---|---|
| | C20～C25二级配 | C20三级配 | C15三级配 | C10四级配 |
| 大体积混凝土坝 | 8 | 32 | | 60 |
| 轻型混凝土坝 | 8 | 92 | | |
| 水闸 | 6 | 50 | 44 | |
| 溢洪道 | 6 | 69 | 25 | |
| 进水塔 | 30 | 70 | | |
| 进水口 | 20 | 60 | 20 | |
| 隧洞衬砌 | | | | |
| 混凝土泵衬砌边顶拱 | 80 | 20 | | |
| 混凝土泵衬砌顶拱 | 30 | 70 | | |
| 竖井衬砌 | | | | |
| 混凝土泵浇筑 | 100 | | | |
| 其他方法浇筑 | 30 | 70 | | |
| 明渠混凝土 | | 75 | 25 | |
| 地面厂房 | 35 | 35 | 30 | |
| 河床式电站厂房 | 50 | 25 | 25 | |
| 地下厂房 | 50 | 50 | | |
| 扬水站 | 30 | 35 | 35 | |
| 大型船闸 | 10 | 90 | | |
| 中小型船闸 | 30 | 70 | | |

3. 确定混凝土材料配合比

确定混凝土材料配合比时，应考虑按混合料、掺外加剂和利用混凝土后期强度等节约水泥的措施。混凝土材料中各项组成材料的用量应按设计强度等级，根据试验确定的混凝土配合比计算。计算中水泥、砂石预算用量要比配合比理论计算量分别增加2.5%、3%与4%。初设阶段的纯混凝土、掺外加剂混凝土，或可行性研究阶段的掺粉煤灰混凝土、碾压混凝土、纯混凝土、掺外加剂混凝土等，如无试验资料，可参照概算定额附录中的混凝土材料配合比查用。

现行《水利建筑工程概算定额》附录7列出了不同强度混凝土、砂浆配合比，详见附录Ⅱ。在使用附录混凝土材料配合比表时，应注意以下几个方面：

(1) 表中混凝土材料配合比是按卵石、粗砂拟定的，如改用碎石或中、细砂，应对配合比表中的各材料用量按表4.20系数换算（注：粉煤灰换算系数同水泥的换算系数）。

**表4.20　碎石或中、细砂配合比换算系数**

| 项目 | 水泥 | 砂 | 石子 | 水 |
|---|---|---|---|---|
| 卵石换为碎石 | 1.10 | 1.10 | 1.06 | 1.10 |
| 粗砂换为中砂 | 1.07 | 0.98 | 0.98 | 1.07 |
| 粗砂换为细砂 | 1.10 | 0.96 | 0.97 | 1.10 |
| 粗砂换为特细砂 | 1.16 | 0.90 | 0.95 | 1.16 |

注　1. 水泥按重量计，砂、石子、水按体积计。
2. 若实际采用碎石及中细砂时，则总的换算系数应为各单项换算系数的乘积。

(2) 埋块石混凝土，应按配合比表的材料用量扣除埋块石实体的数量计算。

$$埋块石混凝土材料量=配合表列材料用量\times(1-埋块石率\%) \quad (4-73)$$

1块石实体方=1.67码方。

因埋块石增加的人工见表4.21。

**表4.21　埋块石混凝土人工工时增加量**

| 埋块石率（%） | 5 | 10 | 15 | 20 |
|---|---|---|---|---|
| 每100m³埋块石混凝土增加人工工时 | 24.0 | 32.0 | 42.4 | 56.8 |

注　不包括块石运输及影响浇筑的工时。

(3) 当工程采用的水泥强度等级与配合比表中不同时，应对配合比表中的水泥用量进行调整，见表4.22。

**表4.22　水泥强度等级换算系数参考表**

| 原强度等级 \ 代换强度等级 | 32.5 | 42.5 | 52.5 |
|---|---|---|---|
| 32.5 | 1.00 | 0.86 | 0.76 |
| 42.5 | 1.16 | 1.00 | 0.88 |
| 52.5 | 1.31 | 1.13 | 1.00 |

(4) 除碾压混凝土材料配合比表外，混凝土配合比表中各材料的预算量包括场内运输及操作损耗，不包括搅拌后（熟料）的运输和浇筑损耗，搅拌后的运输和浇筑损耗已根据不同浇筑部位计入定额内。

(5) 水泥用量按机械拌和拟定，若人工拌和，则水泥用量需增加5%。

4. 掺粉煤灰混凝土材料用量

定额附录中掺粉煤灰混凝土配合比的材料用量是按超量取代法（也称超量系数法）确定的，即按照与纯混凝土同稠度、等强度的原则，用超量取代法对纯混凝土中的材料量进行调整，调整系数称为粉煤灰超量系数。按下列步骤计算：

(1) 掺粉煤灰混凝土的水泥用量：

$$C=C_0(1-f) \tag{4-74}$$

式中：$C$ 为掺粉煤灰混凝土的水泥用量，kg；$C_0$ 为与掺粉煤灰混凝土同稠度、等强度的纯混凝土水泥用量，kg；$f$ 为粉煤灰取代水泥百分率，即水泥节约量，其值可参考表4.23选取。

$$f=[(C_0-C)\div C_0]\times 100\% \tag{4-75}$$

**表 4.23　粉煤灰取代水泥百分率（$f$）参考表**

| 混凝土强度等级 | 普通硅酸盐水泥（%） | 矿渣硅酸盐水泥（%） | 混凝土强度等级 | 普通硅酸盐水泥（%） | 矿渣硅酸盐水泥（%） |
|---|---|---|---|---|---|
| ≤C15 | 15～25 | 10～20 | C25～C30 | 15～20 | 10～15 |
| C20 | 10～15 | 10 | | | |

注 1. 32.5R 水泥及以下取下限，42.5R 水泥及以上取上限。C20 及以上混凝土宜采用Ⅰ、Ⅱ级粉煤灰，C15 及以下素混凝土可采用Ⅲ级粉煤灰。
2. 粉煤灰等级按《水工混凝土掺用粉煤灰技术规范》标准划分。

(2) 确定粉煤灰的掺量

$$F=K(C_0-C) \tag{4-76}$$

式中：$F$ 为粉煤灰掺量，kg；$K$ 为粉煤灰取代（超量）系数，为粉煤灰的掺量与取代水泥节约量的比值，可按表4.24取值。

**表 4.24　粉煤灰的取代（超量）系数表**

| 粉煤灰级别 | Ⅰ级 | Ⅱ级 | Ⅲ级 |
|---|---|---|---|
| 超量系数 | 1.0～1.4 | 1.2～1.7 | 1.5～2.0 |

(3) 砂、石用量计算。由于采用超量取代法计算的掺粉煤灰混凝土的灰重（即水泥及粉煤灰总重）较纯混凝土的灰重多，增加的灰重

$$\Delta C=C+F-C_0 \tag{4-77}$$

式中：$\Delta C$ 为增加的灰重，kg。

按与纯混凝土容重相等的原则，掺粉煤灰混凝土砂、石总量应相应减少 $\Delta C$，按含砂率相等的原则，则掺粉煤灰混凝土砂、石重分别按式（4-78）与式（4-79）计算：

$$S\approx S_0-\Delta C\,S_0/(S_0+G_0) \tag{4-78}$$

$$G\approx G_0-\Delta C\,G_0/(S_0+G_0) \tag{4-79}$$

式中：$S$ 为掺粉煤灰混凝土砂重，kg；$S_0$ 为纯混凝土砂重，kg；$G$ 为掺粉煤灰混凝土石重，kg；$G_0$ 为纯混凝土石重，kg。

由于增加的灰重 $\Delta C$ 主要是代替细骨料砂填充粗骨料石的空隙，故简化计算时也可将增加的灰重 $\Delta C$ 全部从砂的重量中核减，石重不变。

(4) 用水量计算。

$$\text{掺粉煤灰混凝土用水量 } W = \text{纯混凝土用水量 } W_0(m^3) \tag{4-80}$$

(5) 外加剂用量计算。外加剂用量 $Y$ 可按掺粉煤灰混凝土的水泥用量 $C$ 的 0.2%～0.3%计算，概算定额取 0.2%计，即

$$Y=C\times 0.2\% \tag{4-81}$$

根据上述公式，可计算不同的超量系数 $K$ 及不同的粉煤灰取代水泥百分率 $f$ 时掺粉煤灰混凝土的材料用量。

5. 计算混凝土材料单价

混凝土材料单价计算公式为

$$\text{混凝土材料单价}=\sum(\text{某材料用量}\times\text{某材料预算价格}) \tag{4-82}$$

如果有几种不同强度等级的混凝土，需要计算混凝土材料的综合单价，则按各强度等级的混凝土所占比例计算加权平均单价。

### 4.6.3　砂浆材料单价的计算方法

砂浆材料单价的计算方法和混凝土材料单价的计算方法大致相同，应根据工程试验提供的资料确定砂浆的各组成材料及相应的用量，进而计算出砂浆材料单价。若无试验资料，可参照定额附录砂浆材料配合比表中各组成材料的预算量，进而计算出砂浆材料的单价。

砂浆材料单价计算公式为

$$\text{砂浆材料单价}=\sum(\text{某材料用量}\times\text{某材料预算价格}) \tag{4-83}$$

### 4.6.4　混凝土材料单价计算实例分析

**【工程实例分析 4-11】**

1. 项目背景

某岸边开敞式溢洪道工程，设计选用的混凝土强度等级与级配为：C20 二级配占 6%、C20 三级配占 69%、C15 三级配占 25%。C20 混凝土用 32.5 号普通水泥，C15 混凝土用 32.5 号矿渣水泥。外加剂采用木质磺酸钙。已知混凝土各组成材料的预算价格为：32.5 号普通水泥 350 元/t，32.5 号矿渣水泥 325 元/t，木质磺酸钙 1.20 元/kg，砂石骨料 35 元/$m^3$，水 0.40 元/$m^3$。

2. 工作任务

试计算溢洪道混凝土工程定额中混凝土材料单价。

3. 分析与解答

第一步：计算混凝土配合比材料预算量

根据 2002 年《水利建筑工程概算定额》附录 7 掺外加剂混凝土材料配合比表，查得上述各种强度等级与级配的混凝土配合比材料预算量，见表 4.25。

第二步：计算混凝土材料单价。

计算各种强度与级配的混凝土材料单价，并按所占比例加权平均计算其综合单价，见表 4.25。

**表 4.25　混凝土材料单价计算表**

| 混凝土强度等级 | 级配 | 材料预算量 | | | | | 材料费（元） | | | | | 混凝土材料单价（元/$m^3$） |
|---|---|---|---|---|---|---|---|---|---|---|---|---|
| | | 水泥（kg） | 砂（$m^3$） | 卵石（$m^3$） | 外加剂（kg） | 水（$m^3$） | 水泥 | 砂 | 卵石 | 外加剂 | 水 | |
| C20 | 二 | 254 | 0.5 | 0.82 | 0.52 | 0.15 | 88.9 | 17.5 | 28.7 | 0.62 | 0.06 | 135.78 |
| C20 | 三 | 212 | 0.4 | 0.97 | 0.43 | 0.125 | 74.2 | 14 | 33.95 | 0.52 | 0.05 | 122.72 |
| C15 | 三 | 181 | 0.42 | 0.96 | 0.37 | 0.125 | 58.83 | 14.7 | 33.6 | 0.44 | 0.05 | 107.62 |

第三步：计算混凝土材料综合单价。

混凝土材料综合单＝135.78×6％＋122.72×69％＋107.62×25％
＝119.73(元/m$^3$)

**【工程实例分析4-12】**

1. 项目背景

某工程用C20三级配掺粉煤灰混凝土，水泥强度等级为42.5（R)，水灰比为0.6，水泥取代百分率为12％，粉煤灰的取代系数为1.30。

2. 工作任务

计算该混凝土的配合比材料用量。

3. 分析与解答

第一步：计算掺粉煤灰混凝土水泥用量。

查现行《概算定额》附录7表7.7，C20三级配纯混凝土配合比材料用量为：42.5水泥 $C_0=218\text{kg}$，粗砂 $S_0=618\text{kg}$，卵石 $G_0=1627\text{kg}$，水 $W_0=0.125\text{m}^3$。则：

$$C=C_0(1-f)=218\times(1-12\%)=192(\text{kg})$$

第二步：计算粉煤灰掺量。

$$F=K(C_0-C)=1.3\times(218-192)=34(\text{kg})$$

第三步：计算砂、石用量。

$$\Delta C=C+F-C_0=192+34-218=8(\text{kg})$$

$$S\approx S_0-\Delta C\,S0/(S_0+G_0)=618-8\times618\div(618+1627)=616(\text{kg})$$

$$G\approx G_0-\Delta C\,G_0/(S_0+G_0)=1627-8\times1627\div(618+1627)=1621(\text{kg})$$

第四步：计算用水量。

$$W=W_0=0.125\text{m}^3$$

第五步：计算外加剂用量。

$$Y=192\times0.2\%=0.38(\text{kg})$$

## 学习情境小结

本学习情景主要介绍了水利水电工程概预算中基础单价的编制方法。基础单价是编制建筑安装工程单价的基础，必须牢固掌握：人工预算单价的组成和计算方法；材料预算价格的组成和计算方法；施工机械台时费的费用构成及计算方法、补充施工机械台时费的编制方法；施工用电、水、风预算价格的费用构成和计算方法；自行采备砂石料的生产工艺流程及单价编制方法；混凝土及砂浆材料单价的计算方法等。

## 项目实训与思考

1. 某灌溉工程位于十类工资区，无地区津贴，养老保险费率取15％，住房公积金费率取5％。按水利部现行规定分别计算工长、高级工、中级工和初级工的人工预算单价。

2. 某城市实例工程位于九类工资区，无地区津贴，养老保险费率取15％，住房公积金费率取5％。按水利部现行规定分别计算中级工和初级工的人工预算单价。

3. 某大型水利枢纽工程位于七类工资区，经国家物价部门批准的地区津贴为30元/月，地方政府规定的特殊地区补贴为25元/月，请按现行部颁规定计算中级工的人工预算

单价（假设养老保险费率为18%，住房公积金费率为5%）。

4. 某水利工程用42.5号普通硅酸盐水泥，资料如表4.26所示，请计算该种水泥的预算价格。

表4.26　　基本资料表

| 项目 | 甲厂 | 乙厂 | 项目 | 甲厂 | 乙厂 |
|---|---|---|---|---|---|
| 供应比例 | 35% | 65% | 吨公里运价（元） | 0.53 | 0.53 |
| 出厂价（元/t） | 400 | 350 | 装卸费小计（元/t） | 15.0 | 15.0 |
| 厂家至工地距离（km） | 80 | 110 | 材料运输保险费率 | 0.4% | 0.4% |

5. 某水利工程混凝土工程所用水泥为袋装42.5号普通硅酸盐水泥，系由本省内水泥一厂和水泥二厂供应，请按水利部现行规定计算该种水泥预算价格。已知：火车上交货价均为300元/t，供货比例为一厂∶二厂=70∶30。厂家至工地水泥罐的运杂费（含上罐费）分别为：一厂100元/t，二厂130元/t。水泥公路运输保险费率3‰。求水泥的预算价格。

6. 某水利工程施工用电，90%由电网供电，10%由自备柴油机发电。已知电网电价为0.35元/(kW·h)，电力建设基金0.04元/(kW·h)，三峡建设基金0.007元/(kW·h)，柴油发电机总容量为1000kW，其中200kW一台，400kW两台，并配备三台水泵供给冷却水。以上三种机械台时费分别为160元/台时、268元/台时和13.2元/台时。请计算外购电电价、自发电电价和综合电价［高压输电线路损耗率为6%，变配电设备及配电线路损耗率为8%，供电设施维修摊销费为0.03元/(kW·h)，发电机出力系数取0.8，厂用电率取5%］。

7. 某工程施工用风由总容量200m$^3$/min的压缩空气系统供给，共配置固定式空压机七台，其中20m$^3$/min四台，40m$^3$/min三台，采用循环水冷却。本工程用风供风管道较长，损耗率与维修摊销费应取大值。已知40m$^3$/min与20m$^3$/min的空压机台时费分别为150.56元/台时和82.81元/台时，空压机出力系数取0.8，供风设施维修摊销费取0.003元/m$^3$，供风损耗率取12%，请计算风价。

8. 施工机械台时费由哪几部分费用构成？如何计算施工机械台时费？

9. 砂石料的生产工艺流程一般有哪些？请简述自行采备砂石料单价的计算步骤。

10. 如何计算水利建筑工程定额项目表中的“混凝土”和“砂浆”的单价？

11. 某水利枢纽工程，混凝土总量为120万m$^3$，施工组织设计确定高峰时段混凝土浇筑量为6万m$^3$/月，砂石加工厂设在料厂附近，与混凝土搅拌楼相距3km，其间成品骨料运输采用2m$^3$挖掘机装15t自卸汽车运输。粗骨料进搅拌楼之前全部进行二次筛分。经过级配平衡计算可知，骨料需用量254万t，其中，粗骨料190万t，砂64万t；天然砂砾料开采量为271.7万t，其中砂和小粒径砾石均能满足要求，但粒径150～80mm的砾石量不足，缺少20万t，可用部分超径石破碎加以利用。筛洗工序中产生的超径石弃料3.2万t，级配弃料14.5万t，需运至指定地点。料场覆盖层清除量45.5万m$^3$自然方。已知覆盖层清除单价5.33元/m$^3$，毛料采运综合单价5.87元/m$^3$，筛洗单价5.22元/t，超径石破碎单价5.15元/t，成品运输单价7.56元/m$^3$，二次筛分单价2.56元/t。请计算该工程自采砂石料概算单价。

# 学习情境5  建筑工程概算编制

**学习目标：**

1. 了解建筑工程概算编制依据和编制步骤。

2. 掌握建筑工程概算单价的组成与计算。

3. 掌握土方工程、石方工程、土石填筑工程、混凝土工程、模板工程、钻孔灌浆及锚固工程、疏浚工程和其他工程的概算单价编制方法及使用定额的注意事项。

4. 掌握工程量的计算方法。

5. 掌握建筑工程概算编制方法。

**学习任务：**

1. 建筑工程概算单价的编制方法。

2. 工程量的计算方法。

3. 建筑工程概算编制方法。

## 学习单元5.1  建筑工程概算编制概述

水利工程概算，是指在初步设计阶段，根据国家现有技术经济政策、设计文件以及工程所在地建设条件和资金来源等编制的以货币形式表现的基本建设项目投资额的技术经济文件。水利工程概算包括两项内容：一项是工程部分概算，另一项是移民和环境部分概算。工程部分概算包括建筑工程、机电设备及安装工程、金属结构设备及安装工程、施工临时工程、独立费用五大部分概算。其中，建筑工程概算构成项目划分中的第一部分，是概算文件的重要组成部分。据有关资料统计，水利建筑工程投资占工程总投资的比例一般为40%～60%，因此编制好建筑工程概算是非常重要的。

### 5.1.1  编制依据

水利建筑工程概算的编制依据主要包括以下几个方面：

（1）国家及省、自治区、直辖市颁发的有关法令法规、制度、规程。

（2）《水利工程设计概（估）算编制规定》（水利部水总［2002］116号文）。

（3）部颁［2002］《水利建筑工程概算定额》、部颁［2002］《水利建筑工程预算定额》、部颁［2002］《水利工程施工机械台时费定额》和有关行业主管部门颁发的定额。

（4）水利工程设计工程量计算规则。

（5）已批准的初步设计文件、图纸及施工组织设计。

（6）本工程使用的材料预算价格及电、水、风、砂石料等基础单价。

（7）各种有关合同、协议及资金筹措方案。

（8）其他。

### 5.1.2　编制步骤

水利建筑工程概算的编制步骤一般有以下几个步骤。

1. 编制准备工作

首先，要整理并熟悉工程设计图纸，了解设计意图；其次，要深入工程现场收集现场情况及工程枢纽布置、工程地质、水文气象等资料；第三，掌握施工组织设计内容，如主要水工建筑物施工方案、施工机械及劳动力配备情况、对外交通方式、场内交通条件、运输距离等；第四，熟悉现行水利工程概预算定额和有关水利工程设计概预算费用构成及计算标准。

2. 划分工程项目，详细列出各级项目内容

对于单个建筑物工程，项目划分中的二级项目可视为一级项目计列。具体划分时可根据工程的特点进行必要的增删调整，并应与相应的概算定额子目要求一致，力求简单明了，符合实际。

3. 编制建筑工程概算单价

根据有关规定和施工组织设计的具体要求，应分别编制各分部（分项）工程的概算单价。

4. 计算工程量

计算工程量时应严格按照《水利水电设计工程量计算规定》进行。工程量的计算应根据工程项目的具体划分来计算出各分部（分项）工程的工程量。施工中应增加的超挖、超填和施工附加量及各种损耗、体积变化等，均已按现行施工规范和有关规定计入概算定额，设计工程量中不再另行计算。

5. 编制建筑工程概算

根据已计算出的各分部（分项）工程的工程量及工程单价，采用工程量乘工程单价的办法分别计算各分部（分项）工程的概算价值。计算时应先从最末一级项目开始，然后向上逐级合并汇总，即得建筑工程概算投资。

6. 进行工料分析

所谓工料分析就是对人工工时和材料用量进行分析计算，它是编制施工组织设计的主要依据之一，也是施工单位编制投标报价和施工计划的依据。分部（分项）工程所需的人工工时、材料用量是按照完成单位工程量所需的人工、材料用量乘以分部（分项）工程的工程量计算出来的。

## 学习单元 5.2　建筑工程概算单价组成及计算

### 5.2.1　建筑工程概算单价的组成与计算方法

#### 5.2.1.1　工程概预算单价的概念

工程概算单价（简称工程单价）包括建筑工程单价和安装工程单价两部分。工程单价是指完成单位工程量（如 $1m^3$、$100m^3$、1t 等）所耗用的直接工程费、间接费、企业利润和税金四部分费用的总和。它是编制水利水电建筑安装工程概预算的基础。建筑安装工程的主要工程项目都要计算工程单价。

建筑工程包括：土方开挖工程、石方开挖工程、土石填筑工程、混凝土工程、模板工

程、砂石备料工程、钻孔灌浆及锚固工程、疏浚工程及其他工程等九项内容。

**5.2.1.2** 建筑工程单价的组成与计算

建筑工程单价由直接工程费、间接费、企业利润和税金四部分组成。

1. 直接工程费

指建筑工程施工过程中直接消耗在工程项目上的活劳动和物化劳动。由直接费、其他直接费、现场经费组成。

(1) 直接费。包括人工费、材料费、施工机械使用费。

1) 人工费。指为完成建筑工程的单位工程量，按现行《水利建筑工程概算定额》子目所需的全部人工数乘人工预算单价计算得出的费用。

$$\text{人工费}=\sum\text{定额人工工时数}\times\text{人工工时预算单价} \tag{5-1}$$

2) 材料费。由主要材料费和其他材料费或零星材料费组成。

主要材料费，指为完成建筑工程的单位工程量，按现行《水利建筑工程概算定额》子目所需主要材料、构件、半成品及周转使用材料摊销量等的全部耗用量乘相应材料预算价格计算的材料费。

其他材料费或零星材料费，指为完成建筑工程的单位工程量，按现行《水利建筑工程概算定额》子目以费率（%）形式表示的其他材料费或零星材料费。如工作面内的脚手架、排架、操作平台等的搭拆摊销费，地下工程的照明费，混凝土工程的养护用水费，石方开挖工程的钻杆、空心钢、冲击器，以及其他一些用量少的零星材料费。

$$\begin{aligned}\text{材料费}=&\sum\text{定额主要材料耗用量}\times\text{材料预算价格}\\&+\text{其他材料费}+\text{零星材料费}\end{aligned} \tag{5-2}$$

$$\text{其他材料费}=\text{主要材料费}\times\text{其他材料费费率} \tag{5-3}$$

$$\text{零星材料费}=(\text{人工费}+\text{机械费})\times\text{零星材料费费率} \tag{5-4}$$

3) 施工机械使用费。由主要施工机械使用费和其他机械使用费组成。

主要施工机械使用费，指为完成建筑工程的单位工程量，按现行《水利建筑工程概算定额》子目所需主要施工机械的台（组）时数量乘相应台时费计算的施工机械使用费。

其他机械使用费是指为完成建筑工程的单位工程量，按现行《水利建筑工程概算定额》以费率（%）列示的次要机械和辅助机械的使用费，包括材料、机具的场内运输机械，混凝土浇筑现场运输中的次要机械，疏浚工程中的客轮、油轮等辅助生产船舶等。

$$\begin{aligned}\text{机械使用费}=&\sum\text{定额主要施工机械台时数}\times\text{机械台时费}\\&+\text{主要机械费}\times\text{其他机械费费率（\%）}\end{aligned} \tag{5-5}$$

(2) 其他直接费。指为完成建筑工程的单位工程量，按现行规定应计入概算单价的冬雨季施工增加费、夜间施工增加费、特殊地区施工增加费及其他费用。均按建筑工程直接费的百分率计算。

$$\text{其他直接费}=\text{直接费}\times\text{其他直接费率之和} \tag{5-6}$$

根据水利部2002《水利工程设计概（估）算编制规定》，其他直接费费率标准如下。

1) 冬雨季施工增加费：根据工程所在的不同地区选取。

西南、中南、华东区：0.5%～1.0%

华北区：　　　　　1.0%～2.5%

西北、东北区：　　2.5%～4.0%

西南、中南、华东区，按规定不计冬季施工增加费的地区取小值，计算冬季施工增加费的地区可取大值；华北区中，内蒙古等较严寒地区可取大值，其他地区取中值或小值；西北、东北区中，陕西、甘肃等省取小值，其他地区可取中值或大值。

2）夜间施工增加费：建筑工程取0.5%，安装工程取0.7%。照明线路工程费用包括在“临时设施费”中；施工附属企业系统、加工厂、车间的照明，列入相应的产品中，均不包括在本项费用之内。

3）特殊地区施工增加费：指在高海拔和原始森林等特殊地区施工而增加的费用。其中高海拔地区的高程增加费按规定直接进入定额；其他特殊增加费（如酷热、风沙），应按工程所在地规定的标准计算，地方没有规定的不得计算此项费用。

4）其他：建筑工程取1.0%，安装工程取1.5%。

(3) 现场经费。指为完成建筑工程的单位工程量，按现行规定应计入概算单价的临时设施费和现场管理费。均按建筑工程直接费的百分率计算。

$$建筑工程的现场经费=直接费\times现场经费费率 \tag{5-7}$$

根据水利部现行规定，现场经费费率的取费标准见表5.1和表5.2。

**表5.1 枢纽工程现场经费费率表**

| 序号 | 工程类别 | 计算基础 | 现场经费费率（%） | | |
|---|---|---|---|---|---|
| | | | 合计 | 临时设施费 | 现场管理费 |
| 一 | 建筑工程 | | | | |
| 1 | 土石方工程 | 直接费 | 9 | 4 | 5 |
| 2 | 砂石备料工程（自采） | 直接费 | 2 | 0.5 | 1.5 |
| 3 | 模板工程 | 直接费 | 8 | 4 | 4 |
| 4 | 混凝土浇筑工程 | 直接费 | 8 | 4 | 4 |
| 5 | 钻孔灌浆及锚固工程 | 直接费 | 7 | 3 | 4 |
| 6 | 其他工程 | 直接费 | 7 | 3 | 4 |
| 二 | 机电、金属设备安装工程 | 人工费 | 45 | 20 | 25 |

**注** 工程类别划分如下：

(1) 土石方工程：包括土石方开挖与填筑、砌石、抛石工程等。

(2) 砂石备料工程：包括天然砂砾料和人工砂石料开采加工。

(3) 模板工程：包括现浇各种混凝土时制作及安装的各类模板工程。

(4) 混凝土浇筑工程：包括现浇和预制各种混凝土、钢筋制作安装、伸缩缝、止水、防水层、温控措施等。

(5) 钻孔灌浆及锚固工程：包括各种类型的钻孔灌浆、防渗墙及锚杆（索）、喷浆（混凝土）工程等。

(6) 其他工程：指除上述工程以外的工程。

2. 间接费

指为完成建筑工程的单位工程量，按现行规定需计入概算单价的项目施工企业为组织施工生产经营活动所发生的管理费用、为筹集资金而发生的财务费用及其他费用。

$$建筑工程的间接费=直接工程费\times间接费费率 \tag{5-8}$$

根据工程性质不同间接费标准分为枢纽工程、引水及河道工程两部分标准。对于有些施工条件复杂、大型建筑物较多的引水工程可执行枢纽工程的费率标准。详细情况见表5.3和表5.4。

表 5.2　　引水及河道工程现场经费费率表

| 序号 | 工程类别 | 计算基础 | 现场经费费率(%) | | |
|---|---|---|---|---|---|
| | | | 合计 | 临时设施费 | 现场管理费 |
| 一 | 建筑工程 | | | | |
| 1 | 土方工程 | 直接费 | 4 | 2 | 2 |
| 2 | 石方工程 | 直接费 | 6 | 2 | 4 |
| 3 | 模板工程 | 直接费 | 6 | 3 | 3 |
| 4 | 混凝土浇筑工程 | 直接费 | 6 | 3 | 3 |
| 5 | 钻孔灌浆及锚固工程 | 直接费 | 7 | 3 | 4 |
| 6 | 疏浚工程 | 直接费 | 5 | 2 | 3 |
| 7 | 其他工程 | 直接费 | 5 | 2 | 3 |
| 二 | 机电、金属设备安装工程 | 人工费 | 45 | 20 | 25 |

注 1. 若自采砂石料，则费率标准同枢纽工程。

2. 工程类别划分如下：

(1) 除疏浚工程外，其余工程均与枢纽工程相同。

(2) 疏浚工程，指用挖泥船、水力冲挖机组等机械疏浚江河、湖泊的工程。

表 5.3　　枢纽工程间接费费率表

| 序号 | 工程类别 | 计算基础 | 间接费费率(%) |
|---|---|---|---|
| 一 | 建筑工程 | | |
| 1 | 土石方工程 | 直接工程费 | 9 (8) |
| 2 | 砂石备料工程（自采） | 直接工程费 | 6 |
| 3 | 模板工程 | 直接工程费 | 6 |
| 4 | 混凝土浇筑工程 | 直接工程费 | 5 |
| 5 | 钻孔灌浆及锚固工程 | 直接工程费 | 7 |
| 6 | 其他工程 | 直接工程费 | 7 |
| 二 | 机电、金属设备安装工程 | 人工费 | 50 |

注 1. 工程类别划分同现场经费。

2. 若土石方填筑等工程项目所利用原料为已计取现场经费、间接费、企业利润和税金的砂石料，则其间接费费率选取括号中数值。

表 5.4　　引水及河道工程现场经费费率表

| 序号 | 工程类别 | 计算基础 | 间接费费率(%) |
|---|---|---|---|
| 一 | 建筑工程 | | |
| 1 | 土方工程 | 直接工程费 | 4 |
| 2 | 石方工程 | 直接工程费 | 6 |
| 3 | 模板工程 | 直接工程费 | 6 |
| 4 | 混凝土浇筑工程 | 直接工程费 | 4 |
| 5 | 钻孔灌浆及锚固工程 | 直接工程费 | 7 |
| 6 | 疏浚工程 | 直接工程费 | 5 |
| 7 | 其他工程 | 直接工程费 | 5 |
| 二 | 机电、金属设备安装工程 | 人工费 | 50 |

注 1. 工程类别划分同现场经费。

2. 若工程自采砂石料，则费率标准同枢纽工程。

3. 企业利润

指按现行规定需计入建筑工程单价中的利润。均按直接工程费与间接费之和的7%计算。

$$企业利润=(直接工程费+间接费)\times企业利润率(7\%) \tag{5-9}$$

4. 税金

指按国家税法规定应计入建筑工程费用中的营业税、城市维护建设税和教育费附加等。

$$税金=(直接工程费+间接费+企业利润)\times税率 \tag{5-10}$$

税率标准如下：建设项目在市区的为3.41%；建设项目在县城镇的为3.35%；建设项目在市区或县城镇以外的为3.22%。

### 5.2.2　建筑工程概算单价编制原则、步骤和方法

1. 编制原则

(1) 严格执行《水利工程设计概（估）算编制规定》（水利部水总［2002］116号文）。

(2) 正确选用现行定额。现行使用的定额为部颁［2002］《水利建筑工程概算定额》、部颁［2002］《水利工程施工机械台时费定额》。

(3) 正确套用定额子目：概算编制者必须熟读定额的总说明、章节说明、定额表附注及附录的内容，熟悉各定额子目的适用范围、工作内容及有关定额系数的使用方法，根据合理的施工组织设计确定的有关技术条件，选用相应的定额子目。

(4) 现行《水利建筑工程概算定额》中没有的工程项目，可编制补充定额；对于非水利水电专业工程，按照专业专用的原则，执行有关专业部颁发的相应定额，如公路工程执行交通部《公路工程设计概算定额》、铁路工程执行铁道部《铁路工程设计概算定额》等。但费用标准仍执行水利部现行取费标准，对选定的定额子目内容不得随意更改或删除。

(5) 现行《水利建筑工程概算定额》各定额子目中，已按现行施工规范和有关规定，计入了不构成建筑工程单位实体的各种施工操作损耗、允许超挖及超填量、合理的施工附加量及体积变化等所需增加的人工、材料及机械台时消耗量，编制工程概算时，应一律按设计几何轮廓尺寸计算的工程量计算。

(6) 使用现行《水利建筑工程概算定额》编制建筑工程概算单价时，除定额中规定允许调整外，均不得对定额中的人工、材料、施工机械台时数量及施工机械的名称、规格、型号进行调整。

(7) 如定额参数（建筑物尺寸、运距等）介于概算定额两子目之间时，可采用插入法调整定额值。计算公式如下：

$$A=B+\frac{(C-B)(a-b)}{c-b} \tag{5-11}$$

式中：$A$为所求定额值；$B$为小于$A$而接近$A$的定额值；$C$为大于$A$而接近$A$的定额值；$a$为$A$项定额值的运距；$b$为$B$项定额值的运距；$c$为$C$项定额值的运距。

2. 编制步骤

(1) 了解工程概况，熟悉设计图纸，收集基础资料，弄清工程地质条件，确定取费标准。

（2）根据工程特征和施工组织设计确定的施工条件、施工方法及采用的机械设备情况，正确选用定额子目。

（3）根据本工程的基础单价和有关费用标准，计算直接工程费、间接费、企业利润和税金，并加以汇总求得建筑工程单价。

3. 计算程序

水利部现行规定的建筑工程单价计算程序见表5.5。

**表5.5　建筑工程单价计算程序表**

| 序　号 | 项　目 | 计　算　方　法 |
|---|---|---|
| (一) | 直接工程费 | (1)＋(2)＋(3) |
| (1) | 直接费 | ①＋②＋③ |
| ① | 人工费 | Σ定额劳动量（工时）×人工预算单价（元/工时） |
| ② | 材料费 | Σ定额材料用量×材料预算价格 |
| ③ | 施工机械使用费 | Σ定额机械使用量（台时）×施工机械台时费（元/台时） |
| (2) | 其他直接费 | (1)×其他直接费率之和 |
| (3) | 现场经费 | (1)×现场经费费率之和 |
| (二) | 间接费 | (一)×间接费率 |
| (三) | 企业利润 | [(一)＋(二)]×企业利润率 |
| (四) | 税金 | [(一)＋(二)＋(三)]×税率 |
| (五) | 建筑工程单价 | (一)＋(二)＋(三)＋(四) |

4. 编制方法

建筑工程单价的编制一般采用表格法，所用表格形式如5.6所示。

**表5.6　建筑工程单价表**

定额编号________　　　项目________　　　定额单位：

施工方法：

| 编号 | 名称及规格 | 单位 | 数量 | 单价（元） | 合计（元） |
|---|---|---|---|---|---|
| | | | | | |

（1）将定额编号、项目名称、定额单位、施工方法等分别填入表中相应栏内。其中，“名称及规格”一栏，应填写详细和具体，如施工机械的型号、混凝土的强度等级和级配等。

（2）将定额中查出的人工、材料、机械台时消耗量填入表5.6的数量栏中。

（3）将相应的人工预算单价、材料预算价格和机械台时费填入表5.6的单价栏中。

（4）按“消耗量×单价”得出相应的人工费、材料费和机械使用费，分别填入相应合计栏中，相加得出直接费。

（5）根据规定的费率标准，计算其他直接费、现场经费、间接费、企业利润、税金等，汇总后即得出该工程项目的工程单价。

# 学习单元 5.3　土方开挖工程概算单价编制

## 5.3.1　项目划分和定额选用

### 5.3.1.1　项目划分

1. 按组成内容分

土方开挖工程由开挖和运输两个主要工序组成。计算土方开挖工程单价时，应计算土方开挖和运输工程综合单价。

2. 按施工方法分

土方开挖工程可分为机械施工和人力施工两种，人力施工效率低而且成本高，只有当工作面狭窄或施工机械进入困难的部位才采用，如小断面沟槽开挖、陡坡上的小型土方开挖等。

3. 按开挖尺寸分

土方开挖工程可分为一般土方开挖、渠道土方开挖、沟槽土方开挖、柱坑土方开挖、平洞土方开挖、斜井土方开挖、竖井土方开挖等。在编制土方开挖工程单价时，应按下述规定来划分项目：

(1) 一般土方开挖工程是指一般明挖土方工程和上口宽大于 16m 的渠道及上口面积大于 $80m^2$ 柱坑土方工程。

(2) 渠道土方开挖工程是指上口宽不大于 16m 的梯形断面、长条形、底边需要修整的渠道土方工程。

(3) 沟槽土方开挖工程是指上口宽不大于 8m 的矩形断面或边坡陡于 1∶0.5 的梯形断面，长度大于宽度 3 倍的长条形，只修底不修边坡的土方工程。如截水墙、齿墙等各类墙基和电缆沟等。

(4) 柱坑土方开挖工程是指上口面积不大于 $80m^2$，长度小于宽度 3 倍，深度小于上口短边长度或直径，四侧垂直或边坡陡于 1∶0.5，不修边坡只修底的坑挖工程，如集水坑工程。

(5) 平洞土方开挖工程是指水平夹角不大于 6°、断面面积大于 $2.5m^2$ 的洞挖工程。

(6) 斜井土方开挖工程是指水平夹角为 6°～75°、断面面积大于 $2.5m^2$ 的洞挖工程。

(7) 竖井土方开挖工程是指水平夹角 75°，断面面积大于 $2.5m^2$、深度大于上口短边长度或直径的洞挖工程，如抽水井、通风井等。

4. 按土质级别和运距分

不同的土质和运距均应分别列项计算工程单价。

### 5.3.1.2　定额选用

(1) 了解土类级别的划分。土类的级别是按开挖的难易程度来划分的，除冻土外，现行部颁定额均按土石十六级分类法划分，土类级别共分为Ⅰ～Ⅳ级。

(2) 熟悉影响土方工程工效的主要因素。主要影响因素有土的级别、取（运）土的距离、施工方法、施工条件、质量要求。例如，土的级别越高，其密度（$t/m^3$）越大，开挖的阻力也越大，土方开挖、运输的工效就会降低。再如，水下土方开挖施工、开挖断面小深度大的沟槽及长距离的土方运输等都会降低施工工效，相应的工程单价就会提高。

（3）正确选用定额子目：因为土方定额大多是按影响工效的参数来划分节和子目的，所以了解工程概况，掌握现场的地质条件和施工条件，根据合理的施工组织设计确定的施工方法及选用的机械设备来确定影响参数，才能正确地选用定额子目，这是编好土方开挖工程单价的关键。

### 5.3.2　使用定额编制土方开挖工程概算单价的注意事项

（1）土方工程定额中使用的计量单位有自然方、松方和实方三种类型。

1）自然方是指未经扰动的自然状态的土方。

2）松方是指自然方经人工或机械开挖松动过的土方或备料堆置土方。

3）实方是指土方填筑（回填）并经过压实后的符合设计干密度的成品方。

4）在计算土方开挖、运输工程单价时，计量单位均按自然方计算。

（2）在计算砂砾（卵）石开挖和运输工程单价时，应按Ⅳ类土定额进行计算。

（3）当采用推土机或铲运机施工时，推土机的推土距离和铲运机的铲运距离是指取土中心至卸土中心的平均距离；若推土机推松土时，定额中推土机的台时数量应乘以0.8的系数。

（4）当采用挖掘机、装载机挖装土料自卸汽车运输的施工方案时，定额中是按挖装自然方拟定的；如挖装松土时，定额中的人工工时及挖装机械的台时数量应乘以0.85的系数。

（5）在查机械台时数量定额时，应注意以下两个问题：

1）凡一种机械名称之后，同时并列几种型号规格的，如压实机械中的羊足碾，运输定额中的自卸汽车等，表示这种机械只能选用其中一种型号规格的机械定额进行计价。

2）凡一种机械分几种型号规格与机械名称同时并列的，则表示这些名称相同而规格不同的机械定额都应同时进行计价。

（6）定额中的其他材料费、零星材料费、其他机械费均以费率（%）形式表示，其计量基数如下：

1）其他材料费：以主要材料费之和为计算基数。

2）零星材料费：以人工费、机械费之和为计算基数。

3）其他机械费：以主要机械费之和为计算基数。

（7）当采用挖掘机或装载机挖装土方自卸汽车运输的施工方案时，定额子目是按土类级别和运距来划分的。关于运距计算和定额选用有下列几种情况：

1）当运距小于5km且又是整数运距时，如1km、2km、3km，直接按表中定额子目选用。若遇到1.5km、3.6km、4.3km时，可采用插入法计算其定额值，计算公式见式(5.11)。

当运距小于1km（如0.7km）时，其定额值计算如下：

$$\text{定额值(运距 0.7km)} = \text{1km 值} - (\text{2km 值} - \text{1km 值}) \times (1 - 0.7) \tag{5-12}$$

2）当运距为5～10km时

$$\text{定额值} = \text{5km 值} + (\text{运距} - 5) \times \text{增运 1km 值} \tag{5-13}$$

3）当运距大于10km时

$$\text{定额值} = \text{5km 值} + 5 \times \text{增运 1km 值} + (\text{运距} - 10) \times \text{增运 1km 值} \times 0.75 \tag{5-14}$$

### 5.3.3　土方开挖工程概算单价实例分析

**【工程实例分析 5-1】**

1. 项目背景

华东地区某泵站工程项目地处县城以外，其基础土方开挖工程采用 1m³ 挖掘机挖装 10t 自卸汽车运 4.3km 至弃料场弃料。已知基本资料为：

(1) 初级工的人工预算单价为 2.11 元/工时；

(2) 泵站基础土方为Ⅲ类土；

(3) 所用机械台时费为：1m³ 挖掘机 125.97 元/台时，59kW 推土机 64.59 元/台时，10t 自卸汽车 90.55 元/台时。

2. 工作任务

计算该项目基础土方开挖运输的概算单价。

3. 分析与解答

第一步：分析基本资料，确定取费费率，由题意得知该工程地处华东地区县城以外，泵站的工程性质属于引水工程及河道工程，故其他直接费率取 2.5%，现场经费率取 4%，间接费率取 4%，企业利润率为 7%，税金率取 3.22%。

第二步：根据工程特征和施工组织设计确定的施工条件、施工方法、土类级别及采用的机械设备情况，选用部颁［2002］《水利建筑工程概算定额》（以下简称概算定额）第 1-36 节，定额如表 5.7 所示。

表 5.7　　1m³ 挖掘机挖土自卸汽车运输（Ⅲ类土）　　单位：100m³

| 项　目 | 单位 | 运　距 (km) | | | | | 增运 1km |
|---|---|---|---|---|---|---|---|
| | | 1 | 2 | 3 | 4 | 5 | |
| 工长 | 工时 | | | | | | |
| 高级工 | 工时 | | | | | | |
| 中级工 | 工时 | | | | | | |
| 初级工 | 工时 | 7.0 | 7.0 | 7.0 | 7.0 | 7.0 | |
| 合计 | 工时 | 7.0 | 7.0 | 7.0 | 7.0 | 7.0 | |
| 零星材料费 | % | 4 | 4 | 4 | 4 | 4 | |
| 挖掘机（液压 1m³） | 台时 | 1.04 | 1.04 | 1.04 | 1.04 | 1.04 | |
| 推土机（59kW） | 台时 | 0.52 | 0.52 | 0.52 | 0.52 | 0.52 | |
| 自卸汽车（5t） | 台时 | 10.23 | 13.39 | 16.30 | 19.05 | 21.68 | 2.42 |
| （8t） | 台时 | 6.76 | 8.74 | 10.56 | 12.28 | 13.92 | 1.52 |
| （10t） | 台时 | 6.29 | 7.97 | 9.51 | 10.96 | 12.36 | 1.28 |
| 编　号 | | 10622 | 10623 | 10624 | 10625 | 10626 | 10627 |

注　表中自卸汽车定额类型为一种名称后列几种型号规格，故只能选用其中一种进行计价。

第三步：因汽车运距 4.3km，介于定额子目 10625 与 10626 之间，所以自卸汽车的台时数量需用内插法计算，采用式（5.11）计算如下：

定额值(运距 4.3km)＝10.96＋(12.36－10.96)÷(5－4)×(4.3－4)

＝11.38(台时)

第四步：将定额中查出的人工、材料、机械台时消耗量填入表5.8的数量栏中。将相应的人工预算单价、材料预算价格和机械台时费填入表5.8的单价栏中。按“消耗量×单价”得出相应的人工费、材料费和机械使用费填入合计栏中，相加得出直接费。

第五步：根据已取定的各项费率，计算出其他直接费、现场经费、间接费、企业利润、税金等，汇总后即得出该工程项目的工程单价。

土方开挖运输概算单价的计算见表5.8，计算结果为15.39元/$m^3$。

**表5.8　　建筑工程单价表**

定额编号：10625，10626　　土方开挖运输工程　　定额单位：100$m^3$（自然方）

施工方法：1$m^3$ 液压挖掘机挖装10t自卸汽车运4.3km弃料

| 序号 | 名称及规格 | 单位 | 数量 | 单价（元） | 合计（元） |
|---|---|---|---|---|---|
| 一 | 直接工程费 | | | | 1340.01 |
| （一） | 直接费 | | | | 1258.22 |
| 1 | 人工费（初级工） | 工时 | 7 | 2.11 | 14.77 |
| 2 | 零星材料费 | % | 4 | 1209.83 | 48.39 |
| 3 | 机械使用费 | | | | 1195.06 |
| | 挖掘机液压1$m^3$ | 台时 | 1.04 | 125.97 | 131.01 |
| | 推土机59kW | 台时 | 0.52 | 64.59 | 33.59 |
| | 自卸汽车10t | 台时 | 11.38 | 90.55 | 1030.46 |
| （二） | 其他直接费 | % | 2.5 | 1258.22 | 31.46 |
| （三） | 现场经费 | % | 4 | 1258.22 | 50.33 |
| 二 | 间接费 | % | 4 | 1340.01 | 53.60 |
| 三 | 企业利润 | % | 7 | 1393.61 | 97.55 |
| 四 | 税金 | % | 3.22 | 1491.16 | 48.02 |
| 五 | 单价合计 | | | | 1539.18 |

## 学习单元5.4　石方开挖工程概算单价编制

### 5.4.1　项目划分和定额选用

石方工程包括石方开挖和石渣运输等项目。项目划分分述如下。

#### 5.4.1.1　石方开挖项目划分

*1. 石方开挖按施工条件分*

按施工条件分为明挖石方和暗挖石方两大类。

*2. 石方开挖按施工方法分*

主要分为风钻钻孔爆破开挖、浅孔钻钻孔爆破开挖、液压钻孔爆破开挖和掘进机开挖等几种。钻孔爆破方法一般有浅孔爆破法、深孔爆破法、洞室爆破法和控制爆破法（定向、光面、预裂、静态爆破等）。掘进机是一种新型的开挖专用设备，掘进机开挖是对岩石进行纯机械的切割或挤压破碎，并使掘进与出渣、支护等作业能平行连续地进行，施工

安全、工效较高。但掘进机一次性投入大，费用高。

3. 按开挖形状及对开挖面的要求分

主要分为一般石方开挖、一般坡面石方开挖、沟槽石方开挖、坑挖石方开挖、基础石方开挖、平洞石方开挖、斜井石方开挖、竖井石方开挖等。在编制石方开挖工程单价时，应按《概算定额》石方开挖工程的章说明来具体划分，介绍如下：

(1) 一般石方开挖是指一般明挖石方和底宽超过 7m 的沟槽石方、上口面积大于 160m² 的坑挖石方，以及倾角不大于 20°并垂直于设计开挖面的平均厚度大于 5m 的坡面石方等开挖工程。

(2) 一般坡面石方开挖是指倾角大于 20°、垂直于设计开挖面的平均厚度不大于 5m 的石方开挖工程。

(3) 沟槽石方开挖是指底宽不大于 7m，两侧垂直或有边坡的长条形石方开挖工程，如渠道、排水沟、地槽、截水槽等。

(4) 坡面沟槽石方开挖是指槽底轴线与水平夹角大于 20°的沟槽石方开挖工程。

(5) 坑挖石方是指上口面积不大于 160m²，深度不大于上口短边长度（或直径）的石方开挖工程。如柱基础、混凝土基坑、集水坑等。

(6) 基础石方开挖：指不同开挖深度的基础石方开挖工程。如混凝土坝、水闸、厂房、溢洪道、消力池等不同开挖深度的基础石方开挖工程。

(7) 平洞石方开挖是指水平夹角不大于 6°的洞挖工程。

(8) 斜井石方开挖是指水平夹角为 45°～75°的井挖工程。水平夹角 6°～45°的斜井，按斜井石方开挖定额乘以 0.9 系数计算。

(9) 竖井石方开挖是指水平夹角大于 75°，上口面积大于 5m²，深度大于上口短边长度（或直径）的洞挖工程。如调压井、闸门井等。

(10) 地下厂房石方开挖是指地下厂房或窑洞式厂房的开挖工程。

**5.4.1.2**　石渣运输项目划分

(1) 按施工方法主要分为人力运输和机械运输。

1) 人力运输即人工装双胶轮车、轻轨斗车运输等，适用于工作面狭小、运距短、施工强度低的工程或工程部位。

2) 机械运输即挖掘机（或装载机）配自卸汽车运输，它的适应性较大，故一般工程都可采用；电瓶机车可用于洞井出渣，内燃机车适于较长距离的运输。

(2) 按作业环境主要分为洞内运输与洞外运输。在各节运输定额中，一般都有"露天"、"洞内"两部分内容。

**5.4.1.3**　定额选用

1. 了解岩石级别的分类

岩石级别的分类是按其成分和性质划分级别的，现行部颁定额是按土石十六级分类法划分的，其中Ⅴ～ⅩⅥ级为岩石。

2. 熟悉影响石方开挖工效的因素

石方开挖的工序由钻孔、装药、爆破、翻渣、清理等组成。影响开挖工序的主要因素如下：

(1) 岩石级别。因为岩石级别越高，其强度越高，钻孔的阻力越大，钻孔工效越低；

同时对爆破的抵抗力也越大，所需炸药也越多。所以，岩石级别是影响开挖工效的主要因素之一。

（2）石方开挖的施工方法。石方开挖所采用的钻孔设备、爆破的方法、炸药的种类、开挖的部位不同，都会对石方开挖的工效产生影响。

（3）石方开挖的形状及设计对开挖面的要求，根据工程设计的要求，石方开挖往往需开挖成一定的形状，如沟、槽、坑、洞、井等，其爆破系数（每平方米工作面上的炮孔数）较没有形状要求的一般石方开挖要大得多，爆破系数越大，爆破效率越低，耗用爆破器材（炸药、雷管、导线）也越多。为了防止不必要的超挖、欠挖，工程设计对开挖面有基本要求（如爆破对建基面的损伤限制、对开挖面平整度的要求等）时，需对钻孔、爆破、清理等工序必须在施工方法和工艺上采取措施。例如，为了限制爆破对建基面的损伤，往往在建基面以上设置一定厚度的保护层（保护层厚度一般以1.5m计），保护层开挖大多采用浅孔小炮，爆破系数很高，爆破效率很低，有的甚至不允许放炮，采用人工开挖。再如，有的为了满足开挖面平整度的要求，须在开挖面进行专门的预裂爆破。综上所述，设计对开挖形状及开挖面的要求，也是影响开挖工效的主要因素。

3. 正确选用定额子目

因为石方开挖定额大多按开挖形状及部位来分节的，各节再按岩石级别来划分定额子目，所以在编制石方工程单价时，应根据施工组织设计确定的施工方法、运输线路、建筑物施工部位的岩石级别及设计开挖断面的要求等来正确选用定额子目。

### 5.4.2 使用现行定额编制石方开挖工程概算单价的注意事项

（1）在编制石方开挖及运输工程单价时，均以自然方为计量单位。

（2）石方开挖各节定额中，均包括了允许的超挖量和合理的施工附加量所增加的人工、材料及机械台时消耗量，使用本定额时，不得在工程量计算中另计超挖量和施工附加量。

（3）各节石方开挖定额，均已按各部位的不同要求，根据规范规定，分别考虑了保护层开挖等措施。如预裂爆破、光面爆破等，编制概算单价时一律不做调整。

（4）石方开挖定额中炸药的代表型号规格，应根据不同施工条件和开挖部位按下述品种、规格选取：

1）一般石方开挖按2号岩石铵锑炸药选取。

2）露天石方开挖（基础、坡面、沟槽、坑）按2号岩石铵锑炸药和4号抗水岩石铵炸药各半选取。

3）洞挖石方（平洞、斜井、竖井、地下厂房等）按4号抗水岩石铵锑炸药选取。

（5）洞井石方开挖定额中的通风机台时量是按一个工作面长度400m拟定。如工作面长度超过400m，应按石方开挖定额章说明中“通风机调整系数表”进行内插调整通风机台时定额量。

（6）石方运输单价与开挖综合单价关系。在概算中，石方运输费用不单独表示，而是在开挖费用中体现。因此在石方开挖各节定额子目中均列有“石渣运输”项目。编制概算单价时，应按定额石渣运输量乘以石方运输单价（仅计算直接费）计算开挖综合单价。

（7）在计算石方运输单价时，各节运输定额，一般都有“露天”、“洞内”两部分内

容。若既有洞内又有洞外运输时，应分别套用。洞内运输部分，套用“洞内”定额基本运距（装运卸）及“增运”子目；洞外运输部分，套用“露天”定额及“增运”子目（仅有运输工序）。

（8）在查石方开挖定额中的材料消耗量时，应注意下列两个问题：

1）凡一种材料名称之后，同时并列几种不同型号、规格的，如石方开挖工程定额导线中的火线和电线，表示这种材料只能选用其中一种型号规格的定额进行计价。

2）凡一种材料分几种型号规格与材料名称同时并列的，如石方开挖工程定额中同时并列的导火线和导电线，则表示这些名称相同而型号规格不同的材料都应同时计价。

### 5.4.3 石方开挖工程概算单价实例分析

**【工程实例分析 5-2】**

1. 项目背景

某水电站工程位于华东地区，其基础岩石级别为Ⅺ级，基础石方开挖采用风钻钻孔爆破，开挖深度为 1.8m，石渣运输采用 1.5m³ 装载机装 10t 自卸汽车运 2km 弃渣，已知基本资料如下。

（1）材料预算价格：合金钻头 50 元/个，炸药综合价 4.5 元/kg，火雷管 1.0 元/个，导火线 0.5 元/m。

（2）机械台时费：手风钻 29.75 元/台时，1.5m³ 装载机 132.56 元/台时，88kW 推土机 108.53 元/台时，10t 自卸汽车 90.55 元/台时。

（3）人工预算单价：工长 7.10 元/工时，中级工 5.62 元/工时，初级工 3.04 元/工时。

2. 工作任务

计算石方开挖运输综合单价。

3. 分析与解答

第一步：分析基本资料，确定取费费率，由题意得知该工程地处华东地区，水电站的工程性质属于枢纽工程，故其他直接费率取 2.5%，现场经费率取 9%，间接费率取 9%，企业利润率为 7%，税金率取 3.22%。

第二步：根据工程特征和施工组织设计确定的施工条件、施工方法、岩石级别及采用的机械设备情况，石方开挖定额选用部颁［2002］《水利建筑工程概算定额》第 2-11 节 20131 子目，定额如表 5.9 所示。石渣运输定额采用第 2-40 节 20514 子目，定额如表 5.10 所示。

**表 5.9　　基础石方开挖——风钻钻孔（开挖深度不大于 2m）**　　定额单位：100m³

| 项　目 | 单位 | 岩石级别 | | | |
|---|---|---|---|---|---|
| | | Ⅴ～Ⅷ | Ⅸ～Ⅹ | Ⅺ～Ⅻ | ⅩⅢ～ⅩⅣ |
| 工长 | 工时 | 5.4 | 6.6 | 8.2 | 10.7 |
| 高级工 | 工时 | | | | |
| 中级工 | 工时 | 52.5 | 75.8 | 104.1 | 147.6 |
| 初级工 | 工时 | 205.0 | 251.0 | 300.9 | 371.2 |
| 合计 | 工时 | 262.9 | 333.4 | 413.2 | 529.5 |

续表

| 项 目 | 单位 | 岩 石 级 别 | | | |
|---|---|---|---|---|---|
| | | Ⅴ～Ⅷ | Ⅸ～Ⅹ | Ⅺ～Ⅻ | ⅩⅢ～ⅩⅣ |
| 合金钻头 | 个 | 2.89 | 4.75 | 6.8 | 9.57 |
| 炸药 | kg | 46 | 59 | 69 | 79 |
| 火雷管 | 个 | 264 | 331 | 382 | 432 |
| 导火线 | m | 392 | 493 | 569 | 644 |
| 其他材料费 | % | 7 | 7 | 7 | 7 |
| 风钻（手持式） | 台时 | 11.72 | 19.92 | 31.52 | 51.52 |
| 其他机械费 | % | 10 | 10 | 10 | 10 |
| 石渣运输 | $m^3$ | 110 | 110 | 110 | 110 |
| 编号 | | 20129 | 20130 | 20131 | 20132 |

**表 5.10　　$1.5m^3$ 装载机装石渣自卸汽车运输（露天）**　　单位：$100m^3$

| 项 目 | 单位 | 运 距 (km) | | | | | 增运 1km |
|---|---|---|---|---|---|---|---|
| | | 1 | 2 | 3 | 4 | 5 | |
| 工长 | 工时 | | | | | | |
| 高级工 | 工时 | | | | | | |
| 中级工 | 工时 | | | | | | |
| 初级工 | 工时 | 14.2 | 14.2 | 14.2 | 14.2 | 14.2 | |
| 合计 | 工时 | 14.2 | 14.2 | 14.2 | 14.2 | 14.2 | |
| 零星材料费 | % | 2 | 2 | 2 | 2 | 2 | |
| 装载机（$1.5m^3$） | 台时 | 2.67 | 2.67 | 2.67 | 2.67 | 2.67 | |
| 推土机（88kW） | 台时 | 1.34 | 1.34 | 1.34 | 1.34 | 1.34 | |
| 自卸汽车（8t） | 台时 | 11.01 | 13.97 | 16.69 | 19.24 | 21.69 | 2.27 |
| （10t） | 台时 | 9.92 | 12.29 | 14.46 | 16.51 | 18.48 | 1.81 |
| （12t） | 台时 | 8.70 | 10.67 | 12.48 | 14.19 | 15.83 | 1.51 |
| 编 号 | | 20513 | 20514 | 20515 | 20516 | 20517 | 20518 |

第三步：计算石渣运输单价（只计算直接费）。把已知的人工预算单价、机械台时费和定额子目 20514 的数值填入表 5.11 中相应各栏进行计算，注意零星材料费的计算基础为人工费与机械使用费之和，计算过程详见表 5.11，石渣运输单价计算结果为：16.88 元/$m^3$。

第四步：计算石方开挖运输综合单价。将已知的各项基础单价、取定的费率及定额子目 20131 中的各项数值填入表 5.12 中，其中石渣运输单价为表 5.11 中的计算结果。注意：其他材料费的计算基础为主要材料费之和，其他机械费的计算基础为主要机械费之和；计算过程详见表 5.12，石方开挖运输综合单价的结果为 78.60 元/$m^3$。

**表 5.11**　　**建筑工程单价表**

定额编号：20514　　石渣运输工程　　定额单位：100m³（自然方）

施工方法：1.5m³ 装载机装 10t 自卸汽车运 2km 弃料

| 序号 | 名称及规格 | 单位 | 数量 | 单价（元） | 合计（元） |
|---|---|---|---|---|---|
| 一 | 直接工程费 | | | | |
| (一) | 直接费 | | | | 1688.51 |
| 1 | 人工费（初级工） | 工时 | 14.2 | 3.04 | 43.17 |
| 2 | 零星材料费 | % | 2 | 1655.4 | 33.11 |
| 3 | 机械使用费 | | | | 1612.23 |
| | 装载机 1.5m³ | 台时 | 2.67 | 132.56 | 353.94 |
| | 推土机 88kW | 台时 | 1.34 | 108.53 | 145.43 |
| | 自卸汽车 10t | 台时 | 12.29 | 90.55 | 1112.86 |

**表 5.12**　　**建筑工程单价表**

定额编号：20131　　基础石方开挖　　定额单位：100m³（自然方）

施工方法：岩石级别为Ⅺ级，采用手风钻钻孔爆破

| 序号 | 名称及规格 | 单位 | 数量 | 单价（元） | 合计（元） |
|---|---|---|---|---|---|
| 一 | 直接工程费 | | | | 6528.86 |
| (一) | 直接费 | | | | 5855.48 |
| 1 | 人工费 | | | | 1558.00 |
| | 工长 | 工时 | 8.2 | 7.10 | 58.22 |
| | 中级工 | 工时 | 104.1 | 5.62 | 585.04 |
| | 初级工 | 工时 | 300.9 | 3.04 | 914.74 |
| 2 | 材料费 | | | | 1409.19 |
| | 合金钻头 | 个 | 6.80 | 50.00 | 340.00 |
| | 炸药 | kg | 69 | 4.50 | 310.50 |
| | 火雷管 | 个 | 382 | 1.00 | 382.00 |
| | 导火线 | m | 569 | 0.50 | 284.50 |
| | 其他材料费 | % | 7 | 1317.00 | 92.19 |
| 3 | 机械使用费 | | | | 1031.49 |
| | 风钻（手持式） | 台时 | 31.52 | 29.75 | 937.72 |
| | 其他机械费 | % | 10 | 937.72 | 93.77 |
| 4 | 石渣运输 | m³ | 110 | 16.88 | 1856.80 |
| (二) | 其他直接费 | % | 2.5 | 5855.48 | 146.39 |
| (三) | 现场经费 | % | 9 | 5855.48 | 526.99 |
| 二 | 间接费 | % | 9 | 6528.86 | 587.60 |
| 三 | 企业利润 | % | 7 | 7116.46 | 498.15 |
| 四 | 税金 | % | 3.22 | 7614.61 | 245.19 |
| 五 | 单价合计 | | | | 7859.80 |

# 学习单元5.5 土石填筑工程概算单价编制

## 5.5.1 项目划分与定额选用

土石填筑工程主要包括铺筑砂石垫层、砌石、抛石护底护岸及土石坝物料压实等工程项目，其中砌石工程又分为干砌石、浆砌石等，因其能就地取材、施工技术简单、造价低，故在我国水利工程中应用较普遍。在编制土石填筑工程概算单价时，一般应根据工程类别、结构部位、施工方法和材料种类等来选用相应的定额子目。在项目划分上要注意区分工程部位的含义和主要材料规格与标准。

1. 区分工程部位的含义

(1) 护坡。是指坡面与水平面夹角（$\alpha$）在$10° < \alpha \leqslant 30°$范围内，砌体平均厚度0.5m以内（含勒脚），主要起保护作用的砌体。

(2) 护底。是指护砌面与水平面夹角在10°以下，包括齿墙和围坎。

(3) 挡土墙。是指坡面与水平面夹角（$\alpha$）在$30° < \alpha \leqslant 90°$范围内，承受侧压力，主要起挡土作用的砌体。

(4) 墩墙。是指砌体一般与地面垂直，能承受水平和垂直荷载的砌体，包括闸墩和桥墩。

2. 定额中主要材料规格与标准

(1) 卵石。指最小粒径在20cm以上的河滩卵石，呈不规则圆形。卵石较坚硬，强度高，常用其砌筑护坡或墩墙。

(2) 碎石。指经破碎、加工分级后，粒径大于5mm的石块。

(3) 块石。指厚度大于20cm，长、宽各为厚度的2～3倍，上下两面平行且大致平整，无尖角、薄边的石块。

(4) 片石。指厚度大于15cm，长、宽各为厚度的3倍以上，无一定规则形状的石块。

(5) 毛条石。指一般长度大于60cm的长条形四棱方正的石料。

(6) 料石。指毛条石经过修边打荒加工，外露面方正，各相邻面正交，表面凹凸不超过10mm的石料。

(7) 砂砾料。指天然砂卵（砾）石混合料。

(8) 堆石料。指山场岩石经爆破后，无一定规格、无一定大小的任意石料。

(9) 反滤料、过渡料。指土石坝或一般堆砌石工程的防渗体与坝壳（土料、砂砾料或堆石料）之间的过渡区石料，由粒径、级配均有一定要求的砂、砾石（碎石）等组成。

(10) 水泥砂浆。是水泥、砂和水按一定的比例拌和而成的，它强度高，防水性能好，多用于重要建筑物及建筑物的水下部位。水泥砂浆的强度等级是以试件28d抗压强度作为标准。

(11) 混合砂浆。是在水泥砂浆中掺入一定数量的石灰膏、黏土混合而成的，它适用于强度要求不高的小型工程或次要建筑物的水上部位。

(12) 细骨料混凝土。是用水泥、砂、水和40mm以下的骨料按规定级配配合而成，可节省水泥，提高砌体强度。

## 5.5.2　使用现行定额编制土石填筑工程概算单价注意事项

(1) 注意定额中的计量单位。

1) 定额中材料的计量单位。对砂、碎石、堆石料、过渡料和反滤料，按堆方（松方）计；对块石、片石和卵石，按码方计；对条石、料石按清料方计。块石的实方指堆石坝坝体方，块石松方就是块石的堆方，在一般土石方工程换算时可参考表5.13。

表5.13　土石方松实系数换算表

| 项目 | 自然方 | 松方 | 实方 | 码方 |
| --- | --- | --- | --- | --- |
| 土方 | 1 | 1.33 | 0.85 | |
| 石方 | 1 | 1.53 | 1.31 | |
| 砂方 | 1 | 1.07 | 0.94 | |
| 混合料 | 1 | 1.19 | 0.88 | |
| 块石 | 1 | 1.75 | 1.43 | 1.67 |

2) 定额计量单位。土石填筑工程定额计量单位，除注明者外，均按建筑实体方（或称成品方）计算。其中，抛石护底护岸工程为抛投方，铺筑砂石垫层、干砌石、浆砌石为砌体方，土石坝物料压实为实方。概算单价的单位应与定额计量单位相一致。

(2) 在土石填筑工程概算定额中，材料部分列有砂、石料的定额量，均已考虑了施工操作损耗和体积变化因素。砂、石料自料场运至施工现场堆放点的运输费用应包括在石料单价内。施工现场堆放点至工作面的场内运输已包括在砌石工程定额内。编制砌石工程概算单价时，不得重复计算石料运输费。砂、石料如为外购，则按材料预算价格计算。

(3) 编制堆砌石工程概算单价时，应考虑在开挖石渣中检集块（片）石的可能性，以节省开采费用，其利用数量应根据开挖石渣的多少和岩石质量情况合理确定。

(4) 浆砌石定额中已计入了一般要求的勾缝，如设计有防渗要求的开槽勾缝，应增加相应的人工费和材料费。

(5) 料石砌筑定额包括了砌体外露面的一般修凿，如设计要求作装饰性修凿，应另行增加修凿所需的人工费。

(6) 土石坝物料压实定额是按自料场直接运输上坝与自成品供料场运输上坝两种情况编制的，且已包括了压实过程中的所有损耗量及坝面施工干扰，使用时应根据施工组织设计方案采用相应的定额子目；如不是土石堤、坝的一般土料、砂石料压实，其人工、机械定额应乘以0.8的系数。

(7) 堤防土料填筑及一般土料压实，每100$m^3$压实方，需要土料运输量（自然方）118$m^3$。

## 5.5.3　土石填筑工程概算单价编制中工序单价的计算

土石填筑工程单价包括堆石单价、砌石单价及土方填筑单价，分别叙述如下。

1. 堆石单价

堆石单价包括备料单价、压实单价和综合单价。

(1) 备料单价。堆石坝的石料备料单价计算，同一般块石开采一样，包括覆盖层清理、石料钻孔爆破和工作面废渣处理。覆盖层的清理费用，以占堆石料的百分率，摊入计算。石料钻孔爆破施工工艺同石方工程。堆石坝分区填筑对石料有级配要求，主、次堆石区石料最大粒（块）径可达1.0m及以上，而垫层料、过渡层料仅为0.08m、0.3m左右，虽在爆破设计中尽可能一次获得级配良好的堆石料，但不少石料还须分级处理（如轧制加工等）。故各区料所耗工料相差很多，而一般石方开挖定额很难体现这一因素，单价编制时要注意这一问题。

石料运输，根据不同的施工方法，套用相应的定额计算。现行概算定额的综合定额，其堆石料运输所需的人工、机械等数量，已经计入压实工序的相应项目中，不在备料单价中体现。爆破、运输采用石方工程开挖定额时，须加计损耗和进行定额单位换算。石方开挖单位为自然方，石方填筑单位为坝体压实方。

(2) 压实单价。压实单价包括平整、洒水、压实等费用。压实定额中均包括了体积换算、施工损耗等因素，注意“零星材料费”的计算基数不含堆石料的运输费用。考虑到各区堆石料粒（块）径大小、层厚尺寸、碾压遍数的不同，压实单价应按过渡料、堆石料等分别编制。

(3) 综合单价。堆石单价计算有以下两种形式：

1) 综合定额法：采用现行概算定额编制堆石单价时，一般应按综合定额计算。可将备料单价作为堆石料（包括反滤料、过渡料）材料预算价格，计入填筑单价即可。

2) 综合单价法：当采用其他定额或施工方法与现行概算综合定额不同时，须套用相应的单项定额，分别计算各工序单价，再进行单价综合计算。

2. *砌石单价*

包括备料单价和砌筑单价，其中砌筑单价包括干砌石和浆砌石两种。

(1) 计算备料单价。备料单价作为砌筑工程定额中的一项材料单价，计算时应根据施工组织设计确定的施工方法，套用砂石备料工程定额相应开采、运输定额子目计算（仅计算定额直接费，这样可直接代入砌筑单价计算表，避免重复计算其他直接费、现场经费、间接费、企业利润和税金）。如为外购块石、条石或料石时，按材料预算价格计算。

(2) 计算砌筑单价。应根据不同的施工项目、施工部位、施工方法及所用材料套用相应定额进行计算。如为浆砌石，则需先计算胶结材料的半成品价格。砌筑定额中的石料数量均已考虑了施工操作损耗和体积变化因素，其材料价格采用备料价格；一般砂、碎石（砾石）、块石、料石等预算价格应控制在70元/$m^3$左右，超过部分计取税金后列入相应部分之后。

3. *土方填筑单价*

土方填筑工程施工工序一般包括：料场覆盖层清除、土料开采运输（土料翻晒）和铺土压实三大工序。在计算土方填筑工程单价时，应与上述工序相对应，一般包括覆盖层清除摊销费、土料开采运输单价、土料翻晒备料单价、压实单价四部分，具体组成内容应根据施工组织设计确定的施工因素来选择。

(1) 料场覆盖层清除及清除摊销费。根据填筑土料的质量要求，料场表层覆盖的杂草、乱石、树根及不合格的表土等必须予以清除，以确保土方的填筑质量。其清除费用按清除量乘以清除单价来计算。覆盖层清除摊销费就是将其清除费用摊入填筑设计成品方中，即单位设计成品方应摊入的清除费用。可用下式计算为

覆盖层清涂摊销费＝覆盖层清除总费用/设计成品方量

＝覆盖层清除单价×覆盖层清除量/设计成品方量

＝覆盖层清除单价×覆盖层清除摊销率　(5-15)

(2) 土料翻晒单价。若取土区土料含水量偏大，不能直接用于填筑施工，则在料场必须先行犁耙翻晒，必要时堆置土牛以备填筑用料。计算时查部颁［2002］《水利建筑工程预算定额》第1-43节10463子目。

(3) 土方开挖运输单价。内容同学习单元5.3。

(4) 土方压实单价。主要工作内容包括平土、洒水、刨毛、碾压、削坡及坝面各种辅助工作。压实定额按自料场直接运输上坝与自成品供料场运输上坝两种情况分别编制。计算压实单价时，应根据施工组织设计确定的施工方案、设计要求压实后需达到的干密度正确选用相应的定额子目。土方压实单价的单位为实方。

(5) 土方填筑综合单价。土方填筑综合单价由若干个分项工序单价组成。

编制概算单价时，土石填筑工程定额中未编列土石坝物料的运输定额，在土石坝填筑概算定额中土石坝物料运输量已算好，列在定额最后一行。土石坝物料压实定额中已计入超填量及施工附加量，并考虑坝面干扰因素；土石坝物料运输量，包括超填及附加量，雨后清理、削坡、施工沉陷等损耗以及物料折实因素等。计算概算单价时，可根据定额所列物料运输数量采用概算定额相关子目计算物料运输上坝费用，并乘以坝面施工干扰系数1.02。

编制预算单价时，压实工序以前的施工工序定额或单价（即开挖运输单价、翻晒备料单价）都要乘以综合折实系数，即

综合折实系数＝(1＋A%)×设计干密度/天然干密度　(5-16)

则　土方填筑综合单价＝覆盖层清除单价×摊销率＋(翻晒单价×翻晒比例＋挖运单价)×综合折实系数＋压实单价　(5-17)

综合系数 $A$ 包括开挖、上坝运输、雨后清理、边坡削坡、接缝削坡、施工沉陷、取土坑、试验坑和不可避免的压坏等损耗因素，其值应根据不同的施工方法和坝料按表5.14选取，使用时不再调整。

**表5.14　　综合系数选用表**

| 项　目 | A (%) | 项目 | A (%) |
|---|---|---|---|
| 机械填筑混合坝坝体土料 | 5.86 | 人工填筑心（斜）墙土料 | 3.43 |
| 机械填筑均质坝坝体土料 | 4.93 | 坝体砂砾料、反滤料 | 2.20 |
| 机械填筑心（斜）墙土料 | 5.70 | 坝体堆石料 | 1.40 |
| 人工填筑坝体土料 | 3.43 | | |

### 5.5.4　土石填筑工程概算单价实例分析

**【工程实例分析5-3】**

1. 项目背景

某水闸工程位于华东地区一河道上，其护底工程采用M7.5浆砌块石施工，所有砂石

材料均需外购，其外购单价为：砂 40 元/$m^3$，块石 73 元/$m^3$，已知基本资料如下：

(1) M7.5 水泥砂浆每立方米配合比：32.5 级普通硅酸盐水泥 261.00kg，砂 1.11$m^3$，施工用水 0.157$m^3$。

(2) 材料价格：32.5 级普通硅酸盐水泥 300 元/t，施工用水 0.50 元/$m^3$，电价 0.6 元/(kW·h)。

(3) 人工预算单价：工长 4.91 元/工时，中级工 3.87 元/工时，初级工 2.11 元/工时。

(4) 机械台时费：0.4$m^3$ 砂浆搅拌机 19.89 元/台时，胶轮车 0.9 元/台时。

2. 工作任务

计算该水闸 M7.5 浆砌块石护底工程概算单价。

3. 分析与解答

第一步：分析基本资料，确定取费费率，由题意得知该工程地处华东地区，水闸的工程性质属于引水工程及河道工程，故其他直接费率取 2.5%，现场经费率取 6%，间接费率取 6%，企业利润率为 7%，税金率取 3.22%。

第二步：计算砂浆材料单价，根据所采用砂浆材料的配合比计算如下：

$$砂浆单价=261.00\times0.3+1.11\times40+0.157\times0.50=122.78(元/m^3)$$

第三步：根据工程部位和施工方法选用定额，定额选用部颁［2002］《水利建筑工程概算定额》第 3-8 节 30031 子目，定额如表 5.15 所示。

**表 5.15　　浆砌块石**

工作内容：选石、修石、冲洗、拌制砂浆、砌筑、勾缝　　单位：100$m^3$（砌体方）

| 项目 | 单位 | 护坡 | | 护底 | 基础 | 挡土墙 | 桥墩闸墩 |
|---|---|---|---|---|---|---|---|
| | | 平面 | 曲面 | | | | |
| 工长 | 工时 | 17.3 | 19.8 | 15.4 | 13.7 | 16.7 | 18.2 |
| 高级工 | 工时 | | | | | | |
| 中级工 | 工时 | 356.5 | 436.2 | 292.6 | 243.3 | 339.4 | 387.8 |
| 初级工 | 工时 | 490.1 | 531.2 | 457.2 | 427.4 | 478.5 | 504.7 |
| 合计 | 工时 | 863.9 | 987.2 | 765.2 | 684.4 | 834.6 | 910.7 |
| 块石 | $m^3$ | 108 | 108 | 108 | 108 | 108 | 108 |
| 砂浆 | $m^3$ | 35.3 | 35.3 | 35.3 | 34.0 | 34.4 | 34.8 |
| 其他材料费 | % | 0.5 | 0.5 | 0.5 | 0.5 | 0.5 | 0.5 |
| 砂浆搅拌机 0.4$m^3$ | 台时 | 6.54 | 6.54 | 6.54 | 6.30 | 6.38 | 6.45 |
| 胶轮车 | 台时 | 163.44 | 163.44 | 163.44 | 160.19 | 161.18 | 162.18 |
| 编号 | | 30029 | 30030 | 30031 | 30032 | 30033 | 30034 |

第四步：计算浆砌石工程单价。将已知的各项基础单价、取定的费率及定额子目 30031 中的各项数值填入表 5.16 中，注意：按现行规定，外购材料块石的预算价格为 73 元/$m^3$，超过了 70 元/$m^3$ 的限价，故进入工程单价的块石价格为 70 元/$m^3$ 计，超过部分 73－70＝3 元/$m^3$ 应计算税金后列入砌石单价第四项税金之后。计算过程详见表 5.16，浆砌块石护底的工程单价为 186.30 元/$m^3$。

**表 5.16　　建筑工程单价表**

定额编号：30031　　浆砌块石护底　　定额单位：$100m^3$（砌体方）

施工方法：选石、修石、冲洗、拌制砂浆、砌筑、勾缝

| 序　号 | 名称及规格 | 单　位 | 数　量 | 单价（元） | 合计（元） |
|---|---|---|---|---|---|
| 一 | 直接工程费 | | | | 15627.74 |
| （一） | 直接费 | | | | 14403.44 |
| 1 | 人工费 | | | | 2172.66 |
| | 工长 | 工时 | 15.4 | 4.91 | 75.61 |
| | 中级工 | 工时 | 292.6 | 3.87 | 1132.36 |
| | 初级工 | 工时 | 457.2 | 2.11 | 964.69 |
| 2 | 材料费 | | | | 11953.60 |
| | 块石 | | 108 | 70 | 7560.00 |
| | 砂浆 | | 35.3 | 122.78 | 4334.13 |
| | 其他材料费 | % | 0.5 | 11894.13 | 59.47 |
| 3 | 机械使用费 | | | | 277.18 |
| | 砂浆拌和机 $0.4m^3$ | 台时 | 6.54 | 19.89 | 130.08 |
| | 胶轮车 | 台时 | 163.44 | 0.9 | 147.10 |
| （二） | 其他直接费 | % | 2.5 | 14403.44 | 360.09 |
| （三） | 现场经费 | % | 6 | 14403.44 | 864.21 |
| 二 | 间接费 | % | 6 | 15627.74 | 937.66 |
| 三 | 企业利润 | % | 7 | 16565.40 | 1159.58 |
| 四 | 税金 | % | 3.22 | 17724.98 | 570.74 |
| 五 | 块石价差 | （73－70）×（1＋3.22%）×108 | | | 334.43 |
| 六 | 单价合计 | | | | 18630.15 |

**【工程实例分析 5－4】**

1. 项目背景

某水库为均质土坝，位于华东地区，其施工方法采用 $2.75m^3$ 铲运机从土料场运 500m 直接上坝，拖拉机碾压；料场土类级别为Ⅲ级，坝体土料设计干密度为 $16.5kN/m^3$，土料天然干密度为 $14.5kN/m^3$。已知基本资料如下：

（1）料场覆盖层清除单价为 4.30 元/$m^3$（自然方），覆盖层清除摊销率为 4%。

（2）人工预算单价为：初级工 3.04 元/工时；中级工 5.62 元/工时。

（3）材料预算价格为：柴油 4.5 元/kg，电价 0.6 元/(kW·h)。

（4）机械台时费：$2.75m^3$ 铲运机 10.53 元/台时，55kW 推土机 69.12 元/台时，74kW 推土机 103.86 元/台时，55kW 拖拉机 55.34 元/台时，74kW 拖拉机 79.61 元/台时，蛙式打夯机 13.92 元/台时，刨毛机 66.41 元/台时。

2. 工作任务

计算该工程土方填筑的综合单价。

3. 分析与解答

第一步：根据工程性质确定取费费率。工程性质属于枢纽工程，故其他直接费率取2.5%，现场经费率取9%，间接费率取9%，企业利润率为7%，税金率取3.22%。

第二步：计算土方的开挖运输单价。根据采用的施工方法，选用概算定额第1-33节10574子目，定额见表5.17。计算过程见表5.18，开挖运输单价为：10.26元/m³（自然方）。

表5.17 **2.75m³ 铲运机铲运土（Ⅲ类土）** 定额单位：100m³

| 项　目 | 单位 | 运　距 (m) | | | | |
|---|---|---|---|---|---|---|
| | | 100 | 200 | 300 | 400 | 500 |
| 工长 | 工时 | | | | | |
| 高级工 | 工时 | | | | | |
| 中级工 | 工时 | | | | | |
| 初级工 | 工时 | 3.7 | 6.0 | 7.9 | 9.7 | 11.3 |
| 合计 | 工时 | 3.7 | 6.0 | 7.9 | 9.7 | 11.3 |
| 零星材料费 | % | 10 | 10 | 10 | 10 | 10 |
| 铲运机 2.75m³ | 台时 | 3.00 | 4.79 | 6.33 | 7.72 | 9.07 |
| 拖拉机 55kW | 台时 | 3.00 | 4.79 | 6.33 | 7.72 | 9.07 |
| 推土机 55kW | 台时 | 0.30 | 0.48 | 0.63 | 0.77 | 0.91 |
| 编号 | | 10570 | 10571 | 10572 | 10573 | 10574 |

表5.18 **建筑工程单价表**

定额编号：10574　　土方开挖运输工程　　定额单位：100m³（自然方）

施工方法：2.75m³ 铲运机铲装运500m上坝

| 序　号 | 名称及规格 | 单　位 | 数　量 | 单价（元） | 合计（元） |
|---|---|---|---|---|---|
| 一 | 直接工程费 | | | | 852.03 |
| (一) | 直接费 | | | | 764.16 |
| 1 | 人工费（初级工） | 工时 | 11.3 | 3.04 | 34.35 |
| 2 | 零星材料费 | % | 10 | 694.69 | 69.47 |
| 3 | 机械使用费 | | | | 660.34 |
| | 铲运机 2.75m³ | 台时 | 9.07 | 10.53 | 95.51 |
| | 拖拉机 55kW | 台时 | 9.07 | 55.34 | 501.93 |
| | 推土机 55kW | 台时 | 0.91 | 69.12 | 62.90 |
| (二) | 其他直接费 | % | 2.5 | 764.16 | 19.10 |
| (三) | 现场经费 | % | 9 | 764.16 | 68.77 |
| 二 | 间接费 | % | 9 | 852.03 | 76.68 |
| 三 | 企业利润 | % | 7 | 928.71 | 65.01 |
| 四 | 税金 | % | 3.22 | 993.72 | 32.00 |
| 五 | 单价合计 | | | | 1025.72 |

第三步：计算土方压实单价。根据施工方法和采用的压实机械，选用概算定额第 3－19 节 30075 子目，定额见表 5.19。计算过程见表 5.20，结果为：5.04 元/m³（压实方）。

**表 5.19　　　　　土石坝物料压实（土料自料场直接运输上坝）**

工作内容：推平、刨毛、压实，削坡、洒水补夯边及坝面各种辅助工作　　　　单位：100m³（压实方）

| 项　　目 | 单　位 | 拖拉机压实 | | 羊脚碾压实 | |
|---|---|---|---|---|---|
| | | 干密度（kN/m³） | | | |
| | | ≤16.67 | ＞16.67 | ≤16.67 | ＞16.67 |
| 工长 | 工时 | | | | |
| 高级工 | 工时 | | | | |
| 中级工 | 工时 | | | | |
| 初级工 | 工时 | 21.8 | 25.1 | 26.8 | 29.4 |
| 合计 | 工时 | 21.8 | 25.1 | 26.8 | 29.4 |
| 零星材料费 | % | 10 | 10 | 10 | 10 |
| 羊脚碾 5～7t | 组时 | | | | |
| 拖拉机 59kW | | | | 1.81 | 2.33 |
| 8～12t | 组时 | | | 1.30 | 1.68 |
| 74kW | | 2.06 | 2.65 | | |
| 拖拉机 74kW | 台时 | 0.55 | 0.55 | 0.55 | 0.55 |
| 推土机 74kW | 台时 | 1.09 | 1.09 | 1.09 | 1.09 |
| 蛙式打夯机 2.8kW | 台时 | 0.55 | 0.55 | 0.55 | 0.55 |
| 刨毛机 | 台时 | 1 | 1 | 1 | 1 |
| 其他机械费 | % | | | | |
| 土料运输（自然方） | m³ | 126 | 126 | 126 | 126 |
| 编　　号 | | 30075 | 30076 | 30077 | 30078 |

**表 5.20　　　　　建筑工程单价表**

定额编号：30075　　　　　土料压实工程　　　　　定额单位：100m³（压实方）

施工方法：拖拉机压实，Ⅲ类土，设计干密度：kN/m³

| 序　号 | 名称及规格 | 单　位 | 数　量 | 单价（元） | 合计（元） |
|---|---|---|---|---|---|
| 一 | 直接工程费 | | | | 418.56 |
| （一） | 直接费 | | | | 375.39 |
| 1 | 人工费（初级工） | 工时 | 21.8 | 3.04 | 66.27 |
| 2 | 零星材料费 | % | 10 | 341.26 | 34.13 |
| 3 | 机械使用费 | | | | 274.99 |
| | 拖拉机 74kW | 台时 | 2.06 | 79.61 | 164.00 |
| | 推土机 74kW | 台时 | 0.55 | 103.86 | 57.12 |
| | 蛙式打夯机 2.8kW | 台时 | 1.05 | 13.92 | 14.62 |
| | 刨毛机 | 台时 | 0.55 | 66.41 | 36.53 |
| | 其他机械费 | % | 1 | 272.27 | 2.72 |
| （二） | 其他直接费 | % | 2.5 | 375.39 | 9.38 |
| （三） | 现场经费 | % | 9 | 375.39 | 33.79 |
| 二 | 间接费 | % | 9 | 418.56 | 37.67 |
| 三 | 企业利润 | % | 7 | 456.23 | 31.94 |
| 四 | 税金 | % | 3.22 | 488.17 | 15.72 |
| 五 | 单价合计 | | | | 503.89 |

第四步：计算综合折实系数。根据工程性质查表5.14，取综合系数$A=4.93\%$，则：

综合折实系数$=(1+A\%)\times$设计干密度/天然干密度

$$=(1+4.93\%)\times 1.65/1.45=1.19$$

第五步：计算土方填筑综合单价，按式（5-17）进行计算。

土方填筑综合单价$=4.30\times 4\%+10.26\times 1.02\times 1.19+5.04=17.67$（元/$m^3$）（压实方）

# 学习单元5.6　混凝土工程概算单价编制

## 5.6.1　项目划分与定额选用

1. 项目划分

混凝土工程按施工工艺可分为现浇混凝土和预制混凝土两大类。现浇混凝土又可分为常态混凝土、碾压混凝土和沥青混凝土。混凝土具有强度高、抗渗性、耐久性好等优点，在水利工程建设中应用十分广泛，如常态混凝土适用于坝、闸涵、船闸、水电站厂房、隧洞衬砌等工程；沥青混凝土适用于堆石坝、砂壳坝的心墙、斜墙及均质坝的上游防渗工程等。

2. 定额选用

应根据设计提供的资料，确定建筑物的施工部位，选定正确的施工方法及运输方案，确定混凝土的强度等级和级配，并根据施工组织设计确定的拌和系统的布置形式等来选用相应的定额。

## 5.6.2　使用现行定额编制混凝土工程概算单价注意事项

1. 注意定额的计量单位

(1) 各类混凝土浇筑的计量单位均为建筑物及构筑物的成品实体方。

(2) 混凝土拌制及混凝土运输定额的计量单位均为半成品方，不包括干缩，运输、浇筑和超填等损耗的消耗量在内。

(3) 止水、沥青砂柱止水、混凝土管安装计量单位为“延长米”；钢筋制作与安装的计量单位为“t”；防水层、伸缩缝、沥青混凝土涂层、斜墙碎石垫层涂层计量单位为“$m^2$”。

2. 熟悉混凝土定额的主要工作内容

(1) 常态混凝土浇筑主要工作包括基础面清理、施工缝处理、铺水泥砂浆、平仓浇筑、振捣、养护、工作面运输及辅助工作。混凝土浇筑定额中包括浇筑和工作面运输所需全部人工、材料和机械的数量及费用，但是混凝土拌制及浇筑定额中不包括骨料预冷、加冰、通水等温控所需人工、材料、机械的数量和费用。地下工程混凝土浇筑施工照明用电已计入浇筑定额的其他材料费中。

(2) 预制混凝土主要工作包括预制场冲洗、清理、配料、拌制、浇筑、振捣、养护，模板制作、安装、拆除、修整，现场冲洗、拌浆、吊装、砌筑、勾缝，以及预制场和安装现场场内运输及辅助工作。混凝土构件预制及安装定额包括预制及安装过程中所需人工、材料、机械的数量和费用。若预制混凝土构件单位重量超过定额中起重机械的起重量时，可用相应起重量的机械替换，但是“台时量”不变。预制混凝土定额中的模板材料为单位混凝土成品方的摊销量，已考虑了周转。

(3) 沥青混凝土浇筑包括配料、混凝土加温、铺筑、养护，模板制作、安装、拆除、

修整及场内运输和辅助工作。

（4）碾压混凝土浇筑包括冲毛、冲洗、清仓，铺水泥砂浆、混凝土配料、拌制、运输、平仓、碾压、切缝、养护，工作面运输及辅助工作等。

（5）混凝土拌制定额是按常态混凝土拟订的。混凝土拌制包括配料、加水、加外加剂，搅拌、出料、清洗及辅助工作。

（6）混凝土运输包括装料、运输、卸料、空回、冲洗、清理及辅助工作。现浇混凝土运输是指混凝土自搅拌楼或搅拌机出料口至浇筑现场工作面的全部水平和垂直运输。预制混凝土构件运输指预制场到安装现场之间的运输；预制混凝土构件在预制场和安装现场内的运输已包括在预制及安装定额内。

（7）钢筋制作与安装定额中，其钢筋定额消耗量已包括钢筋制作与安装过程中的加工损耗、搭接损耗及施工架立筋附加量。

3. 关于“模板”问题

在混凝土工程定额中，常态混凝土和碾压混凝土定额中不包含模板制作与安装，模板的费用应按模板工程定额另行计算；预制混凝土及沥青混凝土定额中已包括了模板的相关费用，计算时不得再算模板费用。

4. 注意“节”定额表下面的“注”

在使用有些定额子目时，应根据“注”的要求来调整人工、机械的定额消耗量。

### 5.6.3　混凝土工程概算单价编制中工序单价的计算

混凝土工程概算单价主要包括：现浇混凝土单价、预制混凝土单价、钢筋制作安装单价和止水单价等，对于大型混凝土工程还要计算混凝土温控措施费。

#### 5.6.3.1　现浇混凝土单价编制

1. 混凝土材料单价

混凝土材料单价。指按级配计算的砂、石、水泥、水、掺和料及外加剂等每 $m^3$ 混凝土的材料费用的价格。不包括拌制、运输、浇筑等工序的人工、材料和机械费用，也不包含除搅拌损耗外的施工操作损耗及超填量等。

混凝土材料单价在混凝土工程单价中占有较大比重，编制概算单价时，应按本工程的混凝土级配试验资料计算。如无试验资料，可参照本书附录2或概算定额附录7混凝土配合比表计算混凝土材料单价。具体计算混凝土材料单价时，参见学习情境4之学习单元4.6。

2. 混凝土拌制单价

混凝土的拌制包括配料、运输、搅拌、出料等工序。在进行混凝土拌制单价计算时，应根据所采用的拌制机械来选用现行《水利建筑工程概算定额》第4章35～37节中的相应子目，进行工程单价计算。一般情况下，混凝土拌制单价作为混凝土浇筑定额中的一项内容即构成混凝土浇筑单价中的定额直接费，为避免重复计算其他直接费、现场经费、间接费、企业利润和税金，混凝土拌制单价只计算定额直接费。混凝土搅拌系统布置视工程规模大小、工期长短、混凝土数量多少，以及地形条件、施工技术要求和设备拥有情况来具体拟定。在使用定额时，要注意以下两点：

（1）混凝土拌制定额按拌制常态混凝土拟定，若拌制加冰、加掺和料等其他混凝土，则应按表5.21所规定的系数对混凝土拌制定额进行调整。

表 5.21 混凝土拌制定额调整表

| 拌和楼规格 | 混凝土级别 | | | |
|---|---|---|---|---|
| | 常态混凝土 | 加冰混凝土 | 加掺和料混凝土 | 碾压混凝土 |
| 1×2.0m³ 强制式 | 1.00 | 1.20 | 1.00 | |
| 2×2.5m³ 强制式 | 1.00 | 1.17 | 1.00 | 1.00 |
| 2×1.0m³ 自落式 | 1.00 | 1.00 | 1.10 | 1.30 |
| 2×1.5m³ 自落式 | 1.00 | 1.00 | 1.10 | 1.30 |
| 3×1.5m³ 自落式 | 1.00 | 1.00 | 1.10 | 1.30 |
| 2×3.0m³ 自落式 | 1.00 | 1.00 | 1.10 | 1.30 |
| 4×3.0m³ 自落式 | 1.00 | 1.00 | 1.10 | 1.30 |

(2) 各节用搅拌楼拌制现浇混凝土定额子目中，以组时表示的“骨料系统”和“水泥系统”是指骨料、水泥进入搅拌楼之前与搅拌楼相衔接而必须配备的有关机械设备，包括自搅拌楼骨料仓下廊道内接料斗开始的胶带输送机及其供料设备；自水泥罐开始的水泥提升机械或空气输送设备、胶带运输机、吸尘设备，以及袋装水泥的拆包机械等。其组时费用根据施工组织设计选定的施工工艺和设备配备数量自行计算。

3. 混凝土运输单价

混凝土运输是指混凝土自搅拌机（楼）出料口至浇筑现场工作面的运输，是混凝土工程施工的一个重要环节，包括水平运输和垂直运输两部分。水利工程多采用数种运输设备相互配合的运输方案，不同的施工阶段，不同的浇筑部位，可能采用不同的运输方式。但使用现行概算定额时须注意，各节现浇混凝土定额中“混凝土运输”作为浇筑定额的一项内容，它的数量已包括完成每一定额单位有效实体所需增加的超填量和施工附加量等。编制概算单价时，一般应根据施工组织设计选定的运输方式来选用运输定额子目，为避免重复计算其他直接费、现场经费、间接费、企业利润和税金，混凝土运输单价只计算定额直接费，并以该运输单价乘以混凝土浇筑定额中所列的“混凝土运输”数量构成混凝土浇筑单价的直接费用项目。

4. 混凝土浇筑单价

混凝土浇筑的主要子工序包括基础面清理、施工缝处理、入仓、平仓、振捣、养护、凿毛等。影响浇筑工序的主要因素有仓面面积、施工条件等。仓面面积大，便于发挥人工及机械效率，工效高。施工条件对混凝土浇筑工序的影响很大，计算混凝土浇筑单价时，需注意以下几点：

(1) 现行混凝土浇筑定额中包括浇筑和工作面运输（不含浇筑现场垂直运输）所需全部人工、材料和机械的数量和费用。

(2) 混凝土浇筑仓面清洗用水，地下工程混凝土浇筑施工照明用电，已分别计入浇筑定额的用水量及其他材料费中。

(3) 平洞、竖井、地下厂房、渠道等混凝土衬砌定额中所列示的开挖断面和衬砌厚度按设计尺寸选取。定额与设计厚度不符，可用插入法计算。

(4) 混凝土材料定额中的“混凝土”，系指完成单位产品所需的混凝土成品量，其中包括干缩、运输、浇筑和超填等损耗量在内。

**5.6.3.2** 预制混凝土单价

预制混凝土单价一般包括混凝土拌和、运输、预制、预制构件运输及安装等工序单价。现行概算定额中混凝土预制及安装定额包括混凝土拌和及预制场内混凝土运输工序，场外混凝土运输、预制件运输需根据所采用的运输机械选用相应的定额，另计运输单价。

混凝土预制构件运输包括装车、运输、卸车，应按施工组织设计确定的运输方式、装卸和运输机械、运输距离选择定额。

混凝土预制构件安装与构件重量、设计要求安装有关的准确度以及构件是否分段等有关。当混凝土构件单位重量超过定额中起重机械起重量时，可用相应起重机械替换，但台时量不变。

**5.6.3.3** 混凝土温度控制费用的计算

在水利工程中，为防止拦河大坝等大体积混凝土由于温度应力而产生裂缝和坝体接缝灌浆后接缝再度拉裂，根据现行设计规程和混凝土坝设计及施工规范的要求，对混凝土坝等大体积混凝土工程的施工，都必须进行混凝土温控设计，提出温控标准和降温防裂措施。温控措施很多，至于采用哪些温控措施，应根据不同地区的气温条件、不同坝体结构的温控要求、不同工程的特定施工条件及建筑材料的要求等综合因素，分别采用风或水预冷骨料，采用水化热较低的水泥，减少水泥用量，加冰或冷水拌制混凝土，对坝体混凝土进行一、二期通水冷却及表面保护等措施。

1. 温控措施费用的计算原则和标准

大体积混凝土温控措施的费用，应根据坝址夏季月平均气温、设计要求温控标准、混凝土冷却降温后的降温幅度和混凝土的浇筑温度参照表5.22进行计算。

表5.22 混凝土温控措施费用计算标准参考表

| 夏季月平均气温（℃） | 降温幅度（℃） | 温控措施 | 占混凝土总量比例（%） |
|---|---|---|---|
| 20以下 | | 个别高温时段，加冰或加冷水拌制混凝土 | 20 |
| 20以下 | 5 | 加冰、加冷水拌制混凝土<br>坝体一、二期通水冷却及混凝土表面保护 | 35<br>100 |
| 20～25 | 5～10 | 风或水预冷大骨料<br>加冰、加冷水拌制混凝土<br>坝体一、二期通水冷却及混凝土表面保护 | 25～35<br>40～45<br>100 |
| 20～25 | 10以上 | 风预冷大、中骨料<br>加冰、加冷水拌制混凝土<br>坝体一、二期通水冷却及混凝土表面保护 | 35～40<br>45～55<br>100 |
| 25以上 | 10～15 | 风预冷大、中、小骨料<br>加冰、加冷水拌制混凝土<br>坝体一、二期通水冷却及混凝土表面保护 | 35～45<br>55～60<br>100 |
| 25以上 | 15以上 | 风和水预冷大、中、小骨料<br>加冰、加冷水拌制混凝土<br>坝体一、二期通水冷却及混凝土表面保护 | 50<br>60<br>100 |

注 降温幅度指夏季月平均气温与混凝土出机口温度之差。

2. 基本参数的选择和确定

(1) 工程所在地区的多年月平均气温、水温、寒潮降温幅度和次数等气象数据。

(2) 设计要求的混凝土出机口温度、浇筑温度和坝体的容许温差。

(3) 拌制每 $1m^3$ 混凝土所需加冰或加水的数量、时间及相应措施的混凝土数量。

(4) 混凝土骨料预冷的方式，平均预冷每 $1m^3$ 混凝土骨料所需消耗冷风、冷水的数量，预冷时间与温度，每 $1m^3$ 混凝土需预冷骨料的数量及需进行骨料预冷的混凝土数量。

(5) 坝体的设计稳定温度，接缝灌浆的时间，坝体混凝土一、二期通低温水的时间、流量、冷水温度及通水区域。

(6) 各制冷或冷冻系统的工艺流程，配置设备的名称、规格、型号、数量和制冷剂消耗指标等。

(7) 混凝土表面保护方式，保护材料的品种、规格及每 $1m^3$ 混凝土的保护材料数量。

3. 混凝土温控措施费用计算步骤

(1) 根据夏季月平均气温、水温计算混凝土用砂、石骨料的自然温度和常温混凝土出机口温度。如常温混凝土出机口温度能满足设计要求，则不需采用特殊降温措施（计算方法见概算定额附录10表10.1)。

(2) 根据温控设计确定的混凝土出机口温度，确定应预冷材料（石子、砂、水等）的冷却温度，并据此验算混凝土出机口温度能否满足设计要求。每 $m^3$ 混凝土加片冰数量一般为40～60kg，加冷水量＝配合比用水量－加片冰数量－骨料含水量，机械热可用插值法计算。

(3) 计算风冷骨料、冷水、片冰、坝体通水等温控措施的分项单价，然后计算出每 $m^3$ 混凝土温控综合直接费。

(4) 计算其他直接费、间接费、企业利润及税金，然后计算每 $1m^3$ 混凝土温控综合单价。

(5) 根据需温控混凝土占混凝土总量的比例，计算每 $1m^3$ 混凝土温控加权平均单价。

#### 5.6.3.4　钢筋制作安装单价编制

钢筋是水利工程的主要建筑材料，常用钢筋多为直径6～40mm。建筑物或构筑物所用钢筋的安装方法有散装法和整装法两种。散装法是将加工成型的散钢筋运到工地，再逐根绑扎或焊接。整装法是在钢筋加工厂内制作好钢筋骨架，再运至工地安装就位。水利工程因结构复杂，断面庞大，多采用散装法。

在进行钢筋制作安装单价计算时，现行概算定额中不分工程部位和钢筋规格型号，把“钢筋制作与安装”定额综合成一节，定额编号为第4-23节40123子目，计量单位为t；其钢筋定额消耗量已包括切断及焊接损耗、截余短头废料损耗，以及搭接帮条等附加量。该节概算定额适用于水工建筑物各部位的现浇及预制混凝土。

### 5.6.4　混凝土工程概算单价实例分析

**【工程实例分析5-5】**

1. 项目背景

某水闸工程位于华东地区，其底板采用现浇钢筋混凝土底板，底板厚度为1.0m，混凝土强度等级为C25，二级配；施工方法采用 $0.8m^3$ 搅拌机拌制混凝土，1t机动翻斗车装混凝土运100m至仓面进行浇筑。已知基本资料如下：

(1) 人工预算单价：工长4.91元/工时，高级工4.56元/工时，中级工3.87元/工时，初级工2.11元/工时。

(2) 材料预算价格：42.5级普通硅酸盐水泥340元/t，中砂35元/$m^3$，碎石(综合)45元/$m^3$，水0.5元/$m^3$，电0.6元/(kW·h)，柴油4.5元/kg，施工用风0.15元/$m^3$。

(3) 机械台时费：0.8搅拌机27.87元/台时，胶轮车0.9元/台时，机动翻斗车(1t)14.22元/台时，1.1kW插入式振动器2.02元/台时，风水枪33.09元/台时。

2. 工作任务

计算闸底板现浇混凝土工程的概算单价。

3. 分析与解答

第一步：计算混凝土材料单价。查水利部2002《水利建筑工程概算定额》附录7，可知C25混凝土、42.5级普通硅酸盐水泥二级配混凝土材料配合比($1m^3$)：42.5级普通硅酸盐水泥289kg，粗砂733kg($0.49m^3$)，卵石1382kg($0.81m^3$)，水$0.15m^3$。实际采用的是碎石和中砂，应按表4.20系数进行换算。

换算后的混凝土配比单价为

$$289\times0.34\times1.10\times1.07+0.49\times35\times1.10\times0.98+0.81\times45\times1.06\times0.98$$
$$+0.15\times0.50\times1.10\times1.07=172.07(元/m^3)$$

第二步：计算混凝土拌制单价(只计定额直接费)。选用概算定额第4-35节40172子目，定额见表5.23，计算过程见表5.24，混凝土拌制单价为：9.76元/$m^3$。

**表5.23** 　　　**搅拌机拌制**

适用范围：各种级配常态混凝土　　　　单位：$100m^3$

| 项　目 | 单位 | 搅拌机出料 ($m^3$) | |
|---|---|---|---|
| | | 0.4 | 0.8 |
| 工长 | 工时 | | |
| 高级工 | 工时 | | |
| 中级工 | 工时 | 126.2 | 93.8 |
| 初级工 | 工时 | 167.2 | 124.4 |
| 合计 | 工时 | 293.4 | 218.2 |
| 零星材料费 | % | 2 | 2 |
| 搅拌机 | 工时 | 18.90 | 9.07 |
| 胶轮车 | 工时 | 87.15 | 87.15 |
| 编　号 | | 40171 | 40172 |

**表5.24** 　　　**建筑工程单价表**

定额编号：40172　　　混凝土拌制　　　定额单位：$100m^3$

施工方法：$0.8m^3$搅拌机拌制混凝土

| 序号 | 名称及规格 | 单位 | 数量 | 单价(元) | 合计(元) |
|---|---|---|---|---|---|
| 一 | 直接工程费 | | | | |
| (一) | 直接费 | | | | 975.84 |

续表

施工方法：0.8m³ 搅拌机拌制混凝土

| 序 号 | 名称及规格 | 单 位 | 数 量 | 单价（元） | 合计（元） |
|---|---|---|---|---|---|
| 1 | 人工费 | | | | 625.49 |
| | 中级工 | 工时 | 93.8 | 3.87 | 363.01 |
| | 初级工 | 工时 | 124.4 | 2.11 | 262.48 |
| 2 | 零星材料费 | % | 2 | 956.71 | 19.13 |
| 3 | 机械使用费 | | | | 331.22 |
| | 搅拌机（0.8m³） | 台时 | 9.07 | 27.87 | 252.78 |
| | 胶轮车 1t | 台时 | 87.15 | 0.9 | 78.44 |
| | 合计 | | | | 975.84 |

第三步：计算混凝土运输单价（只计定额直接费）。选用概算定额第 4－40 节 40192 子目，定额见表 5.25，计算过程见表 5.26。结果为：5.24 元/m³。

**表 5.25　　机动翻斗车运混凝土**

适用范围：人工给料　　单位：100m³

| 项　　目 | 单位 | 运距（m） | | | | | 增运100m |
|---|---|---|---|---|---|---|---|
| | | 100 | 200 | 300 | 400 | 500 | |
| 工长 | 工时 | | | | | | |
| 高级工 | 工时 | | | | | | |
| 中级工 | 工时 | 37.6 | 37.6 | 37.6 | 37.6 | 37.6 | |
| 初级工 | 工时 | 30.8 | 30.8 | 30.8 | 30.8 | 30.8 | |
| 合计 | 工时 | 68.4 | 68.4 | 68.4 | 68.4 | 68.4 | |
| 零星材料费 | % | 5 | 5 | 5 | 5 | 5 | |
| 机动翻斗车 1t | 台时 | 20.32 | 23.73 | 26.93 | 29.87 | 32.76 | 2.78 |
| 编　　号 | | 40192 | 40193 | 40194 | 40195 | 40196 | 40197 |

**表 5.26　　建筑工程单价表**

定额编号：40192　　混凝土运输　　定额单位：100m³

施工方法：1t 机动翻斗车运混凝土 100m

| 序 号 | 名称及规格 | 单 位 | 数 量 | 单价（元） | 合计（元） |
|---|---|---|---|---|---|
| 一 | 直接工程费 | | | | |
| （一） | 直接费 | | | | 524.42 |
| 1 | 人工费 | | | | 210.50 |
| | 初级工 | 工时 | 30.8 | 2.11 | 64.99 |
| | 中级工 | 工时 | 37.6 | 3.87 | 145.51 |
| 2 | 零星材料费 | % | 5 | 499.45 | 24.97 |
| 3 | 机械使用费 | | | | 288.95 |
| | 机动翻斗车 1t | 台时 | 20.32 | 14.22 | 288.95 |
| | 合计 | | | | 524.42 |

第四步：计算混凝土浇筑单价。根据工程性质、特点确定取费费率，其他直接费率取2.5%，现场经费费率取6%，间接费率取4%，企业利润率为7%，税金率取3.22%。

选用概算定额第4－10节40057子目，定额见表5.27。计算过程见表5.28。混凝土浇筑工程的概算单价为295.14元/m$^3$。

**表5.27**　　底　板

适用范围：溢流堰、护坦、铺盖、阻滑板、趾板等　　单位：100m$^3$

| 项　目 | 单　位 | 厚　度 (cm) | | |
|---|---|---|---|---|
| | | 100 | 200 | 400 |
| 工长 | 工时 | 17.6 | 11.8 | 8.1 |
| 高级工 | 工时 | 23.4 | 15.8 | 10.9 |
| 中级工 | 工时 | 310.6 | 209.3 | 143.8 |
| 初级工 | 工时 | 234.4 | 157.9 | 108.5 |
| 合计 | 工时 | 586.0 | 394.8 | 271.3 |
| 混凝土 | m$^3$ | 112 | 108 | 106 |
| 水 | m$^3$ | 133 | 107 | 74 |
| 其他材料费 | | 0.5 | 0.5 | 0.5 |
| 振动器1.1kW | 台时 | 45.84 | 44.16 | 43.31 |
| 风水枪 | 台时 | 17.08 | 11.51 | 7.91 |
| 其他机械费 | % | 3 | 3 | 3 |
| 混凝土拌制 | m$^3$ | 112 | 108 | 106 |
| 混凝土运输 | m$^3$ | 112 | 108 | 106 |
| 编　号 | | 40057 | 40058 | 40059 |

**表5.28**　　**建筑工程单价表**

定额编号：40057　　底板混凝土浇筑　　定额单位：100m$^3$

施工方法：1t机动翻斗车装混凝土运100m至仓面，1.1kW插入式振动器振捣

| 序号 | 名称及规格 | 单位 | 数量 | 单价（元） | 合计（元） |
|---|---|---|---|---|---|
| 一 | 直接工程费 | | | | 25695.26 |
| （一） | 直接费 | | | | 23682.26 |
| 1 | 人工费 | | | | 1889.72 |
| | 工长 | 工时 | 17.6 | 4.91 | 86.42 |
| | 高级工 | 工时 | 23.4 | 4.56 | 106.70 |
| | 中级工 | 工时 | 310.6 | 3.87 | 1202.02 |
| | 初级工 | 工时 | 234.4 | 2.11 | 494.58 |
| 2 | 材料费 | | | | 19435.03 |
| | 混凝土 | m$^3$ | 112 | 172.07 | 19271.84 |
| | 水 | m$^3$ | 133 | 0.5 | 66.50 |
| | 其他材料费 | % | 0.5 | 19338.34 | 96.69 |
| 3 | 机械使用费 | | | | 677.51 |
| | 振动器1.1kW | 台时 | 45.84 | 2.02 | 92.60 |
| | 风水枪 | 台时 | 17.08 | 33.09 | 565.18 |
| | 其他机械费 | % | 3 | 657.78 | 19.73 |

续表

| 施工方法：1t机动翻斗车装混凝土运100m至仓面，1.1kW插入式振动器振捣 | | | | | |
|---|---|---|---|---|---|
| 序 号 | 名称及规格 | 单 位 | 数 量 | 单价（元） | 合计（元） |
| 4 | 混凝土拌制 | $m^3$ | 112 | 9.76 | 1093.12 |
| 5 | 混凝土运输 | $m^3$ | 112 | 5.24 | 586.88 |
| （二） | 其他直接费 | % | 2.5 | 23682.26 | 592.06 |
| （三） | 现场经费 | % | 6 | 23682.26 | 1420.94 |
| 二 | 间接费 | % | 4 | 25695.26 | 1027.81 |
| 三 | 企业利润 | % | 7 | 26723.07 | 1870.61 |
| 四 | 税金 | % | 3.22 | 28593.68 | 920.72 |
| 五 | 单价合计 | | | | 29514.40 |

**【工程实例分析5-6】**

1. 项目背景

在［工程实例分析5-5］的水闸工程中，闸底板和闸墩采用的钢筋型号有$\Phi$20的A3，$\Phi$25的变形钢筋，已知基本资料如下：

（1）所取费率及人工预算单价同［实例分析5-5］。

（2）材料预算价格：钢筋3400元/t，铁丝5.8元/kg，电焊条4.5元/kg，水0.5元/$m^3$，电0.6元/(kW·h)，汽油4.8元/kg，施工用风0.15元/$m^3$。

（3）施工机械台时费：钢筋调直机（14kW）14.08元/台时，风沙枪33.09元/台时，钢筋切断机（20kW）18.52元/台时，钢筋弯曲机（$\Phi$6～$\Phi$40）10.85元/台时，电焊机（25kVA）9.42元/台时，电弧对焊机（150型）103.24元/台时，载重汽车（5t）58.22元/台时，塔式起重机（10t）93.83元/台时。

2. 工作任务

计算该水闸的钢筋制作与安装工程概算单价。

3. 分析与解答

因现行概算定额中不分工程部位和钢筋规格型号，把“钢筋制作与安装”定额综合成一节，故选用定额编号为第4-23节40123子目，定额见表5.29。钢筋制作与安装工程单价计算过程见表5.30，结果为5469.50元/t。

**表5.29　钢筋制作与安装**

适用范围：水工建筑物各部位

工作内容：回直、除锈、切断、弯制、焊接、帮扎及加工场至施工场地运输　　单位：1t

| 项 目 | 单位 | 数 量 | 项 目 | 单位 | 数 量 |
|---|---|---|---|---|---|
| 工长 | 工时 | 10.6 | 钢筋调直机14kW | 台时 | 0.63 |
| 高级工 | 工时 | 29.7 | 风沙枪 | 台时 | 1.58 |
| 中级工 | 工时 | 37.1 | 钢筋切断机20kW | 台时 | 0.42 |
| 初级工 | 工时 | 28.6 | 钢筋弯曲机$\Phi$6～$\Phi$40 | 台时 | 1.10 |
| 合计 | 工时 | 106.0 | 电焊机25kVA | 台时 | 10.50 |
| | | | 电弧对焊机150型 | 台时 | 0.42 |
| 钢筋 | t | 1.07 | 载重汽车5t | 台时 | 0.47 |
| 铁丝 | kg | 4 | 塔式起重机10t | 台时 | 0.11 |
| 电焊条 | kg | 7.36 | 其他机械费 | % | 2 |
| 其他材料费 | % | 1 | 编 号 | | 10123 |

表 5.30　　建筑工程单价表

定额编号：40123　　钢筋制作与安装　　定额单位：1t

工作内容：回直、除锈、切断、弯制、焊接、帮扎及加工场至施工场地运输

| 序　号 | 名称及规格 | 单　位 | 数　量 | 单价（元） | 合计（元） |
|---|---|---|---|---|---|
| 一 | 直接工程费 | | | | 4761.75 |
| （一） | 直接费 | | | | 4388.71 |
| 1 | 人工费 | | | | 391.41 |
| | 工长 | 工时 | 10.6 | 4.91 | 52.05 |
| | 高级工 | 工时 | 29.7 | 4.56 | 135.43 |
| | 中级工 | 工时 | 37.1 | 3.87 | 143.58 |
| | 初级工 | 工时 | 28.6 | 2.11 | 60.35 |
| 2 | 材料费 | | | | 3731.26 |
| | 钢筋 | t | 1.07 | 3400.00 | 3638.00 |
| | 铁丝 | kg | 4 | 5.80 | 23.20 |
| | 电焊条 | kg | 7.36 | 4.50 | 33.12 |
| | 其他材料费 | % | 1 | 3694.32 | 36.94 |
| 3 | 机械使用费 | | | | 266.04 |
| | 钢筋调直机 14kW | 台时 | 0.63 | 14.08 | 8.87 |
| | 风沙枪 | 台时 | 1.58 | 33.09 | 52.28 |
| | 钢筋切断机 20kW | 台时 | 0.42 | 18.52 | 7.78 |
| | 钢筋弯曲机 Φ6～Φ40 | 台时 | 1.10 | 10.85 | 11.94 |
| | 电焊机 25kVA | 台时 | 10.50 | 9.42 | 98.91 |
| | 电弧对焊机 150 型 | 台时 | 0.42 | 103.24 | 43.36 |
| | 载重汽车 5t | 台时 | 0.47 | 58.22 | 27.36 |
| | 塔式起重机 10t | 台时 | 0.11 | 93.83 | 10.32 |
| | 其他机械费 | % | 2 | 260.82 | 5.22 |
| （二） | 其他直接费 | % | 2.5 | 4388.71 | 109.72 |
| （三） | 现场经费 | % | 6 | 4388.71 | 263.32 |
| 二 | 间接费 | % | 4 | 4761.75 | 190.47 |
| 三 | 企业利润 | % | 7 | 4952.22 | 346.66 |
| 四 | 税金 | % | 3.22 | 5298.88 | 170.62 |
| 五 | 单价合计 | | | | 5469.50 |

# 学习单元 5.7　模板工程概算单价编制

## 5.7.1　项目划分与定额选用

为适应水利工程建设管理的需要，现行概、预算定额将模板制作、安装定额单独计列，从而简化了混凝土定额子目，细化了混凝土工程费用的构成，也使模板与混凝土定额

的组合更灵活、适应性更强。模板工程是指混凝土浇筑工程中使用的平面模板、曲面模板、异形模板、滑动模板等的制作、安装及拆除等。

1. 模板的分类

(1) 按型式分。模板可分为平面模板、曲面模板、异形模板（如渐变段、厂房蜗壳及尾水管等）、针梁模板、滑模、钢模台车。

(2) 按材质分。模板可分为木模板、钢模板、预制混凝土模板。木模板的周转次数少、成本高、易于加工，大多用于异形模板。钢模板的周转次数多，成本低，广泛用于水利工程建设中。

(3) 按安装性质分。模板可分为固定模板和移动模板。固定模板每使用一次，就拆除一次。移动模板与支撑结构构成整体，使用后整体移动，如隧洞中常用的钢模台车或针梁模板。使用这种模板能大大缩短模板安拆的时间和人工、机械费用，也提高了模板的周转次数，故广泛应用于较长的隧洞中。对于边浇筑边移动的模板称滑动模板（简称滑模），采用滑模浇筑具有进度快、浇筑质量高、整体性好等优点，故广泛应用于大坝及溢洪道的溢流面、闸（桥）墩、竖井、闸门井等部位。

(4) 按使用性质分。模板可分为通用模板和专用模板。通用模板制作成标准形状，经组合安装至浇筑仓面，是水利工程建设中最常用的一种模板。专用模板按需要制成后，不再改变形状，如上述钢模台车、滑模。专用模板成本较高，可使用次数多，所以广泛应用于工厂化生产的混凝土预制厂。

2. 定额的选用

模板的主要作用就是支撑流态混凝土的重量和侧压力，使之按设计要求的形状凝固成型。混凝土浇筑立模的工作量很大，其费用和耗用的人工较多，故模板作业对混凝土质量、进度、造价影响较大。选用定额时应根据工程部位、模板的类型、施工方法等因素，综合考虑选用现行概算定额第五章中相应的定额子目。

### 5.7.2 使用现行定额的注意事项

(1) 模板单价包括模板及其支撑结构的制作、安装、拆除、场内运输及修理等全部工序的人工、材料和机械费用。

(2) 模板制作与安装拆除定额，均以 $100m^2$ 立模面积为计量单位，立模面积应按混凝土与模板的接触面积计算，即按混凝土结构物体形及施工分缝要求所需的立模面积计算。

(3) 模板材料均按预算消耗量计算，包括了制作、安装、拆除、维修的损耗和消耗，并考虑了周转和回收。

(4) 模板定额中的材料，除模板本身外，还包括支撑模板的立柱、围令、桁（排）架及铁件等。对于悬空建筑物（如渡槽槽身）的模板，计算到支撑模板结构的承重梁为止。承重梁以下的支撑结构应包括在“其他施工临时工程”中。

(5) 在隧洞衬砌钢模台车、针梁模板台车、竖井衬砌的滑模台车及混凝土面板滑模台车中，所用到的行走机构、构架、模板及支撑型钢，电动机、卷扬机、千斤顶等动力设备，均作为整体设备以工作台时计入定额。但定额中未包括轨道及埋件，只有溢流面滑模定额中含轨道及支撑轨道的埋件、支架等材料。

(6) 大体积混凝土（如坝、船闸等）中的廊道模板，均采用一次性预制混凝土板（浇

筑后作为建筑物结构的一部分)。混凝土模板预制及安装，可参考混凝土预制及安装定额编制其单价。

(7) 概算定额中列有模板制作定额，并在“模板安装拆除”定额子目中嵌套模板制作数量 $100m^2$，这样便于计算模板综合工程单价。而预算定额中将模板制作和安装拆除定额分别计列，使用预算定额时将模板制作及安装拆除工程单价算出后再相加，即为模板综合单价。

(8) 使用概算定额计算模板综合单价时，模板制作单价有两种计算方法：

1) 若施工企业自制模板，按模板制作定额计算出直接费（不计入其他直接费、现场经费、间接费、企业利润和税金)，作为模板的预算价格代入安装拆除定额，统一计算模板综合单价。

2) 若外购模板，安装拆除定额中的模板预算价格应为模板使用一次的摊销价格，其计算公式为

$$外购模板预算价格=(1-残值率)\div周转次数\times综合系数 \quad (5-18)$$

公式中残值率为10%，周转次数为50次，综合系数为1.15（含露明系数及维修损耗系数)。

(9) 概算定额中凡嵌套有“模板 $100m^2$”的子目，计算“其他材料费”时，计算基数不包括模板本身的价值。

### 5.7.3　模板工程概算单价实例分析

**【工程实例分析5-7】**

1. 项目背景

某水闸工程位于华东地区，其闸墩施工采用标准钢模板立模，已知基本资料如下：

(1) 人工预算单价：工长4.91元/工时，高级工4.56元/工时，中级工3.87元/工时，初级工2.11元/工时。

(2) 材料预算价格：施工用电0.60元/(kW·h)，汽油4.8元/kg，施工用风0.15元/$m^3$，组合钢模板6.50元/kg，型钢3.60元/kg，卡扣件4.5元/kg，铁件6.5元/kg，电焊条7.0元/kg，预制混凝土柱350.0元/$m^3$。

(3) 施工机械台时费：钢筋切断机（20kW）18.52元/台时，载重汽车（5t）58.22元/台时，电焊机（25kVA）9.42元/台时，汽车起重机（5t）63.63元/台时。

2. 工作任务

计算该水闸工程闸墩施工的模板制作与安装综合概算单价。

3. 分析与解答

第一步：计算模板制作单价。

(1) 确定取费费率，根据工程性质、特点确定取费费率，其他直接费率取2.5%，现场经费费率取6%，间接费率取6%，企业利润率为7%，税金率取3.22%。

(2) 因模板制作是模板安装工程材料定额的一项内容，为避免重复计算，故模板制作单价只计算定额直接费。查概算定额选用第5-12节50062子目，定额见表5.31。计算过程见表5.32，模板制作单价（直接费）为9.09元/$m^2$。

第二步：计算闸墩钢模板制作、安装综合单价。查概算定额选用第5-1节50001子目，定额见表5.33。计算过程详见表5.34，注意：在计算其他材料费时，其计算基数不

包括模板本身的价值。计算结果为48.26元/m²。

**表5.31　普通模板制作**

适用范围：标准钢模板：直墙、挡土墙、防浪墙、闸墩、底板、趾板、板、梁、柱等

平面木模板：混凝土坝、厂房下部结构等大体积混凝土的直立面、斜面、混凝土墙、墩等

曲面模板：混凝土墩头、进水口下侧收缩曲面等弧形柱面

工作内容：标准钢模板：铁件制作、模板运输

平面木模板：模板制作、立柱、围令制作、铁件制作、模板运输

曲面模板：钢架制作、面板拼装、铁件制作、模板运输　　单位：100m²

| 项目 | 单位 | 标准钢模板 | 平面木模板 | 曲面模板 |
|---|---|---|---|---|
| 工长 | 工时 | 1.2 | 4.1 | 4.5 |
| 高级工 | 工时 | 3.8 | 12.1 | 14.7 |
| 中级工 | 工时 | 4.2 | 33.6 | 30.3 |
| 初级工 | 工时 | 1.5 | 12.8 | 11.9 |
| 合计 | 工时 | 10.7 | 62.6 | 61.4 |
| 锯材 | m² | | 2.3 | 0.4 |
| 组合钢模板 | kg | 81 | | 106 |
| 型钢 | kg | 44 | | 498 |
| 卡扣件 | kg | 26 | | 43 |
| 铁件 | kg | 2 | 25 | 36 |
| 电焊条 | kg | 0.6 | | 11.0 |
| 其他材料费 | % | 2 | 2 | 2 |
| 圆盘锯 | 台时 | | 4.69 | |
| 双面刨床 | 台时 | | 3.91 | |
| 型钢剪断机13kW | 台时 | | | 0.98 |
| 型材弯曲机 | 台时 | | | 1.53 |
| 钢筋切断机20kW | 台时 | 0.07 | 0.17 | 0.19 |
| 钢筋弯曲机Φ6～Φ40 | 台时 | | 0.44 | 0.49 |
| 载重汽车5t | 台时 | 0.37 | 1.68 | 0.43 |
| 电焊机25kVA | 台时 | 0.72 | | 8.17 |
| 其他机械费 | % | 5 | 5 | 5 |
| 编号 | | 50062 | 50063 | 50064 |

**表5.32　建筑工程单价表**

定额编号：50062　　闸墩钢模板制作　　定额单位：100m²

施工方法：铁件制作、模板运输

| 序号 | 名称及规格 | 单位 | 数量 | 单价（元） | 合计（元） |
|---|---|---|---|---|---|
| 一 | 直接工程费 | | | | |
| （一） | 直接费 | | | | 909.22 |
| 1 | 人工费 | | | | 42.64 |
| | 工长 | 工时 | 1.2 | 4.91 | 5.89 |
| | 高级工 | 工时 | 3.8 | 4.56 | 17.33 |
| | 中级工 | 工时 | 4.2 | 3.87 | 16.25 |
| | 初级工 | 工时 | 1.5 | 2.11 | 3.17 |

续表

施工方法：铁件制作、模板运输

| 序 号 | 名称及规格 | 单 位 | 数 量 | 单价（元） | 合计（元） |
|---|---|---|---|---|---|
| 2 | 材料费 | | | | 835.48 |
| | 组合钢模板 | kg | 81 | 6.5 | 526.50 |
| | 型钢 | kg | 44 | 3.60 | 158.40 |
| | 卡扣件 | kg | 26 | 4.50 | 117.00 |
| | 铁件 | kg | 2 | 6.50 | 13.00 |
| | 电焊条 | kg | 0.6 | 7.00 | 4.20 |
| | 其他材料费 | % | 2 | 819.10 | 16.38 |
| 3 | 机械使用费 | | | | 31.10 |
| | 钢筋切断机20kW | 台时 | 0.07 | 18.52 | 1.30 |
| | 载重汽车5t | 台时 | 0.37 | 58.22 | 21.54 |
| | 电焊机25kVA | 台时 | 0.72 | 9.42 | 6.78 |
| | 其他机械费 | % | 5 | 29.62 | 1.48 |

**表5.33** **普 通 模 板**

适用范围：标准钢模板：直墙、挡土墙、防浪墙、闸墩、底板、趾板、板、梁、柱等

平面木模板：混凝土坝、厂房下部结构等大体积混凝土的直立面、斜面、混凝土墙、墩等

曲面模板：混凝土敦头、进水口下侧收缩曲面等弧形柱面

工作内容：模板安装、拆除、除灰、刷脱模似机、试剂，维修、倒仓　　单位：100m²

| 项 目 | 单 位 | 标准模板 | | 平面木模板 | 曲面模板 |
|---|---|---|---|---|---|
| | | 一般部位 | 梁板柱部位 | | |
| 工长 | 工时 | 17.5 | 21.9 | 11.0 | 14.1 |
| 高级工 | 工时 | 85.2 | 106.5 | 7.4 | 59.3 |
| 中级工 | 工时 | 123.2 | 154.0 | 111.2 | 167.2 |
| 初级工 | 工时 | | | 27.7 | 37.2 |
| 合计 | 工时 | 225.9 | 282.4 | 157.3 | 277.8 |
| 模板 | $m^2$ | 100 | 100 | 100 | 100 |
| 铁件 | kg | 124 | | 321 | 357 |
| 预制混凝土柱 | $m^3$ | 0.3 | | 1.0 | |
| 电焊条 | kg | 2.0 | 2.0 | 5.2 | 5.8 |
| 其他材料费 | % | 2 | 2 | 2 | 2 |
| 汽车起重机5t | 台时 | 14.6 | 14.60 | 11.95 | 12.88 |
| 电焊机25kVA | 台时 | 2.06 | 2.06 | 6.71 | 2.06 |
| 其他机械费 | % | 5 | 5 | 5 | 10 |
| 编 号 | | 50001 | 50002 | 50003 | 50004 |

**注** 底板、趾板为岩石基础时，标准钢模板定额人工乘1.2系数，其他材料费按8%计算。

表 5.34　　建筑工程单价表

定额编号：50001　　模板制作与安装　　定额单位：100m²

工作内容：模板安装、拆除、除灰、刷脱模剂、维修、倒仓

| 序　号 | 名称及规格 | 单　位 | 数　量 | 单价（元） | 合计（元） |
|---|---|---|---|---|---|
| 一 | 直接工程费 | | | | 4122.51 |
| （一） | 直接费 | | | | 3799.55 |
| 1 | 人工费 | | | | 951.22 |
| | 工长 | 工时 | 17.5 | 4.91 | 85.93 |
| | 高级工 | 工时 | 85.2 | 4.56 | 388.51 |
| | 中级工 | 工时 | 123.2 | 3.87 | 476.78 |
| 2 | 材料费 | | | | 1852.50 |
| | 模板 | $m^2$ | 100 | 9.09 | 909.00 |
| | 铁件 | kg | 124 | 6.50 | 806.00 |
| | 预制混凝土柱 | $m^3$ | 0.3 | 350.00 | 105.00 |
| | 电焊条 | kg | 2.0 | 7.00 | 14.00 |
| | 其他材料费 | % | 2 | 925.00 | 18.50 |
| 3 | 机械使用费 | | | | 995.83 |
| | 汽车起重机 5t | 台时 | 14.60 | 63.63 | 929.00 |
| | 电焊机 25kVA | 台时 | 2.06 | 9.42 | 19.41 |
| | 其他机械费 | % | 5 | 948.41 | 47.42 |
| （二） | 其他直接费 | % | 2.5 | 3799.55 | 94.99 |
| （三） | 现场经费 | % | 6 | 3799.55 | 227.97 |
| 二 | 间接费 | % | 6 | 4122.51 | 247.35 |
| 三 | 企业利润 | % | 7 | 4369.86 | 305.89 |
| 四 | 税金 | % | 3.22 | 4675.75 | 150.56 |
| 五 | 单价合计 | | | | 4826.31 |

# 学习单元 5.8　钻孔灌浆及锚固工程概算单价编制

## 5.8.1　钻孔灌浆工程项目划分与定额选用

钻孔灌浆工程指水工建筑物为提高地基承载能力、改善和加强其抗渗性能及整体性所采取的处理措施。包括帷幕灌浆、固结灌浆、回填（接触）灌浆、防渗墙、减压井等工程。其中，灌浆就是利用灌浆机施加一定的压力，将浆液通过预先设置的钻孔或灌浆管，灌入岩石、土或建筑物中，使其胶结成坚固、密实而不透水的整体。灌浆是水利工程基础处理中最常用的有效手段，下面重点介绍。

1. 灌浆的分类

（1）按灌浆材料分。主要有水泥灌浆、水泥黏土灌浆、黏土灌浆、沥青灌浆和化学灌浆等四类。

（2）按灌浆作用分，主要有以下几种：

1）帷幕灌浆。为在坝基形成一道阻水帷幕以防止坝基及绕坝渗漏，降低坝底扬压力而进行的深孔灌浆。

2）固结灌浆。为提高地基整体性、均匀性和承载能力而进行的灌浆。

3）接触灌浆。为加强坝体混凝土和基岩接触面的结合能力，使其有效传递应力，提高坝体的抗滑稳定性而进行的灌浆。接触灌浆多在坝体下部混凝土固化收缩基本稳定后进行。

4）接缝灌浆。大体积混凝土由于施工需要而形成了许多施工缝，为了恢复建筑物的整体性，利用预埋的灌浆系统，对这些缝进行的灌浆。

5）回填灌浆。为使隧道顶拱岩面与衬砌的混凝土面，或压力钢管与底部混凝土接触面结合密实而进行的灌浆。

*2. 岩基灌浆施工工艺流程*

灌浆工艺流程一般为：施工准备→钻孔→冲洗→表面处理→压水试验→灌浆→封孔→质量检查。

（1）施工准备。包括场地清理、劳动组合、材料准备、孔位放样、电风水布置、机具设备就位、检查等。

（2）钻孔。采用手风钻、回转式钻机和冲击钻等钻孔机械进行。

（3）冲洗。用水将残存在孔内的岩粉和铁砂末冲出孔外，并将裂隙中的充填物冲洗干净，以保证灌浆效果。

（4）表面处理。为防止有压情况下浆液沿裂隙冒出地面而采取的塞缝、浇盖面混凝土等措施。

（5）压水试验。压水试验目的是确定地层的渗透特性，为岩基处理设计和施工提供依据。压水试验是在一定压力下将水压入孔壁四周缝隙，根据压入流量和压力，计算出代表岩层渗透特性的技术参数。规范规定，渗透特性用透水率表示，单位为吕容（Lu），定义为：压水压力为1MPa时，每米试段长度每分钟注入水量1L时，称为1Lu。

（6）灌浆。按照灌浆时浆液灌注和流动的特点，可分为纯压式和循环式两种灌浆方式。

纯压式灌浆：单纯地把浆液沿灌浆管路压入钻孔，再扩张到岩层裂隙中。适用于裂隙较大、吸浆量多和孔深不超过15m的岩层。这种方式设备简单，操作方便，当吃浆量逐渐变小时，浆液流动慢，易沉淀，影响灌浆效果。

循环式灌浆：浆液通过进浆管进人钻孔后，一部分被压入裂隙，另一部分由回浆管返回拌浆筒。这样可使浆液始终保持流动状态，防止水泥沉淀，保证了浆液的稳定和均匀，提高灌浆效果。

按照灌浆顺序，灌浆方法有一次灌浆法和分段灌浆法。后者又可分为自上而下分段、自下而上分段及综合灌浆法。

一次灌浆法：将孔一次钻到设计深度，再沿全孔一次灌浆。施工简便，多用于孔深10m内、基岩较完整、透水性不大的地层。

分段灌浆法：

1）自上而下分段灌浆法：自上而下钻一段（一般不超过5m）后，冲洗、压水试验、灌浆。待上一段浆液凝结后，再进行下一段钻灌工作。如此钻、灌交替，直至设计深度。

此法灌浆压力较大，质量好，但钻、灌工序交叉，工效低。多用于岩层破碎、竖向节理裂隙发育地层。

2）自下而上分段灌浆法：一次将孔钻到设计深度，然后自下而上利用灌浆塞逐段灌浆。这种方法钻灌连续，速度较快，但不能采用较高压力，质量不易保证。一般适用于岩层较完整坚固的地层。

3）综合灌浆法：通常接近地表的岩层较破碎，越往下则越完整，上部采用自上而下分段，下部采用自下而上分段，使之既能保证质量，又可加快速度。

（7）封孔。人工或机械（灌浆及送浆）用砂浆封填孔口。

（8）质量检查。质量检查的方法较多，最常用的是打检查孔检查，取岩心、做压水试验检查透水率是否符合设计和规范要求。检查孔的数量，一般帷幕灌浆为灌浆孔的10%，固结灌浆为5%。

3. 影响灌浆施工工效的主要因素

（1）岩石（地层）级别。岩石（地层）级别是钻孔工序的主要影响因素。岩石级别越高，对钻进的阻力越大，钻进工效越低，钻具消耗越多。

（2）岩石（地层）的透水性。透水性是灌浆工序的主要影响因素。透水性强（透水率高）的地层可灌性好，吃浆量大，单位灌浆长度的耗浆量大。反之，灌注每吨浆液干料所需的人工、机械台班（时）用量就少。

（3）施工方法。一次灌浆法和自下而上分段灌浆法的钻孔和灌浆两大工序互不干扰，工效高。自上而下分段灌浆法钻孔与灌浆相互交替，干扰大、工效低。

（4）施工条件。露天作业，机械的效率能正常发挥。隧洞（或廊道）内作业影响机械效率的正常发挥，尤其是对较小的隧洞（或廊道），限制了钻杆的长度，增加了接换钻杆次数，降低了工效。

4. 混凝土防渗墙

建筑在冲积层上的挡水建筑物，一般设置混凝土防渗墙是一种有效的防渗处理措施。防渗墙施工包括造孔和浇筑混凝土两部分内容。

（1）造孔。防渗墙的成墙方式大多采用槽孔法。造孔采用冲击钻机、反循环钻、液压开槽机等机械进行。一般用冲击钻较多，其施工程序包括造孔前的准备、泥浆制备、造孔、终孔验收、清孔换浆等。

（2）浇筑混凝土。防渗墙采用导管法浇筑水下混凝土。其施工工艺为浇筑前的准备、配料拌和、浇筑混凝土、质量验收。由于防渗墙混凝土不经振捣，因而混凝土应具有良好的和易性。要求入孔时坍落度为18～22cm，扩散度34～38cm，最大骨料粒径不大于4cm。

5. 定额选用

在计算钻孔灌浆工程单价时，应根据设计确定的孔深、灌浆压力等参数以及岩石的级别、透水率等，按施工组织设计确定的钻机、灌浆方式、施工条件来选择概预算定额相应的定额子目，这是正确计算钻孔灌浆工程单价的关键。

### 5.8.2 锚固工程分类及定额选用

1. 锚固工程分类

锚固可分为锚桩、锚洞、喷锚护坡与预应力锚固四大类。其适用范围见表5.35。

表5.35　锚固分类及适用范围

| 类　型 | 结　构　型　式 | 适　用　范　围 |
|---|---|---|
| 锚桩 | 钢筋混凝土桩：人工挖孔桩<br>大口径钻孔桩<br>钢桩：型钢桩、钢棒桩 | 适用与浅层具有明显滑面的地基加固 |
| 喷锚支护 | 锚杆加喷射混凝土<br>锚杆挂网加喷混凝土 | 适用于高边坡加固，隧洞入口边坡支护 |
| 预应力锚固 | 混凝土柱状锚头 | 适用于大吨位预应力锚固 |
| | 镦头锚锚头 | 适用于大、中、小吨位预应力锚固 |
| | 爆炸压接螺杆锚头 | 适用于中、小吨位预应力锚固 |
| | 锚塞锚环钢锚头 | 适用于小吨位预应力锚固 |
| | 组合型钢锚头 | 适用于大、中、小吨位预应力锚固 |

2. 施工特点

预应力锚固是在外荷载作用前，针对建筑物可能滑移拉裂的破坏方向，预先施加主动压力。这种人为的预压应力能提高建筑物的滑动和防裂能力。预应力锚固由锚头、锚束、锚根等三部分组成。

预应力锚束按材料分为钢丝、钢绞线与优质钢筋三类，预应力锚束按作用可分为无黏结型和黏结型。钢丝的强度最高，宜于密集排列，多用于大吨位锚束，适用于混凝土锚头、镦头及组合锚；钢绞线的价格较高，锚具也较贵，适用中小型锚束，与锚塞锚环型锚具配套使用，对编束、锚固较方便；优质钢筋适用于预应力锚杆及短的锚束，热扎钢筋只用做砂浆锚杆及受力钢筋。

钻孔设备应根据地质条件、钻孔深度、钻孔方向和孔径大小选择钻机。工程中一般用：风钻、SGZ—1（Ⅲ）、YQ—100、XJ—100—1及东风—300专用锚杆钻机、履带钻、地质钻机等钻机。

3. 施工工艺

（1）一般锚杆的施工工艺为：钻孔→锚杆制作→安装→水泥浆封孔（或药卷产生化学反应封孔）、锚定。锚杆长度超过10m的长锚杆，应配锚杆钻机或地质钻机。

（2）预应力锚杆施工程序：造孔、锚束编制→运输吊装→放锚束、锚头锚固→超张拉、安装、补偿→采用水泥浆封孔、灌浆防护。

（3）喷锚支护的一般工艺：凿毛→配料→上料、拌和→挂网、喷锚→喷混凝土→处理回弹料、养护。

4. 定额选用

（1）在现行概算定额中，锚杆分地面和地下，钻孔设备分为风钻钻孔、履带钻孔、锚杆钻机钻孔、地质钻机钻孔、锚杆台车钻孔、凿岩台车钻孔。按注浆材料又分为砂浆和药卷。锚杆以“根”为单位，按锚杆长度和钢筋直径分项，不同的岩石级别划分子目。

套用定额时应注意的问题：加强长砂浆锚杆束是按$4\times\phi28$锚筋拟订的，如设计采用锚筋根数、直径不同，应按设计调整锚筋用量。定额中的锚筋材料预算价按钢筋价格计算，锚筋的制作已含在定额中。

(2) 预应力锚束分为岩体和混凝土，按作用分为无黏结型和黏结型。以“束”为单位，按施加预应力的等级分类，按锚束长度分项。

(3) 喷射分为地面和地下，按材料分为喷浆和混凝土，喷浆以“喷射面积”为单位，按有钢筋和无钢筋喷射工艺不同，按喷射厚度不同定额的消耗量不同。喷射混凝土分为地面护坡、平洞支护、斜井支护，以“喷射混凝土的体积”为单位，按厚度不同划分子项。喷浆（混凝土）定额的计量以喷后的设计有效面积（体积）计算，定额中已包括了回弹及施工损耗量。

(4) 锚筋桩可参考相应的锚杆定额，定额中的锚杆附件包括垫板、三角铁和螺帽等。锚杆（索）定额中的锚杆（索）长度是指嵌入岩石的设计有效长度，不包括锚头外露部分，按规定应留的外露部分及加工过程中的消耗，均已计入定额。

### 5.8.3 使用现行定额编制钻孔灌浆及锚固工程概算单价应注意的问题

(1) 灌浆工程定额中的水泥用量是指概算基本量，如有实际资料，可按实际消耗量调整。

(2) 灌浆工程定额中的灌浆压力划分标准为：高压大于3MPa，中压1.5～3MPa，低压小于1.5MPa。

(3) 灌浆工程定额中的水泥强度等级的选择应符合设计要求，设计未明确的可按以下标准选择：回填灌浆32.5；帷幕与固结灌浆32.5；接缝灌浆42.5；劈裂灌浆32.5；高喷灌浆32.5。

(4) 工程的项目设置、工程量数量及其单位均必须与概算定额的设置、规定相一致。如不一致，应进行科学的换算。

1) 钻孔与灌浆。

a. 帷幕灌浆：现行概算定额分造孔及帷幕灌浆两部分，造孔和灌浆均以单位延长米(m)计，帷幕灌浆概算定额包括制浆、灌浆、封孔、孔位转移、检查孔钻孔、压水试验等内容。预算定额则需另计检查孔压水试验，检查孔压水试验按试段计。

b. 固结灌浆：现行概算定额分造孔及固结灌浆两部分，造孔和灌浆均以单位延长米(m)计。固结灌浆定额包括已计入灌浆前的压水试验和灌浆后的补浆及封孔灌浆等工作。预算定额灌浆后的压水实验要另外计算。

c. 劈裂灌浆：劈裂灌浆多用于土坝（堤）除险加固坝体的防渗处理。概算定额分钻机钻土坝（堤）灌浆孔和土坝（堤）劈裂灌浆，均以单位延长米（m）计。劈裂灌浆定额已包括检查孔、制浆、灌浆、劈裂观测、冒浆处理、记录、复灌、封孔、孔位转移、质量检查。定额是按单位孔深干料灌入量不同而分类的。

d. 回填灌浆：现行概算定额分隧洞回填灌浆和钢管道回填灌浆。隧洞回填灌浆适用于混凝土衬砌段。隧洞回填灌浆定额的工作内容包括预埋管路、简易平台搭拆、风钻通孔、制浆、灌浆、封孔、检查孔钻孔、压浆试验等。定额是以设计回填面积为计量单位的，按开挖面积分子目。

e. 坝体接缝灌浆：现行概算定额分预埋铁管法和塑料拔管法，定额适用于混凝土坝体，按接触面积$m^2$计算。

2) 混凝土防渗墙。一般都将造孔和浇筑分列，概算定额均以阻水面积（$100m^2$）为

单位，按墙厚分列子目；而预算定额造孔用折算进尺（100 折算米）为单位，防渗墙混凝土用 100m³ 为单位，所以一定要按科学的换算方式进行换算。

(5) 关于岩土的平均级别和平均透水率。岩土的级别和透水率分别为钻孔和灌浆两大工序的主要参数，正确确定这两个参数对钻孔灌浆单价有重要意义。由于水工建筑物的地基绝大多数不是单一的地层，通常多达十几层或几十层。各层的岩土级别、透水率各不相同，为了简化计算，几乎所有的工程都采用一个平均的岩石级别和平均的透水率来计算钻孔灌浆单价。在计算这两个重要参数的平均值时，一定要注意计算的范围要和设计确定的钻孔灌浆范围完全一致，也就是说，不要简单地把水文地质剖面图中的数值拿来平均，要注意把上部开挖范围内的透水性强的风化层和下部不在设计灌浆范围的相对不透水地层都剔开。

(6) 在使用现行《水利建筑工程概算定额》第 7－1 节“钻机钻岩石层帷幕灌浆孔”（自下而上灌浆法）、第 7－3 节“钻岩石层排水孔、观测孔”（钻机钻孔）时，应注意下列事项。

1) 当终孔孔径大于 91mm 或孔深大于 70m 时，钻机应改用 300 型钻机。

2) 在廊道或隧洞内施工时，其人工、机械定额应乘以表 5.36 中的系数。

**表 5.36　　人工、机械定额调整系数表**

| 廊道或隧洞高度（m） | 0～2.0 | 2.0～3.5 | 3.5～5.0 | 5.0 |
|---|---|---|---|---|
| 系　数 | 1.19 | 1.10 | 1.07 | 1.05 |

3)《水利建筑工程概算定额》第 7－1 节、第 7－3 节中各定额是按平均孔深 30～50m 拟订的。当孔深小于 30m 或孔深大于 50m 时，其人工和钻机定额应乘以表 5.37 中的系数。

**表 5.37　　人工、机械定额调整系数表**

| 孔　深（m） | ≤30 | 30～50 | 50～70 | 70～90 | >90 |
|---|---|---|---|---|---|
| 系　数 | 0.94 | 1.00 | 1.07 | 1.17 | 1.31 |

(7) 当采用地质钻机钻灌不同角度的灌浆孔或观察孔、试验孔时，其人工、机械、合金片、钻头和岩心管定额应乘以表 5.38 中的系数。

**表 5.38　　人工、机械及材料定额调整系数表**

| 钻机与水平夹角 | 0～60° | 60°～75° | 75°～85° | 85°～90° |
|---|---|---|---|---|
| 系　数 | 1.19 | 1.05 | 1.02 | 1.00 |

(8) 压水试验适用范围：现行概算定额中，压水试验已包含在灌浆定额中。预算定额中的压水试验适用于灌浆后的压水试验。灌浆前的压水试验和灌浆后的补灌及封孔灌浆已计入定额。压水试验一个压力点法适用于固结灌浆，三压力五阶段法适用于帷幕灌浆。压浆试验适用于回填灌浆。

(9) 加强长砂浆锚杆束是按 4×Φ28 锚筋拟定的，如设计锚筋根数、直径不同，应按设计调整锚筋用量。定额中的锚筋材料预算价格按钢筋价格计算，锚筋的制作已包含在定额中。

(10) 锚筋桩可参考相应的锚杆定额，定额中的锚杆附件包括垫板、三角铁和螺帽等。锚杆（索）定额中的长度是指嵌入岩石的设计有效长度，不包括锚头外露部分，按规定应留的外露部分及加工过程中的消耗，均已计入定额。

(11) 喷浆（混凝土）定额的计量，以喷后的设计有效面积（体积）计算，定额已包括了回弹及施工损耗量。

### 5.8.4 钻孔灌浆工程概算单价实例分析

**【工程实例分析 5-8】**

1. 项目背景

华东地区某水库坝基岩石基础固结灌浆，采用手风钻钻孔，一次灌浆法，灌浆孔深 5m，岩石级别为Ⅷ级。已知基本资料如下：

(1) 坝基岩石层平均单位吸水率 3Lu，灌浆水泥采用 32.5 级普通硅酸盐水泥。

(2) 人工预算单价：工长 7.11 元/工时，高级工 6.61 元/工时，中级工 5.62 元/工时，初级工 3.04 元/工时。

(3) 材料预算单价：合金钻头 50 元/个，空心钢 10 元/kg，32.5 级普通硅酸盐水泥 300 元/t，水 0.5 元/$m^3$，施工用风 0.15 元/$m^3$，施工用电 0.6 元/(kW·h)。

(4) 施工机械台时费：风钻 29.60 元/台时，灌浆泵（中压泥浆）31.31 元/台时，灰浆搅拌机 14.40 元/台时，胶轮车 0.90 元/台时。

2. 工作任务

试计算坝基岩石固结灌浆综合概算单价。

3. 分析与解答

第一步：计算钻孔单价。

(1) 根据工程性质确定取费费率，其他直接费率 2.5%，现场经费率 7%，间接费率 7%，企业利润率 7%，税金率 3.22%。

(2) 根据采用的施工方法和岩石级别（Ⅷ），查水利部 2002《水利建筑工程概算定额》，选用第 7-2 节 70017 定额子目，定额见表 5.39，计算过程见表 5.40。钻岩石层固结灌浆孔概算单价为 15.14 元/m。

**表 5.39　钻岩石层固结灌浆孔（风钻钻灌浆孔）**

适用范围：露天作业、孔深小于 8m

工作内容：孔位转移、接拉风管、钻孔、检查孔钻孔　　单位：100m

| 项目 | 单位 | 岩石级别 | | | |
|---|---|---|---|---|---|
| | | Ⅴ～Ⅷ | Ⅸ～Ⅹ | Ⅺ～Ⅻ | ⅩⅢ～ⅩⅣ |
| 工长 | 工时 | 2 | 3 | 5 | 7 |
| 高级工 | 工时 | | | | |
| 中级工 | 工时 | 29 | 38 | 55 | 84 |
| 初级工 | 工时 | 54 | 70 | 101 | 148 |
| 合计 | 工时 | 85 | 111 | 161 | 239 |

续表

| 项　目 | 单　位 | 岩　石　级　别 | | | |
|---|---|---|---|---|---|
| | | Ⅴ～Ⅷ | Ⅸ～Ⅹ | Ⅺ～Ⅻ | ⅩⅢ～ⅩⅨ |
| 合金钻头 | 个 | 2.30 | 2.72 | 3.38 | 4.31 |
| 空心钢 | kg | 1.13 | 1.46 | 2.11 | 3.50 |
| 水 | $m^3$ | 7 | 10 | 15 | 23 |
| 其他材料费 | % | 14 | 13 | 11 | 9 |
| 风钻 | 台时 | 20.0 | 25.8 | 37.2 | 55.8 |
| 其他机械费 | % | 15 | 14 | 12 | 10 |
| 编　　号 | | 70017 | 70018 | 70019 | 70020 |

**注**　洞内作业，人工、机械乘1.15系数。

**表5.40**　　　　**建筑工程单价表**

定额编号：70017　　　　钻岩石层固结灌浆　　　　定额单位：100m

施工方法：手风钻钻孔孔深5m。工作内容：孔位转移、接拉风管、钻孔、检查孔钻孔

| 序　号 | 名称及规格 | 单　位 | 数　量 | 单价（元） | 合计（元） |
|---|---|---|---|---|---|
| 一 | 直接工程费 | | | | 1281.29 |
| （一） | 直接费 | | | | 1170.13 |
| 1 | 人工费 | | | | 341.36 |
| | 工长 | 工时 | 2 | 7.11 | 14.22 |
| | 中级工 | 工时 | 29 | 5.62 | 162.98 |
| | 初级工 | 工时 | 54 | 3.04 | 164.16 |
| 2 | 材料费 | | | | 147.97 |
| | 合金钻头 | 个 | 2.30 | 50.00 | 115.00 |
| | 空心钢 | kg | 1.13 | 10.00 | 11.30 |
| | 水 | $m^3$ | 7 | 0.50 | 3.50 |
| | 其他材料费 | % | 14 | 129.80 | 18.17 |
| 3 | 机械使用费 | | | | 680.80 |
| | 风钻 | 台时 | 20.0 | 29.60 | 592.00 |
| | 其他机械费 | % | 15 | 592.00 | 88.80 |
| （二） | 其他直接费 | % | 2.5 | 1170.13 | 29.25 |
| （三） | 现场经费 | % | 7 | 1170.13 | 81.91 |
| 二 | 间接费 | % | 7 | 1281.29 | 89.69 |
| 三 | 企业利润 | % | 7 | 1370.98 | 95.97 |
| 四 | 税金 | % | 3.22 | 1466.95 | 47.24 |
| 五 | 单价合计 | | | | 1514.19 |

第二步：计算基础固结灌浆工程单价。根据本工程灌浆岩层的平均吸水率3Lu，查概算定额第7-5节70046子目，定额见表5.41。计算过程见表5.42，基础固结灌浆概算单价为100.35元/m。

**表 5.41**　　　　基础固结灌浆

工作内容：冲洗、制浆、灌浆、封孔、孔位转移，以及检查孔的压水试验、灌浆　　单位：100m

| 项　目 | 单　位 | 透水率 (Lu) | | | | | | |
|---|---|---|---|---|---|---|---|---|
| | | 2以下 | 2～4 | 4～6 | 6～8 | 8～10 | 10～20 | 20～50 |
| 工长 | 工时 | 23 | 23 | 24 | 25 | 26 | 28 | 29 |
| 高级工 | 工时 | 48 | 48 | 50 | 51 | 53 | 56 | 58 |
| 中级工 | 工时 | 139 | 141 | 145 | 151 | 159 | 169 | 175 |
| 初级工 | 工时 | 240 | 243 | 251 | 263 | 277 | 297 | 308 |
| 合计 | 工时 | 450 | 455 | 470 | 490 | 515 | 550 | 570 |
| 水泥 | t | 2.3 | 3.2 | 4.1 | 5.7 | 7.4 | 8.7 | 10.4 |
| 水 | $m^3$ | 481 | 528 | 565 | 610 | 663 | 715 | 1005 |
| 其他材料费 | % | 15 | 15 | 14 | 14 | 13 | 13 | 12 |
| 灌浆泵中压泥浆 | 台时 | 92 | 93 | 96 | 100 | 105 | 112 | 116 |
| 灰浆搅拌机 | 台时 | 84 | 85 | 88 | 92 | 97 | 104 | 108 |
| 胶轮车 | 台时 | 13 | 17 | 22 | 31 | 42 | 47 | 58 |
| 其他机械费 | % | 5 | 5 | 5 | 5 | 5 | 5 | 5 |
| 编　号 | | 70045 | 70046 | 70047 | 70048 | 70049 | 70050 | 70051 |

**表 5.42**　　　　建筑工程单价表

定额编号：70046　　　　基础固结灌浆　　　　定额单位：100m

工作内容：冲洗、制浆、灌浆、封孔、孔位转移，以及检查孔的压水试验、灌浆

| 序　号 | 名称及规格 | 单　位 | 数　量 | 单价（元） | 合计（元） |
|---|---|---|---|---|---|
| 一 | 直接工程费 | | | | 8517.18 |
| （一） | 直接费 | | | | 7778.24 |
| 1 | 人工费 | | | | 2011.95 |
| | 工长 | 工时 | 23 | 7.11 | 163.53 |
| | 高级工 | 工时 | 48 | 6.61 | 317.28 |
| | 中级工 | 工时 | 141 | 5.62 | 792.42 |
| | 初级工 | 工时 | 243 | 3.04 | 738.72 |
| 2 | 材料费 | | | | 1407.60 |
| | 水泥 | t | 3.2 | 300.00 | 960.00 |
| | 水 | $m^3$ | 528 | 0.50 | 264.00 |
| | 其他材料费 | % | 15 | 1224.00 | 183.60 |
| 3 | 机械使用费 | | | | 4358.69 |
| | 灌浆泵中压泥浆 | 台时 | 93 | 31.31 | 2911.83 |
| | 灰浆搅拌机 | 台时 | 85 | 14.40 | 1224.00 |
| | 胶轮车 | 台时 | 17 | 0.90 | 15.30 |
| | 其他机械费 | % | 5 | 4151.13 | 207.56 |
| （二） | 其他直接费 | % | 2.5 | 7778.24 | 194.46 |
| （三） | 现场经费 | % | 7 | 7778.24 | 544.48 |
| 二 | 间接费 | % | 7 | 8517.18 | 569.20 |
| 三 | 企业利润 | % | 7 | 9086.38 | 636.05 |
| 四 | 税金 | % | 3.22 | 9722.43 | 313.06 |
| 五 | 单价合计 | | | | 10035.49 |

第三步：计算坝基岩石基础固结灌浆综合概算单价。

坝基岩石基础固结灌浆综合概算单价包括钻孔单价和灌浆单价，即

坝基岩石基础固结灌浆综合概算单价＝15.14＋100.35＝115.49(元/m)

**【工程实例分析 5－9】**

1. 项目背景

长江大堤某段位于华东地区，其堤身加固防渗采用黏土劈裂灌浆处理，施工方法为：150 型地质钻机套管固壁钻进，孔深 25m，灌浆泵灌浆；设计单位孔深干料灌入量为 0.5t/m。已知基本资料如下：

(1) 人工预算单价：工长 4.91 元/工时，高级工 4.56 元/工时，中级工 3.87 元/工时，初级工 2.11 元/工时。

(2) 材料预算单价：水 0.5 元/$m^3$，黏土 8.0 元/t，合金钻头 50.0 元/个，合金片 10.0 元/kg，岩芯管 12.0 元/m，钻杆 15.0 元/m，钻杆接头 16.0 元/个，水玻璃 4.5 元/kg，施工用电 0.6 元/(kW·h)。

(3) 机械台时费：地质钻机（150 型）32.37 元/台时，泥浆搅拌机 23.07 元/台时，灌浆泵（中压泥浆）27.11 元/台时，胶轮车 0.90 元/台时。

2. 工作任务

计算长江大堤黏土劈裂灌浆工程概算单价。

3. 分析与解答

第一步：计算钻机钻孔概算单价。

(1) 根据工程性质确定取费费率，其他直接费率 2.5%，现场经费率 7%，间接费率 7%，企业利润率 7%，税金率 3.22%。

(2) 根据施工方法和所用机械，查概算定额选用第 7－8 节 70062 子目，定额见表 5.43。计算过程见表 5.44，计算结果为 61.36 元/m。

**表 5.43　　钻机钻土坝（堤）灌浆孔**

适用范围：露天作业，垂直孔，孔深 50m 以内

工作内容：泥浆固壁钻进：固定孔位，准备，泥浆制备、运送、固壁、钻孔、记录、孔位转移

套管固壁钻进：固定孔位，准备，钻孔、下套管、拔套管、记录、孔位转移　　单位：100m

| 项　目 | 单　位 | 泥浆固壁钻进 | 套管固壁钻进 |
|---|---|---|---|
| 工长 | 工时 | 24 | 36 |
| 高级工 | 工时 | 24 | 36 |
| 中级工 | 工时 | 34 | 50 |
| 初级工 | 工时 | 401 | 601 |
| 合计 | 工时 | 483 | 723 |
| 水 | $m^3$ | 800 | |
| 黏土 | t | 17 | |
| 合金钻头 | 个 | 1.5 | 2.5 |
| 合金片 | kg | 0.2 | 0.4 |
| 岩芯管 | m | 1.5 | 8.0 |
| 钻杆 | m | 1.5 | 2.0 |
| 钻杆接头 | 个 | 1.4 | 1.9 |
| 其他材料费 | % | 14 | 13 |

续表

| 项目 | 单位 | 泥浆固壁钻进 | 套管固壁钻进 |
| --- | --- | --- | --- |
| 地质钻机150型 | 台时 | 52 | 77 |
| 灌浆泵中压泥浆 | 台时 | 52 | |
| 泥浆搅拌机 | 台时 | 12 | |
| 其他机械费 | % | 5 | 5 |
| 编号 | | 70061 | 70062 |

**表 5.44　　建筑工程单价表**

定额编号：70062　　钻机钻土坝（堤）灌浆孔　　定额单位：100m

工作内容：固定孔位，准备，钻孔、下套管、拔套管、记录、孔位转移

| 序号 | 名称及规格 | 单位 | 数量 | 单价（元） | 合计（元） |
| --- | --- | --- | --- | --- | --- |
| 一 | 直接工程费 | | | | 5192.64 |
| （一） | 直接费 | | | | 4742.14 |
| 1 | 人工费 | | | | 1802.53 |
| | 工长 | 工时 | 36 | 4.91 | 176.76 |
| | 高级工 | 工时 | 36 | 4.56 | 164.16 |
| | 中级工 | 工时 | 50 | 3.87 | 193.50 |
| | 初级工 | 工时 | 601 | 2.11 | 1268.11 |
| 2 | 材料费 | | | | 322.50 |
| | 合金钻头 | 个 | 2.5 | 50.00 | 125.00 |
| | 合金片 | kg | 0.4 | 10.00 | 4.00 |
| | 岩芯管 | m | 8.0 | 12.00 | 96.00 |
| | 钻杆 | m | 2.0 | 15.00 | 30.00 |
| | 钻杆接头 | 个 | 1.9 | 16.00 | 30.40 |
| | 其他材料费 | % | 13 | 285.40 | 37.10 |
| 3 | 机械使用费 | | | | 2617.11 |
| | 地质钻机150型 | 台时 | 77 | 32.37 | 2492.49 |
| | 其他机械费 | % | 5 | 2492.49 | 124.62 |
| （二） | 其他直接费 | % | 2.5 | 4742.14 | 118.55 |
| （三） | 现场经费 | % | 7 | 4742.14 | 331.95 |
| 二 | 间接费 | % | 7 | 5192.64 | 363.48 |
| 三 | 企业利润 | % | 7 | 5556.12 | 388.93 |
| 四 | 税金 | % | 3.22 | 5945.05 | 191.43 |
| 五 | 单价合计 | | | | 6136.48 |

第二步：计算堤身劈裂灌浆概算单价。根据灌浆材料及设计单位孔深干料灌入量0.5t/m，查概算定额，选用第7－9节70063子目，定额见表5.45。计算过程见表5.46，结果为：84.90元/m。

第三步：经计算，长江大堤黏土劈裂灌浆工程单价为：61.36＋84.90＝146.26元/m。

表 5.45　**土坝（堤）劈裂灌浆（灌粘土浆）**

工作内容：检查钻孔、制浆、灌浆、劈裂观测、记录、复灌、封孔、孔位转移、质量检查　单位：100m

| 项　目 | 单　位 | 单位孔深干料灌入量 (0.5t/m) | | | |
|---|---|---|---|---|---|
| | | 0.5 | 1.0 | 1.5 | 2.0 |
| 工长 | 工日 | 44 | 57 | 81 | 114 |
| 高级工 | 工日 | 71 | 90 | 131 | 183 |
| 中级工 | 工日 | 269 | 338 | 489 | 688 |
| 初级工 | 工日 | 551 | 682 | 971 | 1348 |
| 合计 | 工日 | 935 | 1167 | 1672 | 2333 |
| 水 | $m^3$ | 138 | 171 | 239 | 306 |
| 黏土 | t | 50 | 91 | 148 | 206 |
| 水玻璃 | kg | 300 | 450 | 750 | 1050 |
| 其他材料费 | % | 13 | 11 | 9 | 8 |
| 灌浆泵中压泥浆 | 台时 | 33 | 48 | 80 | 113 |
| 泥浆搅拌机 | 台时 | 32 | 58 | 95 | 132 |
| 胶轮车 | 台时 | 50 | 99 | 146 | 181 |
| 其他机械费 | % | 5 | 5 | 5 | 5 |
| 编　号 | | 70063 | 70064 | 70065 | 70066 |

表 5.46　**建 筑 工 程 单 价 表**

定额编号：70063　钻机钻土坝（堤）灌浆孔　定额单位：100m

工作内容：检查钻孔、制浆、灌浆、劈裂观测、记录、复灌、封孔、孔位转移、质量检查

| 序　号 | 名称及规格 | 单　位 | 数　量 | 单价（元） | 合计（元） |
|---|---|---|---|---|---|
| 一 | 直接工程费 | | | | 7183.94 |
| (一) | 直接费 | | | | 6560.67 |
| 1 | 人工费 | | | | 2743.44 |
| | 工长 | 工时 | 44 | 4.91 | 216.04 |
| | 高级工 | 工时 | 71 | 4.56 | 323.76 |
| | 中级工 | 工时 | 269 | 3.87 | 1041.03 |
| | 初级工 | 工时 | 551 | 2.11 | 1162.61 |
| 2 | 材料费 | | | | 2055.47 |
| | 水 | $m^3$ | 138 | 0.50 | 69.00 |
| | 黏土 | t | 50 | 8.00 | 400.00 |
| | 水玻璃 | kg | 300 | 4.50 | 1350.00 |
| | 其他材料费 | % | 13 | 1819.00 | 236.47 |
| 3 | 机械使用费 | | | | 1761.76 |
| | 灌浆泵中压泥浆 | 台时 | 33 | 27.11 | 894.63 |
| | 泥浆搅拌机 | 台时 | 32 | 23.07 | 738.24 |
| | 胶轮车 | 台时 | 50 | 0.90 | 45.00 |
| | 其他机械费 | % | 5 | 1677.87 | 83.89 |
| (二) | 其他直接费 | % | 2.5 | 6560.67 | 164.02 |

续表

| 工作内容：检查钻孔、制浆、灌浆、劈裂观测、记录、复灌、封孔、孔位转移、质量检查 | | | | | |
|---|---|---|---|---|---|
| 序　号 | 名称及规格 | 单　位 | 数　量 | 单价（元） | 合计（元） |
| （三） | 现场经费 | % | 7 | 6560.67 | 459.25 |
| 二 | 间接费 | % | 7 | 7183.94 | 502.88 |
| 三 | 企业利润 | % | 7 | 7686.82 | 538.08 |
| 四 | 税金 | % | 3.22 | 8224.90 | 264.84 |
| 五 | 单价合计 | | | | 8489.74 |

# 学习单元5.9　疏浚工程和其他工程概算单价编制

## 5.9.1　疏浚工程项目划分和定额选用

1. 概述

疏浚工程项目包括疏浚工程和吹填工程。疏浚工程主要用于河湖整治、内河航道疏浚、出海口门疏浚、湖、渠道、海边的开挖与清淤工程，以挖泥船应用最广。挖泥船按工作机构原理和输送方式的不同划分为机械式、水力式和气动式三大类，常用的机械式挖泥船有链斗式、抓斗式、铲斗式；水力式挖泥船有绞吸式、斗轮式、耙吸式、射流式及冲吸式等，以绞吸式运用最广。吹填施工的工艺流程是采用机械挖土，以压力管道输送泥浆至作业面，完成作业面上土颗粒沉积淤填。江河疏浚开挖经常与吹填工程相结合，这样可充分利用江河疏浚开挖的弃土对堤身两侧的池塘洼地作充填，进行堤基加固；吹填法施工不受雨天和黑夜的影响，能连续作业，施工效率高。在土质符合要求的情况下，也可用以堵口或筑新堤。

2. 定额使用注意事项

(1) 定额计量单位。现行概算定额除注明者外，均按水下自然方计算。疏浚或吹填工程量应按设计要求计算，吹填工程陆上方应折算为水下自然方。在开挖过程中的超挖、回淤等因素均包括在定额内。在河道疏浚遇到障碍物清除时，应按实单独列项。

(2) 熟悉土、砂分类：绞吸、链斗、抓斗、铲斗式挖泥船、吹泥船开挖水下方的泥土及粉细砂分为Ⅰ～Ⅶ类，中、粗砂各分为松散、中密、紧密三类。详见现行概算定额附录4土、砂分级表。水力冲挖机组的土类划分为Ⅰ～Ⅳ类，详见现行概算定额附录4中的水力冲挖机组土类划分表。

(3) 绞吸式挖泥船、链斗式挖泥船及吹泥船均按名义生产率划分船型，抓斗式挖泥船按斗容划分船型。

(4) 定额中的人工是指从事辅助工作的用工，如对排泥管线的巡视、检修、维护等。不包括绞吸式挖泥船及吹泥船岸管的安装、拆移及各排泥场（区）的围堰填筑和维护用工。

(5) 绞吸式挖泥船的排泥管线长度是指自挖泥（砂）区中心至排泥（砂）区中心，浮筒管、潜管、岸管各管线长度之和。如所需排泥管线长度介于两定额子目之间时，应按“插入法”计算。

（6）在选用定额时，首先要认真阅读《定额》中该章说明及各节“注”中的系数及要求，再根据采用的施工方法、名义生产率（或斗容）、土（砂）级别正确选用定额子目。

### 5.9.2　其他工程项目划分和定额选用

1. 概述

其他工程项目主要包括围堰、公路、铁道等临时工程，以及塑料薄膜、土工布、土工膜、复合柔毡铺设、人工铺草皮等。

近年来，土工合成材料在水利工程中的反滤、排水和防渗中得到了广泛应用，土工复合材料是由两种或两种以上土工合成制品经复合或组合而成的材料。如土工膜与土工织物经加热滚压而成为各种复合土工膜。

（1）利用土工合成材料建造反滤层和排水体。在水利工程中可采用的部位有：土石坝斜墙、心墙上、下游侧的过渡层，坝体内竖式排水体，堤坝下游排水体，堤坝坡过滤层，铺盖下排水、排气层，岸墙、岸墩后排水体，水闸底板分缝和出流处保护体，排水管、减压井、农用井外包体等。作为反滤材料的土工织物应满足保土性、透水性、和防堵性要求。

土工织物反滤层和排水体施工工序为：平整碾压场地、织物备料、铺设、回填和表面防护。平整碾压场地应清除地面一切可能损伤土工织物的带尖棱硬物，填平坑凹，平整土面或修好坡面。

（2）利用土工合成材料进行防渗。用于防渗的土工合成材料主要有土工膜及复合土工膜。用于土石堤、坝防渗的土工膜厚度不应小于0.5mm，对于重要工程应适当加厚。防渗土工膜应在上面设防护层、上垫层，在其下面设下垫层。

在水利水电工程中，可考虑采用土工膜防渗的部位有：堤、坝心墙或斜墙，堤、坝水平铺盖，堤、坝地基垂直防渗墙，土坝加高，堆石坝、面板坝、砌石坝、碾压混凝土坝的上游面防渗，渠道及水库防渗衬砌，水工隧洞防渗等。

土工膜防渗施工的基本工序为：准备工作、铺设、拼接、质量检验和回填。土工膜在库底、池底铺设时，应借助拖拉机或人工进行滚放；在坡面上铺设时，应将卷材装在卷扬机上，自坡顶徐徐展放至坡底；坡顶、坡底处应埋入固定沟。

2. 使用定额注意事项

（1）塑料薄膜、土工膜、复合柔毡、土工布等定额仅指这些防渗（反滤）材料本身的铺设，不包括上面的保护层和下面的垫层砌筑。其定额计量单位是指设计有效防渗面积。

（2）临时工程定额中的材料数量均为备料量，未考虑周转回收。周转及回收量可按该临时工程使用时间参照表5.47所列材料使用寿命及残值进行计算。

表5.47　　临时工程材料使用寿命及残值表

| 材料名称 | 使用寿命 | 残值（%） | 材料名称 | 使用寿命 | 残值（%） |
|---|---|---|---|---|---|
| 钢板桩 | 6年 | 5 | 钢管（脚手架用） | 10年 | 10 |
| 钢轨 | 12年 | 10 | 阀门 | 10年 | 5 |
| 钢丝绳（吊桥用） | 10年 | 5 | 卡扣件（脚手架用） | 50次 | 10 |
| 钢管（风水管道用） | 8年 | 10 | 导线 | 10年 | 10 |

### 5.9.3 疏浚工程和其他工程概算单价实例分析

**【工程实例分析5-10】**

1. 项目背景

华东地区淮河河道某段清淤疏浚工程，采用绞吸式挖泥船进行施工，挖泥船的名义生产率为200m³/h，河底土质为Ⅲ类可塑壤土，挖深为6m，排泥管线长度为400m。已知基本资料如下：

(1) 人工预算单价：中级工3.87元/工时，初级工2.11元/工时。

(2) 材料预算单价：柴油4.5元/kg。

(3) 机械台时费：挖泥船（200m³/h）857.61元/艘时，浮筒管（Φ400×7500mm）1.02元/组时，岸管（Φ400×6000mm）0.53元/根时，拖轮（176kW）222.89元/艘时，锚艇（88kW）124.17元/艘时，机艇（88kW）127.04元/艘时。

2. 工作任务

计算该河道疏浚工程概算单价。

3. 分析与解答

第一步：确定取费费率。根据工程性质取：其他直接费率2.5%，现场经费率5%，间接费费率5%，企业利润率7%，税金率3.22%。

第二步：确定选用定额子目。根据工程性质、挖泥船的名义生产率（200m³/h）、土质类别及排泥管线长度，决定选用概算定额第8-1节80205子目，定额见表5.48。

第三步：计算疏浚工程概算单价。把已知的人工预算单价、机械台时费及定额80205子目中的各项数据填入表5.49中，计算过程见表5.49，疏浚工程概算单价结果为：6.01元/m³（水下自然方）。

**表5.48　　绞吸式挖泥船（200m³/h，Ⅲ类土）**

工作内容：固定船位，挖、排泥（砂），移浮筒管，施工区内作业面移位，配套船舶定位、行驶等及其他辅助工作

单位：1000m³

| 项目 | 单位 | （Ⅲ类土）排泥管线长度（km） | | | | | | | |
|---|---|---|---|---|---|---|---|---|---|
| | | ≤0.5 | 0.6 | 0.7 | 0.8 | 0.9 | 1.0 | 1.1 | 1.3 |
| 工长 | 工时 | | | | | | | | |
| 高级工 | 工时 | | | | | | | | |
| 中级工 | 工时 | 31.1 | 32.6 | 34.1 | 36.0 | 37.9 | 40.1 | 42.5 | 48.8 |
| 初级工 | 工时 | 46.6 | 48.9 | 51.3 | 54.0 | 56.8 | 60.1 | 63.8 | 73.1 |
| 合计 | 工时 | 77.7 | 81.5 | 85.4 | 90.0 | 94.7 | 100.2 | 106.3 | 121.9 |
| 挖泥船200m³/h | 艘时 | 44.11 | 46.32 | 48.53 | 51.17 | 53.82 | 56.90 | 60.43 | 69.26 |
| 浮筒管Φ400×7500mm | 组时 | 1176 | 1235 | 1294 | 1365 | 1435 | 1518 | 1612 | 1847 |
| 岸管Φ400×6000mm | 根时 | 2205 | 3088 | 4044 | 5117 | 6279 | 7586 | 9065 | 12697 |
| 拖轮176kW | 艘时 | 11.03 | 11.58 | 12.13 | 12.79 | 13.46 | 14.23 | 15.10 | 17.31 |
| 锚艇88kW | 艘时 | 13.23 | 13.89 | 14.56 | 15.35 | 16.14 | 17.07 | 18.13 | 20.77 |
| 机艇88kW | 艘时 | 14.55 | 15.29 | 16.01 | 16.89 | 17.76 | 18.77 | 19.94 | 22.85 |
| 其他机械费 | % | 4 | 4 | 4 | 4 | 4 | 4 | 4 | 4 |
| 编号 | | 80205 | 80206 | 80207 | 80208 | 80209 | 80210 | 80211 | 80212 |

**注** 1. 基本排高6m，每增（减）1m，定额乘（除）以1.015。

2. 最大挖深10m；基本挖深6m，每增1m，定额增加系数0.03。

**表 5.49　　建筑工程单价表**

定额编号：80205　　疏　浚　工　程　　定额单位：10000m³（水下自然方）

工作内容：固定船位，挖、排泥（砂），移浮筒管，配套船舶定位、行驶及其他辅助工作

| 序　号 | 名称及规格 | 单　位 | 数　量 | 单价（元） | 合计（元） |
|---|---|---|---|---|---|
| 一 | 直接工程费 | | | | 51827.47 |
| （一） | 直接费 | | | | 48211.60 |
| 1 | 人工费 | | | | 218.69 |
| | 中级工 | 工时 | 31.10 | 3.87 | 120.36 |
| | 初级工 | 工时 | 46.60 | 2.11 | 98.33 |
| 2 | 机械使用费 | | | | 47992.91 |
| | 挖泥船 $200m^3/h$ | 艘时 | 44.11 | 857.61 | 37829.18 |
| | 浮筒管 $\Phi400\times7500$mm | 组时 | 1176 | 1.02 | 1199.52 |
| | 岸管 $\Phi400\times6000$mm | 根时 | 2205 | 0.53 | 1168.65 |
| | 拖轮 176kW | 艘时 | 11.03 | 222.89 | 2458.48 |
| | 锚艇 88kW | 艘时 | 13.23 | 124.17 | 1642.77 |
| | 机艇 88kW | 艘时 | 14.55 | 127.04 | 1848.43 |
| | 其他机械费 | % | 4 | 46147.03 | 1845.88 |
| （二） | 其他直接费 | % | 2.5 | 48211.60 | 1205.29 |
| （三） | 现场经费 | % | 5 | 48211.60 | 2410.58 |
| 二 | 间接费 | % | 5 | 51827.47 | 2591.37 |
| 三 | 企业利润 | % | 7 | 54418.84 | 3809.32 |
| 四 | 税金 | % | 3.22 | 58228.16 | 1874.95 |
| 五 | 单价合计 | | | | 60103.11 |

**【工程实例分析 5-11】**

1. 项目背景

某土坝位于华东地区，其坝面反滤层采用土工布铺设，坝面边坡为 1：2.5。已知基本资料为：①人工预算单价：工长 7.11 元/工时，中级工 5.62 元/工时，初级工 3.04 元/工时。②材料预算价格：土工布 3.50 元/$m^2$。

2. 工作任务

计算该工程土工布铺设概算单价。

3. 分析与解答

第一步：根据工程性质确定取费费率，因该工程属枢纽工程中的其他工程，故取其他直接费率 2.5%，现场经费率 7%，间接费费率 7%，企业利润率 7%，税金率 3.22%。

第二步：根据工程特点选用概算定额第 9-14 节 90069 子目，定额见表 5.50。

第三步：计算概算单价。计算过程见表 5.51，结果为：5.65 元/$m^2$（有效防渗面积）。

表 5.50 土工布铺设

使用范围：土石坝、围堰的反滤层

工作内容：场内运输、铺设、接缝（针缝） 单位：100m²

| 项 目 | 单 位 | 平 铺 | 斜铺边坡 | | |
|---|---|---|---|---|---|
| | | | 1∶2.5 | 1∶2.0 | 1∶1.5 |
| 工长 | 工时 | 1 | 1 | 1 | 1 |
| 高级工 | 工时 | | | | |
| 中级工 | 工时 | 2 | 2 | 3 | 3 |
| 初级工 | 工时 | 10 | 12 | 12 | 14 |
| 合计 | 工时 | 13 | 15 | 16 | 18 |
| 土工布 | m² | 107 | 107 | 107 | 107 |
| 其他材料费 | % | 2 | 2 | 2 | 2 |
| 编 号 | | 90068 | 90069 | 90070 | 90071 |

表 5.51 建筑工程单价表

定额编号：90069 土工布铺设 定额单位：100m²

工作内容：场内运输、铺设、接缝（针缝）

| 序 号 | 名称及规格 | 单 位 | 数 量 | 单价（元） | 合计（元） |
|---|---|---|---|---|---|
| 一 | 直接工程费 | | | | 478.32 |
| （一） | 直接费 | | | | 436.82 |
| 1 | 人工费 | | | | 54.83 |
| | 工长 | 工时 | 1 | 7.11 | 7.11 |
| | 中级工 | 工时 | 2 | 5.62 | 11.24 |
| | 初级工 | 工时 | 12 | 3.04 | 36.48 |
| 2 | 材料费 | | | | 381.99 |
| | 土工布 | m² | 107 | 3.50 | 374.50 |
| | 其他材料费 | % | 2 | 374.50 | 7.49 |
| （二） | 其他直接费 | % | 2.5 | 436.82 | 10.92 |
| （三） | 现场经费 | % | 7 | 436.82 | 30.58 |
| 二 | 间接费 | % | 7 | 478.32 | 33.48 |
| 三 | 企业利润 | % | 7 | 511.80 | 35.83 |
| 四 | 税金 | % | 3.22 | 547.63 | 17.63 |
| 五 | 单价合计 | | | | 565.26 |

# 学习单元 5.10 建筑工程概算编制

## 5.10.1 建筑工程投资计算方法

水利水电建设项目概算中的第一部分建筑工程和第四部分临时工程中均有建筑工程。根据我国现行的概算制度规定，计算工程投资的方法有：单价法（工程量乘单价法），指

标法（工程量乘指标法）、公式法、百分率法。

1. 单价法

单价法即工程量乘以单价的方法。工程单价是指完成三级项目（如土方开挖、混凝土浇筑、钢筋、帷幕灌浆等）单位工程量所需直接工程费、间接费、企业利润、税金的价值。直接费中的人工、材料、机械费金额，需逐项按定额规定的数量分别乘以相应的预算价格求得。工程单价用单价表的格式计算。

$$某三级项目的投资=工程量\times工程单价 \tag{5-19}$$

2. 指标法

指标法即工程量乘以指标的方法。指标是指完成某单位项目（一般为二级项目，如1km公路、1$m^2$房屋等）所需的直接工程费、间接费、企业利润、税金的价值。指标一般不需逐项计算人工、材料、机械费金额，而是参照有关资料分析后确定。

例如：某工程的对外公路为四级公路，全长5km，修建工程费每公里的投资为10万元，则该公路的投资为

$$10万元/km\times5km=50万元$$

3. 公式法或百分率法

水利工程建设项目概算第四部分第四项“办公生活及文化福利建筑”应按规定的公式计算其投资。

概算第四部分第六项“其他大型临时工程”应采用以第一至第四部分建安工作量（不包括其他大型临时工程）为基数，乘以规定的百分率的方法计算其金额。

上述四种方法的使用原则是：主体工程及临时工程中的导流工程应采用工程量乘单价法，以保证概算的精确度；次要项目可用工程量乘指标法计算；属于包干使用的项目可以用公式法或百分率法计算。

## 5.10.2 工程量的计算

工程概算是以工程量乘工程单价来计算的，因此工程量是编制工程概算的基本要素之一，它是以物理计量单位或自然计算单位表示的各项工程和结构构件的数量。其计算单位一般是以公制度量单位如长度（m）、面积（$m^2$）、体积（$m^3$）、重量（kg）等，以及以自然单位如“个”、“台”、“套”等表示。工程量计算准确与否，是衡量设计概算质量好坏的重要标志之一，所以概算人员除应具有本专业的知识外，还应当具有一定的水工、施工、机电、金属结构等专业知识，掌握工程量计算的基本要求、计算方法和计算规则。按照概算编制有关规定，正确处理各类工程量。在编制概算时，概算人员应认真查阅主要设计图纸，对各专业提供的设计工程量逐次核对，凡不符合概算编制要求的应及时向设计人员提出修正，切忌不能照抄使用，力求准确可靠。

### 5.10.2.1 工程量计算的基本原则

1. 工程项目的设置

工程项目的设置必须与概算定额子目划分相适应。如：土石方开挖工程应按不同土壤、岩石类别分别列项；土石方填筑应按土方、堆石料、反滤层、垫层料等分列。再如钻孔灌浆工程，一般概算定额将钻孔、灌浆单列，因此，在计算工程量时，钻孔、灌浆也应分开计算。

2. 计量单位

工程量的计量单位要与定额子目的单位一致。有的工程项目的工程量可以用不同的计量单位表示，如喷混凝土，可以用“$m^2$”表示，也可以用“$m^3$”表示；混凝土防渗可以用阻水面积（$m^2$），也可以用进尺（m）和混凝土浇筑方量（$m^3$）来表示。因此，设计提供的工程量单位要与选用的定额单位相一致，否则应按有关规定进行换算，使其一致。

3. 工程量计算

（1）设计工程量。设计工程量是指在不同设计阶段编制概预算的工程量，就是按照建筑物和工程的设计几何轮廓尺寸计算的图纸工程量乘以设计工程量阶段系数而计算出的数量。大中型水利水电工程项目建议书、可行性研究和初步设计阶段的设计工程量计算按照现行《水利水电工程设计工程量计算规定》(SL 328—2005）执行，小型工程可参照执行。项目建议书、可行性研究和初步设计阶段的系数见表5.52，招标设计和施工图设计阶段的系数可参照初步设计阶段的系数并适当缩小，一般情况下，施工图设计阶段系数可取1.00，即设计工程量就是图纸工程量。

（2）施工超挖、超填量及施工附加量。在水利水电工程施工中一般不允许欠挖，为保证建筑物的设计尺寸，施工中允许一定的超挖量；而施工附加量系指为完成本项工程而必须增加的工程量，如土方工程中的取土坑、实验坑、隧洞工程中的为满足交通、放炮要求而设置的内错车道、避炮洞以及下部扩挖所需增加的工程量；施工超填量是指由于施工超挖及施工附加相应增加的回填工程量。现行概算定额已按有关施工规范计入合理的超挖量、超填量和施工附加量，故采用概算定额编制概（估）算时，工程量不应计算这三项工程量。预算定额中均未计入这三项工程量，因此，采用预算定额编制概（估）算单价时，其开挖工程和填筑工程的工程量应按开挖设计断面和有关施工技术规范所规定的加宽及增放坡度计算。

表5.52　水利水电工程设计工程量阶段系数表

| 类　别 | 设计阶段 | 土石方开挖工程量（万 $m^3$） | | | | 混凝土工程量（万 $m^3$） | | | |
|---|---|---|---|---|---|---|---|---|---|
| | | ＞500 | 200～500 | 50～200 | ＜50 | ＞300 | 100～300 | 50～100 | ＜50 |
| 永久工程或建筑物 | 项目建议书 | 1.03～1.05 | 1.05～1.07 | 1.07～1.09 | 1.09～1.11 | 1.03～1.05 | 1.05～1.07 | 1.07～1.09 | 1.09～1.11 |
| | 可行性研究 | 1.02～1.03 | 1.03～1.04 | 1.04～1.06 | 1.06～1.08 | 1.02～1.03 | 1.03～1.04 | 1.04～1.06 | 1.06～1.08 |
| | 初步设计 | 1.01～1.02 | 1.02～1.03 | 1.03～1.04 | 1.04～1.05 | 1.01～1.02 | 1.02～1.03 | 1.03～1.04 | 1.04～1.05 |
| 施工临时工程 | 项目建议书 | 1.05～1.07 | 1.07～1.10 | 1.10～1.12 | 1.12～1.15 | 1.05～1.07 | 1.07～1.10 | 1.10～1.12 | 1.12～1.15 |
| | 可行性研究 | 1.04～1.06 | 1.06～1.08 | 1.08～1.10 | 1.10～1.13 | 1.04～1.06 | 1.06～1.08 | 1.08～1.10 | 1.10～1.13 |
| | 初步设计 | 1.02～1.04 | 1.04～1.06 | 1.06～1.08 | 1.08～1.10 | 1.02～1.04 | 1.04～1.06 | 1.06～1.08 | 1.08～1.10 |
| 金属结构工程 | 项目建议书 | | | | | | | | |
| | 可行性研究 | | | | | | | | |
| | 初步设计 | | | | | | | | |

续表

| 类别 | 设计阶段 | 土石方填筑、砌石工程量（万 $m^3$） | | | | 钢筋 | 钢材 | 模板 | 灌浆 |
|---|---|---|---|---|---|---|---|---|---|
| | | >500 | 200～500 | 50～200 | <50 | | | | |
| 永久工程或建筑物 | 项目建议书 | 1.03～1.05 | 1.05～1.07 | 1.07～1.09 | 1.09～1.11 | 1.08 | 1.06 | 1.11 | 1.16 |
| | 可行性研究 | 1.02～1.03 | 1.03～1.04 | 1.04～1.06 | 1.06～1.08 | 1.06 | 1.05 | 1.08 | 1.15 |
| | 初步设计 | 1.01～1.02 | 1.02～1.03 | 1.03～1.04 | 1.04～1.05 | 1.03 | 1.03 | 1.05 | 1.10 |
| 施工临时工程 | 项目建议书 | 1.05～1.07 | 1.07～1.10 | 1.10～1.12 | 1.12～1.15 | 1.10 | 1.10 | 1.12 | 1.18 |
| | 可行性研究 | 1.04～1.06 | 1.06～1.08 | 1.08～1.10 | 1.10～1.13 | 1.08 | 1.08 | 1.09 | 1.17 |
| | 初步设计 | 1.02～1.04 | 1.04～1.06 | 1.06～1.08 | 1.08～1.10 | 1.05 | 1.05 | 1.06 | 1.12 |
| 金属结构工程 | 项目建议书 | | | | | | 1.17 | | |
| | 可行性研究 | | | | | | 1.15 | | |
| | 初步设计 | | | | | | 1.10 | | |

**注** 1. 若采用混凝土立模面系数乘以混凝土工程量计算模板工程量时，不应再考虑模板阶段系数。

2. 若采用混凝土含钢率或含钢量乘以混凝土工程量计算钢筋工程量时，不应再考虑钢筋阶段系数。

3. 截流工程的工程量阶段系数可取 1.25～1.35。

4. 表中工程量系工程总工程量。

（3）施工损耗量。施工损耗量包括运输及操作损耗，体积变化损耗及其他损耗。运输及操作损耗量指土石方、混凝土在运输及操作过程中的损耗。体积变化损耗量指土石方填筑工程中的施工期沉陷而增加的数量，混凝土体积收缩而增加的工程数量等。其他损耗量：包括土石方填筑工程施工中的削坡，雨后清理损失数量，钻孔灌浆工程中混凝土灌注桩桩头的浇筑凿除及混凝土防渗墙一、二期接头重复造孔和混凝土浇筑等增加的工程量。

现行概算定额对这几项损耗已按有关规定计入相应定额之中，而预算定额额未包括混凝土防渗墙接头处理所增加的工程量，因此，采用不同的定额编制工程单价时应仔细阅读有关定额说明，以免漏算或重算。

**5.10.2.2** 永久工程建筑工程量计算

*1. 土石方工程量计算*

土石方开挖工程量，应根据设计开挖图纸，按不同土壤和岩石类别分别进行计算，石方开挖工程应将明挖、槽挖、水下开挖、平洞、斜井和竖井开挖等分别计算。

土石方填筑工程量，应根据建筑物设计断面中的不同部位及其不同填筑材料的设计要求分别进行计算，其沉陷量应包括在内，以建筑物实体方计量。

*2. 砌石工程量计算*

砌石工程量应按建筑物设计图纸的几何轮廓尺寸，以“建筑成品方”计算。砌石工程量应将干砌石和浆砌石分开。干砌石应按干砌卵石、干砌块石，同时还应按建筑物或构筑物的不同部位及型式，如护坡（平面、曲面）、护底、基础、挡土墙、桥墩等分别计列；浆砌石按浆砌块石、卵石、条料石，同时尚应按不同的建筑物（浆砌石拱圈明渠、隧洞、重力坝）及不同的结构部位分项计列。

3. 混凝土及钢筋混凝土工程量计算

混凝土及钢筋混凝土工程量的计算应根据建筑物的不同部位及混凝土的设计强度等级分别计算。

钢筋及埋件、设备基础螺栓孔洞工程量应按设计图纸所示的尺寸并按定额计量单位计算，例如大坝的廊道、钢管道、通风井、船闸侧墙的输水道等，应扣除孔洞所占体积。

计算地下工程（如隧洞、竖井、地下厂房等）混凝土的衬砌工程量时，若采用水利建筑工程概算定额，应以设计断面的尺寸为准；若采用预算定额，计算衬砌工程量时应包括设计衬砌厚度加允许超挖部分的工程，但不包括允许超挖范围以外增加超挖所充填的混凝土量。

4. 钻孔灌浆工程量

钻孔工程量按实际钻孔深度计算，计量单位为m。计算钻孔工程量时，应按不同岩石类别分项计算，混凝土钻孔一般按Ⅹ类岩石级别计算。

灌浆工程量从基岩面起计算，计算单位为m或$m^2$。计算工程量时，应按不同岩层的不同单位吸水率或单位干料耗量分别计算。

隧洞回填灌浆，其工程量计算范围一般在顶拱中心角90°～120°范围内的拱背面积计算，高压管道回填灌浆按钢管外径面积计算工程量。

混凝土防渗墙工程量。若采用概算定额，按设计的阻水面积计算其工程量，计量单位为$m^2$。

5. 模板工程量计算

在编制概（预）算时，模板工程量应根据设计图纸及混凝土浇筑分缝图计算。在初步设计之前没有详细图纸时，可参考现行概算定额附录9《水利工程混凝土建筑物立模面系数参考表》的数据进行估算，即：模板工程量＝相应工程部位混凝土概算工程量×相应的立模面系数（$m^2$）。立模面系数是指每单位混凝土（$100m^3$）所需的立模面积（$m^2$）。立模面系数与混凝土的体积、形状有关，也就是与建筑物的类型和混凝土的工程部位有关。

6. 土工合成材料工程量计算

土工合成材料工程量宜按设计铺设面积或长度计算，不应计入材料搭接及各种型式嵌固的用量。

**5.10.2.3** 施工临时工程建筑工程量计算

（1）施工导流工程工程量计算要求与永久水工建筑物计算要求相同，其中永久与临时结合的部分应计入永久工程量中，阶段系数按施工临时工程计取。

（2）施工支洞工程量应按永久水工建筑物工程量计算要求计算，阶段系数按施工临时工程计取。

（3）大型施工设施及施工机械布置所需土建工程量，按永久建筑物的要求计算工程量，阶段系数按施工临时工程计取。

（4）施工临时公路的工程量可根据相应设计阶段施工总平面布置图或设计提出的运输线路分等级计算公路长度或具体工程量。

（5）施工供电线路工程量可按设计的线路走向、电压等级和回路数计算。

### 5.10.3 建筑工程概算编制

建筑工程概算包括枢纽工程和引水工程及河道工程两部分，构成水利工程基本建设工程项目划分的第一部分（即建筑工程），是工程总投资的主要组成部分。工程竣工之后构成水利水电工程管理单位的固定资产。编制建筑工程概算前，首先应按《工程项目划分》对工程项目进行划分，按主体建筑工程、交通工程、房屋建筑工程、供电线路工程、其他建筑工程分别采用不同的方法进行编制。

#### 5.10.3.1 主体建筑工程概算的编制

1. 主体建筑工程概算编制方法

主体建筑工程概算采用单价法计算，即采用工程量乘以工程单价进行编制。

在按照《工程项目划分》原则对工程项目进行划分时，有些项目在编制工程概算时可根据需要再划分为第四级、甚至第五级项目。

对于单个建筑物工程，项目划分中的二级项目可视为一级项目计列。具体工程项目划分可根据工程的具体特点，参照《水利工程设计概（估）算编制规定》中规定的项目划分内容作必要的增删调整，并应与相应概算定额子目要求一致，力求简单明了，符合实际。

2. 主体建筑工程概算表格的填写与计算

建筑工程概算表格采用《水利工程设计概（估）算编制规定》中的格式，见表5.53。

表 5.53 建筑工程概算表

| 序号 | 工程或费用名称 | 单位 | 数量 | 单价（元） | 合计（元） |
|---|---|---|---|---|---|
| 1 | 2 | 3 | 4 | 5 | 6 |
| 一 | 第一部分建筑工程 | | | | √ |
| 1 | 拦河混凝土坝工程 | | | | √ |
| (1) | 土方开挖 | $m^3$ | √ | √ | √ |
| (2) | 砂砾石开挖 | $m^3$ | √ | √ | √ |
| (3) | 左坝头石方开挖 | $m^3$ | √ | √ | √ |
| (4) | 基础石方开挖 | $m^3$ | √ | √ | √ |
| (5) | 灌浆隧洞石方开挖 | $m^3$ | √ | √ | √ |
| (6) | 混凝土 | $m^3$ | √ | √ | √ |
| (7) | 帷幕灌浆 | m | √ | √ | √ |
| (8) | 固结灌浆 | m | √ | √ | √ |
| (9) | 接触灌浆 | $m^2$ | √ | √ | √ |
| (10) | 钢筋 | t | √ | √ | √ |
| (11) | 温控措施 | $m^3$混凝土 | √ | √ | √ |
| (12) | 内外部观测工程 | 项 | √ | √ | √ |
| (13) | …… | | | | |
| | …… | | | | |
| 四 | 发电厂房工程 | | | | |
| 1 | 地面厂房工程 | | | | |
| (1) | …… | √ | √ | √ | √ |

概算表5.53中第二栏“工程或费用名称”，在填写时要按照工程项目划分至三级或四级项目，甚至五级，以能说清楚为止；既要防止遗漏了工程项目，又要防止同一工程量在不同项目中重复计算投资。“数量”栏中填写根据工程量计算规则计算出的工程量；“单价”栏中填入对应项目的概算单价。计算时首先从最末一级即五级或四级项目开始，采用工程量乘单价的办法计算合计投资，合计以“元”为单位，然后向上逐级合并汇总，即得主体建筑工程概算投资。

3. 细部结构工程

细部结构工程概算采用指标法的形式计算。在项目划分中，它与上述主体工程项目中的三级项目并列构成主体建筑工程概算项目内容（三级项目）。

（1）细部结构工程项目包括的主要内容。细部结构工程内容主要包括：止水、伸缩缝、接缝灌浆、灌浆管、冷却水管、灌浆及排水廊道模板、排水管、排水沟、排水井、减压井、渗水处理、通气管、消防、栏杆、坝顶、路面、照明、爬梯、建筑装修及其他细部结构等。

（2）综合指标的采用。在初步设计阶段，由于设计深度所限，不可能对上述繁多的细部结构项目提出具体的工程数量，在编制概算时，大多按建筑物本体的工程量乘综合指标来计算。细部结构指标参考表5.54《水工建筑工程细部结构指标表》使用。

**表5.54　水工建筑工程细部结构指标表**

<table>
<tr><td>项目名称</td><td colspan="2">混凝土重力坝、重力拱坝、宽缝重力坝、支墩坝</td><td>混凝土双曲拱坝</td><td>土坝、堆石坝</td><td>水　闸</td><td>冲砂闸泄洪闸</td></tr>
<tr><td>单位</td><td colspan="2">元/m³<br>（坝体方）</td><td>元/m³<br>（坝体方）</td><td>元/m³<br>（坝体方）</td><td>元/m³<br>（混凝土）</td><td>元/m³<br>（混凝土）</td></tr>
<tr><td>综合指标</td><td colspan="2">11.9</td><td>12.6</td><td>0.84</td><td>35</td><td>30.8</td></tr>
<tr><td>项目名称</td><td colspan="2">进水口、进水塔</td><td>溢洪道</td><td>隧洞</td><td>竖井、调压井</td><td>高压管道</td></tr>
<tr><td>单位</td><td colspan="2">元/m³<br>（混凝土）</td><td>元/m³<br>（混凝土）</td><td>元/m³<br>（混凝土）</td><td>元/m³<br>（混凝土）</td><td>元/m³<br>（混凝土）</td></tr>
<tr><td>综合指标</td><td colspan="2">14</td><td>13.3</td><td>11.2</td><td>14</td><td>3.0</td></tr>
<tr><td>项目名称</td><td>地面厂房</td><td>地下厂房</td><td>地面升压变电站</td><td>地下升压变电站</td><td>船闸</td><td>明渠（衬砌）</td></tr>
<tr><td>单位</td><td>元/m³<br>（混凝土）</td><td>元/m³<br>（混凝土）</td><td>元/m³<br>（混凝土）</td><td>元/m³<br>（混凝土）</td><td>元/m³<br>（混凝土）</td><td>元/m³<br>（混凝土）</td></tr>
<tr><td>综合指标</td><td>27.3</td><td>42</td><td>24.5</td><td>15.4</td><td>21.7</td><td>6.2</td></tr>
</table>

（3）细部结构工程项目概算的编制。按照单个建筑物的本体工程量乘以综合指标来计算。其本体工程量对坝体工程而言指坝体方量，对水闸、溢洪道、进水塔、隧洞厂房、变电站、船闸等工程指混凝土的总方量。

**5.10.3.2　交通工程**

系指水利水电工程的永久对外公路、铁路、桥梁、码头等工程，其主要工程投资应按设计提供的工程量乘以相应单价计算，也可根据工程所在地区造价指标或有关实际资料，采用扩大单位指标计算。

**5.10.3.3　房屋建筑工程**

（1）水利工程的永久房屋建筑面积，用于生产和管理的部分，由设计单位按有关规

定，结合工程规模确定；用于生活文化福利建筑工程的部分，在考虑国家现行房改政策的情况下，按主体建筑工程投资的百分率计算，具体见表5.55。

表5.55　生活、文化福利房屋建筑工程概算取费标准

| 工程分类 | 费率（%） | | |
|---|---|---|---|
| 枢纽工程 | 投资≤5亿元 | 10亿元≥投资>5亿元 | 投资>10亿元 |
| | 1.5～2.0 | 1.1～1.5 | 0.8～1.1 |
| 引水及河道工程 | 0.5～0.8 | | |

注　在每档中，投资小或工程位置偏远者取大值；反之，取小值。

（2）室外工程投资，一般按房屋建筑工程投资的10%～15%计算。

### 5.10.3.4　供电线路工程

根据设计的电压等级、线路架设长度及所需配备的变配电设施要求，采用工程所在地区造价指标或有关实际资料计算。

### 5.10.3.5　其他建筑工程

1. 内外部观测工程概算

内外部观测工程指埋设在建筑物内部及固定于建筑物表面的观测设备仪器及安装等，主要包括变形观测、渗流观测、渗压观测等。内外部观测设备及安装按建筑工程属性处理，列入相应的建筑工程项目内。

内外部观测工程投资应按设计资料计算，如无设计资料时，可根据坝型或其他工程型式，按照主体建筑工程投资的百分率来计算。工程以及地质条件复杂的，取大值或中值，反之取小值。费率标准见表5.56。

表5.56　内外部观测工程概算取费标准

| 工程分类 | 当地材料坝 | 混凝土坝 | 引水式电站（引水建筑物） | 堤防工程 |
|---|---|---|---|---|
| 费率（%） | 0.9～1.1 | 1.1～1.3 | 1.1～1.3 | 0.2～0.3 |

2. 厂坝区动力线路、照明线路、通信线路工程

厂坝区动力线路工程指从发电厂至各生产用电点的架空动力线路。电厂至各用电点的动力电缆应列入第二部分机电设备安装工程的电缆安装项内。厂坝区照明线路及设施工程指厂坝区照明线路及其设施（户外变电站的照明也包括在本项内）。不包括应分别列入拦河坝、溢洪道、引水系统、船闸等水工建筑物其他工程项目内的照明设施。通信线路工程包括对内、对外的架空线路和户外通信电缆工程（户内通信电缆包括在第二部分通信设备安装工程内）及枢纽至本电钻（或水库）所属的水文站、气象站的专用通信线路工程等。

动力线路、照明线路、通信线路等工程投资应按设计工程量乘以单价或采用扩大单位指标进行编制。

3. 其余各项按设计要求分析计算

# 学习单元5.11　工　料　分　析

## 5.11.1　工料分析认知

工料分析就是对工程建设项目所需的人工及主要材料数量进行分析计算，进而统计出单位工程及分部分项工程所需的人工数量和主要材料用量。主要材料一般包括钢筋、钢材、木材、水泥、汽油、柴油、炸药、粉煤灰、沥青等，主要材料的品种应根据工程的具体特点进行取舍。

进行工料分析的主要目的是为施工企业调配劳动力、做好备料及组织材料供应、合理安排施工及进行工程成本核算提供依据。工料分析是工程概算的一项基本内容，也是施工组织设计中安排施工进度的不可缺少的重要工作。

## 5.11.2　工料分析的计算

工料分析计算就是按照概算项目内容中所列的工程数量乘以相应单价中所需的定额人工数量及定额材料用量，计算出每一工程项目所需的工时、材料用量、然后按照概算编制步骤逐级向上合并汇总。工时、材料计算表格见表5.57。

表5.57　　工时、材料计算表

| 序号 | 单价编号 | 工程项目名称 | 名称 | 工程量 | 工时（个） | | 汽油（kg） | | | 柴油（kg） | | | 水泥（kg） | | 木材（$m^3$） | | 钢筋（t） | | …… |
|---|---|---|---|---|---|---|---|---|---|---|---|---|---|---|---|---|---|---|---|
| | | | | | 定额用工 | 合计 | 定额台时用量 | 台时用油 | 合计 | 定额台时用量 | 台时用油 | 合计 | 定额用量 | 合计 | 定额用量 | 合计 | 定额用量 | 合计 | …… |
| | | | | | | | | | | | | | | | | | | | |

计算步骤及填写说明如下：

（1）填写工程项目及工程数量。按照概算项目分级顺序逐项填写表格中的工程项目名称及工程数量，对应填写所采用的单价编号。工程项目的填写范围为枢纽工程（主体建筑物）和施工导流工程。

（2）填写单位定个用工、材料用量。按照各工程项目对应的单价编号，查找该单价所需的单位定额用工数量及单位定额材料用量、单位定额机械台时用量，逐项填写。对于汽油、柴油用量计算，除填写单位定额机械台时用量外，还要填写不同施工机械的台时用油数量（查施工机械台时费定额）。计算单位定额用工数量时要注意，要考虑施工机械的用工数量，不能漏算。

（3）计算工时及材料数量。表5.57中的定额用量是指单位定额用量，工时用量及水泥、钢筋、木材、炸药等材料用量，按照单位定额工时、材料用量分别乘以本项工程数量即得本工程项目工时及材料合计数量；汽油、柴油材料用量，按照单位定额台时用量乘以台时耗油量，再乘以本项工程数量，即得本项汽油、柴油合计用量。

（4）按照上述第三项计算方法逐项计算，然后再逐项向上合并汇总，即得所需计算的

工时、材料用量。

(5) 按照概算表格要求填写主体工程工时数量汇总表及主体工程主要材料用量汇总表。

## 学习情境小结

本学习情境主要讲述了建筑工程概算编制依据和编制步骤，建筑工程概算单价的组成与计算程序，各类建筑工程概算单价编制方法及使用定额的注意事项，工程量的计算以及建筑工程概算的编制方法。

建筑工程概算编制的主要依据是水利部水总［2002］116号文《水利工程设计概（估）算编制规定》、现行的概（预）算定额和水利水电工程设计工程量计算规则。

熟悉工程单价的概念及其组成内容，应熟练掌握建筑工程概算单价的计算程序。在计算各类工程概算单价时，应明确工程的性质、类别及所在地区，这是确定费率标准的前提。

在编制土方工程单价时，应注意定额计量单位的统一，土方开挖、运输、翻晒的定额单位为自然方，土方填筑的定额单位为实方；计算土方填筑综合单价时应将自然方折算成实方。另外，还应注意定额中其他材料费、零星材料费、其他机械费的计算基数。

在编制石方开挖工程单价时，一定要根据施工组织设计确定的施工方法、运输线路、建筑物施工部位的岩石级别和设计开挖断面正确选用定额。因石方运输是石方开挖定额中的一项内容，为避免重复计算，石方运输单价只计算到定额直接费。

在编制砌筑工程单价时，应按不同工程项目、施工部位及施工方法来套用相应定额进行计算。当砂、碎石（砾石）、块石、料石等材料为外购时，若其预算价格超过70元/$m^3$时，只能按70元/$m^3$进入工程单价，超过部分计取税金后列入相应部分之后。

在编制混凝土工程单价时，应重点掌握现浇混凝土单价的编制。现浇混凝土工程单价包括混凝土拌制、运输和浇筑单价，由于混凝土拌制和混凝土运输是混凝土浇筑定额中的一项内容，故混凝土拌制及运输单价只计算到定额直接费。

在编制模板工程单价时，模板制作单价只计算定额直接费；当概算定额中嵌套有“模板”这项内容时，计算“其他材料费”时，其计算基数不包括“模板”本身的价值。

在编制钻孔灌浆工程单价时，其综合工程单价为钻孔工程单价与灌浆工程单价之和。

在计算工程量时，工程项目的设置一定要与概算定额子目划分相适应，工程量的计量单位也要与定额单位一致。计算时既不可漏算工程项目，也不可对某个项目重复计算。

建筑工程概算编制的方法有单价法、指标法、公式法和百分率法。其中，主要方法为单价法，也就是用工程量乘以工程单价来计算工程投资的方法。

## 项目实训与思考

1. 项目背景：某干堤加固整治工程位于华东地区，土堤填筑设计工程量17万$m^3$，施工组织设计为：土料场覆盖层清除（Ⅱ类土）2万$m^3$，用88kW推土机推运30m，清除单价直接费为2.50元/$m^3$，土料开采用2$m^3$挖掘机装Ⅲ类土，12t自卸汽车运6km上堤进行土料填筑，土料压实用74kW推土机推平，8～12t羊足碾压实，设计干密度1.7kN/$m^3$，已知基本资料如下：

(1) 人工预算单价：初级工 3.04 元/工时。

(2) 机械台时费：$2m^3$ 液压挖掘机 215.00 元/台时；59kW、74kW、132kW 推土机台时费各为 59.64 元/台时、87.96 元/台时、155.91 元/台时；12t 自卸汽车 102.53 元/台时；8～12t 羊足碾 2.92 元/台时，74kW 拖拉机 62.78 元/台时，2.8kW 蛙夯机 13.67 元/台时，刨毛机 53.83 元/台时。

工作任务：试计算该工程土堤填筑综合概算单价。

2. 项目背景：某枢纽工程位于华东地区，其一般石方开挖工程采用风钻钻孔爆破施工，$1m^3$ 液压挖掘机装 8t 自卸汽车运 2.5km 弃碴，岩石级别为Ⅺ级。

已知基本资料为：

(1) 人工预算单价：工长 7.11 元/工时，中级工 5.62 元/工时，初级工 3.04 元/工时。

(2) 材料预算价格：合金钻头 55 元/个，炸药 5.0 元/kg，电雷管 1.2 元/个，导电线 0.6 元/m，柴油 4.80 元/kg，电 0.60 元/(kW·h)。

(3) 机械台时费：查水利部［2002］《水利工程施工机械台时费定额》自行计算。

工作任务：试计算石方开挖运输综合单价。

3. 项目背景：某水闸工程位于华东地区，其挡土墙采用 M10 浆砌块石施工，M10 砂浆的配合比为：32.5（R）水泥 305kg，砂 $1.10m^3$，水 $0.183m^3$。所有砂石料均需外购。已知基本资料如下：

(1) 人工预算单价为：工长 4.91 元/工时，中级工 3.87 元/工时，初级工 2.11 元/工时。

(2) 材料预算价格：32.5（R）普通水泥 300 元/t，块石 75 元/$m^3$，砂 45 元/$m^3$，施工用水 0.5 元/$m^3$。

(3) 机械台时费：砂浆搅拌机（$0.4m^3$）19.89 元/台时，胶轮车 0.90 元/台时。

工作任务：试计算浆砌石工程单价。

4. 项目背景：某水电站位于华北地区，其地下厂房混凝土衬砌厚度为 1.0m，厂房宽度为 22m，采用 32.5R 普通水泥，水灰比为 0.44 的 C25 二级配泵用掺外加剂混凝土，用 $2\times1.5m^3$ 混凝土搅拌楼拌制，10t 自卸汽车露天运 500m，洞内运 1000m，转 $30m^3/h$ 混凝土泵入仓浇注。已知基本资料如下：

(1) 人工预算单价：工长 7.11 元/工时，高级工 6.61 元/工时，中级工 5.62 元/工时，初级工 3.04 元/工时。

(2) 材料预算价格：32.5（R）普通水泥 300 元/t，碎石 45 元/$m^3$，粗砂 35 元/$m^3$，外加剂 40 元/kg，水 0.5 元/$m^3$。

(3) 机械台时费：$30m^3/h$ 混凝土泵 91.70 元/台时，1.1kW 振动棒 2.02 元/台时，风水枪 20.94 元/台时，10t 自卸汽车 88.5 元/台时，$2\times1.5m^3$ 搅拌楼 215.91 元/台时，骨料系统 97.9 元/组时，水泥系统 144.4 元/组时。

工作任务：试计算该混凝土浇筑综合工程单价。

5. 项目背景：某引水工程位于华东地区县城以下，其排架单根立柱横断面为 $0.2m^2$，采用 C25 混凝土浇筑。已知基础资料为：

(1) 人工预算单价为：工长 4.91 元/工时，高级工 4.56 元/工时，中级工 3.87 元/工

时，初级工 2.11 元/工时。

(2) 材料预算单价：C25 混凝土材料单价为 215 元/$m^3$。

(3) 机械台时费：振动器（1.1kW）2.14 元/台时，风水枪 22.96 元/台时。

(4) 混凝土的拌制单价：16.78 元/$m^3$，混凝土的运输单价：3.79 元/$m^3$。（注：混凝土的拌制和运输单价已计取过其他直接费、现场经费、间接费、利润和税金，不再计取）。

(5) 所用定额见表 5.58。

表 5.58　拱 排 架

适用范围：渡槽、桥梁　单位：100$m^3$

| 项目 | 单位 | 拱 | | 排架 | | |
|---|---|---|---|---|---|---|
| | | | | 单根立柱横断面面积 | | |
| | | 肋拱 | 板拱 | 0.2 | 0.3 | 0.4 |
| 工长 | 工时 | 26.9 | 19.4 | 25.8 | 22.6 | 20.2 |
| 高级工 | 工时 | 80.6 | 58.2 | 77.5 | 67.9 | 60.7 |
| 中级工 | 工时 | 510.7 | 368.8 | 491.1 | 430.2 | 384.5 |
| 初级工 | 工时 | 277.7 | 200.6 | 267.1 | 234.0 | 209.1 |
| 合计 | 工时 | 895.9 | 647.0 | 861.5 | 754.7 | 674.5 |
| 混凝土 | $m^3$ | 103 | 103 | 105 | 105 | 105 |
| 水 | $m^3$ | 122 | 122 | 187 | 167 | 127 |
| 其他材料费 | % | 3 | 3 | 3 | 3 | 3 |
| 振动器 1.1kW | 台时 | 46.2 | 46.2 | 47.12 | 47.12 | 38.13 |
| 风水枪 | 台时 | 2.10 | 2.10 | 2.14 | 2.14 | 2.14 |
| 其他机械费 | % | 20 | 20 | 20 | 20 | 20 |
| 混凝土的拌制 | $m^3$ | 103 | 103 | 105 | 105 | 105 |
| 混凝土的运输 | $m^3$ | 103 | 103 | 105 | 105 | 105 |
| 编号 | | 40078 | 40079 | 40080 | 40081 | 40082 |

工作任务：试计算该排架混凝土浇筑单价。

6. 项目背景：某枢纽工程位于华东地区，其混凝土墙采用平面木模板立模。已知基本资料如下：

(1) 人工预算单价：工长 7.11 元/工时，高级工 6.61 元/工时，中级工 5.62 元/工时，初级工 3.04 元/工时。

(2) 材料预算价格：锯材 2000.00 元/$m^3$，铁件 6.50 元/kg，预制混凝土柱 320.00 元/$m^3$，电焊条 7.00 元/kg，汽油 4.80 元/kg，电 0.60 元/(kW·h)。

(3) 机械台时费：查水利部［2002］《水利工程施工机械台时费定额》自行计算。

工作任务：试计算模板制作与安装综合工程单价。

7. 项目背景：某挡水建筑物位于华东地区，其基础为土质地基，土质级别为Ⅲ级，基础防渗采用混凝土防渗墙，混凝土防渗墙设计厚度为 30cm，孔深 13.5m。采用液压开槽机开槽。已知基本资料如下：

(1) 人工预算单价：工长 7.11 元/工时，高级工 6.61 元/工时，中级工 5.62 元/工时，初级工 3.04 元/工时。

（2）材料预算价格：枕木2150.00元/$m^3$，钢材6.50元/kg，碱粉4.50元/kg，黏土8.00元/t，胶管3.50元/m，水0.50元/$m^3$，水下混凝土280.00元/$m^3$，钢导管7.00元/kg，橡皮板2.80元/kg，锯材1600元/$m^3$，汽油4.80元/kg，电0.60元/(kW·h)。

（3）机械台时费：查水利部［2002］《水利工程施工机械台时费定额》自行计算。

工作任务：试计算混凝土防渗墙浇筑综合单价。

8. 项目背景：某河道位于华东地区，其堤基加固采用吹填加固的施工方法，吹泥船型号为80$m^3$/h，排泥管线长度为350.0，河底土质为Ⅲ类可塑壤土，已知基本资料如下：

（1）人工预算单价：中级工3.87元/工时，初级工2.11元/工时。

（2）材料预算价格：柴油4.50元/kg。

（3）机械台时费：查水利部［2002］《水利工程施工机械台时费定额》自行计算。

工作任务：试计算其吹填工程单价。

# 学习情境6　设备及安装工程概算编制

**学习目标：**

1. 掌握设备费的组成及计算。
2. 掌握安装工程概算单价的编制方法。
3. 理解设备与工器具和装置性材料的区别。
4. 熟悉设备及安装工程概算表的编制方法。

**学习任务：**

1. 设备费的计算。
2. 安装工程概算单价的编制方法。

设备及安装工程的投资，在水利水电工程的总投资中占有相当大的比重。例如葛洲坝工程设备及安装工程投资占总投资的20%，刘家峡工程为24%。认真编制好设备及安装工程概算是一项十分重要的工作。

## 学习单元6.1　项目划分与概算表格

### 6.1.1　项目划分

设备安装工程包括机电设备及安装工程和金属结构设备及安装工程，分别构成工程总概算的第二部分和第三部分。

机电设备及安装工程：指构成枢纽工程和引水及河道工程的全部机电设备及安装工程。对于枢纽工程，本部分由发电设备及安装工程、升压变电设备及安装工程和公用设备及安装工程三个一级项目组成；对于引水及河道工程，本部分由泵站设备及安装工程、小水电站设备及安装工程、供变电工程和公用设备及安装工程四个一级项目组成。（详见附录一所列项目划分）

金属结构设备及安装工程：指构成枢纽工程和引水及河道工程的全部金属结构设备及安装工程。一级项目应按第一部分建筑工程相应的一级项目分项；二级项目一般包括闸门设备及安装、启闭设备及安装、拦污设备及安装，以及引水工程的钢管制作及安装和航运工程的升船机设备及安装。（详见附录一所列项目划分）

### 6.1.2　概算表格

设备安装工程投资由设备费与安装费构成。编制设备及安装工程概算时，应根据设计图纸和设备清单，按《项目划分》规定，在设备安装工程概算表中，逐级详细列出一至三级项目，其格式如表6.1所示。设备数量与单位的填写与设备和安装工程单价相一致。

表6.1　　设备及安装工程概算表

| 编　号 | 名称及规格 | 单　位 | 数　量 | 单价（元） | | 合计（元） | |
|---|---|---|---|---|---|---|---|
| | | | | 设备费 | 安装费 | 设备费 | 安装费 |
| | | | | | | | |

# 学习单元6.2　设 备 费 计 算

## 6.2.1　设备与工器具和装置性材料的划分

(1) 设备与工器具主要按单项价值划分。凡单项价值500元或500元以上者作为设备，否则作为工器具。

(2) 设备与装置性材料的划分原则如下：

1) 制造厂成套供货范围的部件、备品备件、设备体腔内定量填物（如透平油、变压器油、六氟化硫气等）均作为设备，其价值进入设备费。

透平油的作用是散热、润滑、传递受力，主要用在水轮机、发电机的油槽内，调速器及油压装置内，进水阀本体的操作机构内、油压装置内。

变压器油的作用是散热、绝缘和灭电弧。主要使用在变压器、所有的油浸变压器、油浸电抗器、所有带油的互感器、油断路器、消弧线卷、大型实验变压器内。其油款在设备出厂价内。

2) 不论成套供货，还是现场加工或零星购置的贮气罐、阀门、盘用仪表、机组本体上的梯子、平台和栏杆等均作为设备，不能因供货来源不同而改变设备性质。

3) 如管道和阀门构成设备本体部件时，应作为设备，否则应作为材料。

4) 随设备供应的保护罩、网门等已计人相应设备出厂价格内时，应作为设备，否则应作为材料。

5) 电缆和管道的支吊架、母线、金属、金具、滑触线和架、屏盘的基础型钢、钢轨、石棉板、穿墙隔板、绝缘子、一般用保护网、罩、门、梯子、栏杆、和蓄电池架等，均作为材料。

6) 设备喷锌费用应列入设备费。

## 6.2.2　设备费计算

设备费按设计选型设备的数量和价格进行编制。设备费包括设备原价、运杂费、运输保险费和采购及保管费。

1. 设备原价

(1) 国产设备，以出厂价为原价，非定型和非标准产品（如闸门、拦污栅、压力钢管等）采用与厂家签订的合同价或询价。

(2) 进口设备，以到岸价和进口征收的税金、手续费、商检费及港口费等各项费用之和为原价。到岸价采用与厂家签订的合同价或询价计算，税金和手续费等按规定计算。

(3) 大型机组拆卸分装运至工地后的拼装费用，应包括在设备原价内。

(4) 可行性研究和初步设计阶段，非定型和非标准产品，一般不可能与厂家签订价格合同，设计单位可按向厂家索取的报价资料和当年的价格水平，经认真分析论证后，确定设备价格。

2. 运杂费

运杂费是指设备由厂家运至工地安装现场所发生的一切运杂费用。主要包括运输费、调车费、装卸费、包装绑扎费、大型变压器充氮费以及其他可能发生的杂费。设备运杂费分主要设备运杂费和其他设备运杂费，均按占设备原价的百分率计算，即

$$运杂费=设备原价\times运杂费率 \quad (6-1)$$

(1) 主要设备运杂费率。设备由铁路直达或铁路、公路联运时，分别按里程求得费率后叠加计算；如果设备由公路直达，应按公路里程计算费率后，再加公路直达基本费率。

主要设备运杂费率标准见表6.2。

**表6.2　主要设备运杂费率表** %

| 设备分类 | | 铁路 | | 公路 | | 公路直达基本费率 |
|---|---|---|---|---|---|---|
| | | 基本运距1000km | 每增运500km | 基本运距50km | 每增运10km | |
| 水轮发电机组 | | 2.21 | 0.40 | 1.06 | 0.10 | 1.01 |
| 主阀、桥机 | | 2.99 | 0.70 | 0.85 | 0.18 | 1.33 |
| 主变压器容量 | ≥120000kVA | 3.50 | 0.56 | 2.80 | 0.25 | 1.20 |
| | <20000kVA | 2.97 | 0.56 | 0.92 | 0.10 | 1.20 |

(2) 其他设备运杂费率。工程地点距铁路线近者费率取小值，远者取大值。新疆、西藏两自治区的费率在表6.3中未包括，可视具体情况另行确定。

**表6.3　其他设备运杂费率表** %

| 类别 | 适用地区 | 费率 |
|---|---|---|
| Ⅰ | 北京、天津、上海、江苏、浙江、江西、安徽、湖北、湖南、河南、广东、山西、山东、河北、陕西、辽宁、吉林、黑龙江等省、直辖市 | 4～6 |
| Ⅱ | 甘肃、云南、贵州、广西、四川、重庆、福建、海南、宁夏、内蒙古、青海等省、自治区、直辖市 | 6～8 |

以上运杂费适用于国产设备运杂费，在编制概预算时，可根据设备来源地、运输方式、运输距离等逐项进行分析计算。

(3) 进口设备国内段运杂费率。国产设备运杂费率乘以相应国产设备原价占进口设备原价的比例系数，即为进口设备国内段运杂费率。

3. 运输保险费

运输保险费是指设备在运输过程中的保险费用。国产设备的运输保险费可按工程所在省、自治区、直辖市的规定计算。进口设备的运输保险费按有关规定计算。一般可取0.1%～0.4%。

$$运输保险费=设备原价\times运输保险费率 \quad (6-2)$$

4. 采购及保管费

采购及保管费是指建设单位和施工企业在负责设备的采购、保管过程中发生的各项费用。主要包括以下几个方面。

(1) 采购保管部门工作人员的基本工资、辅助工资、工资附加费、劳动保护费、教育经费、办公费、差旅交通费、工具用具使用费等。

(2) 仓库、转运站等设施的运行费、维修费，固定资产折旧费，技术安全措施费和设备的检验、试验费等。

$$采购及保管费=(设备原价+运杂费)\times采购及保管费率 \quad (6-3)$$

按现行规定，采购及保管费率取0.7%。所以，设备费计算公式为

$$设备费=设备原价+运杂费+运输保险费+采购及保管费 \quad (6-4)$$

5. 运杂综合费率

在编制设备安装工程概预算时，一般将设备运杂费、运输保险费和采购及保管费合并，统称为设备运杂综合费，按设备原价乘以运杂综合费率计算。其中：

$$运杂综合费率=运杂费率+(1+运杂费率)\times 采购及保管费率+运输保险费率 \quad (6-5)$$

$$设备费=设备原价\times(1+运杂综合费率) \quad (6-6)$$

6. 交通工具购置费

工程竣工后，为保证建设项目初期生产管理单位正常运行必须配备生产、生活、消防车辆和船只。因此，交通工具购置是设备购置的一项重要内容。交通工具的数量主要根据工程项目的类型和规模确定。

按现行《水利建筑工程设计概（估）算编制规定》，交通工具购置费按表6.4中所列设备数量和国产设备出厂价格加车船附加费、运杂费计算。

**表6.4　交通工具购置费指标表**

| 工程类别 | | | 设备名称及数量（辆、艘） | | | | | | | | | |
|---|---|---|---|---|---|---|---|---|---|---|---|---|
| | | | 轿车 | 载重汽车 | 工具车 | 面包车 | 消防车 | 越野车 | 大客车 | 汽船 | 机动船 | 驳船 |
| 枢纽工程 | 大（1）型 | | 2 | 3 | 1 | 2 | 1 | 2 | 1 | 2 | 2 | |
| 枢纽工程 | 大（2）型 | | 2 | 2 | 1 | 1 | 1 | 1 | 1 | 1 | 2 | |
| 大型引水工程 | 线路长度 | ＞300km | 1 | 8 | 6 | 6 | | 3 | 3 | | | |
| 大型引水工程 | 线路长度 | 100～300km | 1 | 6 | 4 | 3 | | 2 | 2 | | | |
| 大型引水工程 | 线路长度 | ≤100km | | 3 | 2 | 2 | | 1 | 1 | | | |
| 大型灌区排灌工程 | 灌排面积 | ＞150万亩 | 1 | 6 | 5 | 5 | | 2 | 2 | | | |
| 大型灌区排灌工程 | 灌排面积 | 50万～150万亩 | 1 | 2 | 2 | 2 | | 1 | 1 | | | |
| 堤防工程 | 管理单位级别 | 1 | | 6 | | 2 | | 2 | 1 | 1 | 2 | 2 |
| 堤防工程 | 管理单位级别 | 2 | | 2 | | 1 | | 1 | 1 | | 1 | 1 |
| 堤防工程 | 管理单位级别 | 3 | | 1 | | 1 | | 1 | | | | |

### 6.2.3　设备费计算实例分析

**【工程实例分析6-1】**

1. 项目背景

某工程中采用的水轮机原价为310000元/台，经火车运输2000km、公路运输70km到达安装现场，运输保险费率为0.5%。

2. 工作任务

计算每台水轮机的设备费。

3. 分析与解答

（1）设备原价=310000元

（2）运杂费=310000×(2.21+0.40×2+1.06+0.10×2)%

=310000×4.27%=13237(元)

(3) 运输保险费＝310000×0.5％＝1550(元)

(4) 采购及保管费＝(310000＋13237)×0.7％＝2263(元)

(5) 设备费＝310000＋13237＋1550＋2263＝327050(元)

# 学习单元6.3 安装工程费计算

安装工程费是项目费用构成中的一个重要组成部分。安装工程费主要按设备数量乘以安装工程单价进行计算。

## 6.3.1 设备安装工程概算定额简介

1. 定额形式

现行《水利水电设备安装工程概算定额》（以下简称《概算定额》）包括水轮机安装、水轮发电机安装、大型水泵安装、进水阀安装、水力机械辅助设备安装、电气设备安装、变电站设备安装、通信设备安装、起重设备安装、闸门安装、压力钢管制作及安装，共计11章及附录，共55节、659个子目。本定额是采用实物量定额和以设备原价为计算基础的安装费率定额两种表现形式，其中以实物量定额为主（占97.1%）。由于定额表现形式不同，其单价计算方法也有所不同。

2. 安装费内容的组成

《概算定额》中所列安装费包括设备安装费和构成工程实体的装置性材料的安装费，由人工费、材料费和机械使用费及装置性材料费组成。编制安装工程概算单价时应按规定计算其他直接费、现场经费、间接费、企业利润和税金。

## 6.3.2 安装工程概算单价计算方法

1. 以实物量形式表现的定额

以实物量形式表现的安装工程定额，其安装工程单价的计算方法及程序见表6.5。

表6.5 实物量形式安装工程单价计算程序表

| 序 号 | 费用名称 | 计 算 方 法 |
|---|---|---|
| 一 | 直接工程费 | (一)＋(二)＋(三) |
| (一) | 直接费 | (1)＋(2)＋(3) |
| (1) | 人工费 | Σ定额劳动量（工时）×人工预算单价（元/工时） |
| (2) | 材料费 | Σ定额材料用量×材料预算价格 |
| (3) | 机械使用费 | Σ定额机械使量（台时）×定额台时费（元/台时） |
| (二) | 其他直接费 | (一)×其它直接费用率（%） |
| (三) | 现场经费 | 人工费×现场经费费率（%） |
| 二 | 间接费 | 人工费×间接费费率（%） |
| 三 | 企业利润 | (一＋二)×企业利润率（%） |
| 四 | 未计价装置性材料费 | Σ未计价装置性材料用量×材料预算单价 |
| 五 | 税金 | (一＋二＋三＋四)×税率（%） |
| 六 | 安装工程单价合计 | 一＋二＋三＋四＋五 |

注 机电、金属结构设备安装工程的现场经费和间接费都以人工费作为计算基础。

2. 以安装费率形式表现的定额

安装费率是以安装费占设备原价的百分率形式表示的定额。定额中给定了人工费、材料费和机械使用费各占设备费的百分比。按现行规定，利用以安装费率形式给出的《概算定额》编制安装工程概算时，除人工费外，材料费和机械费均不做调整。

人工费调整系数＝工程所在地区安装人工工时预算单价÷定额主管部门编制定额当年发布的北京地区安装人工工时预算单价 (6－7)

以安装费率形式表现的定额，其安装工程单价计算方法及程序见表6.6。

表6.6 安装费率表示的安装工程单价计算程序表

| 序号 | 费用名称 | 计算方法 |
|---|---|---|
| 一 | 直接工程费 | (一)＋(二)＋(三) |
| (一) | 直接费 | (1)＋(2)＋(3)＋(4) |
| (1) | 人工费 | 定额人工费率(%)×人工费调整系数×设备原价(元) |
| (2) | 材料费 | 定额材料费率(%)×设备原价(元) |
| (3) | 机械使用费 | 定额机械使用费率(%)×设备原价(元) |
| (4) | 装置性材料费 | 定额装置性材料费率(%)×设备原价(元) |
| (二) | 其他直接费 | (一)×其它直接费用率(%) |
| (三) | 现场经费 | 人工费×现场经费费率(%) |
| 二 | 间接费 | 人工费×间接费费率(%) |
| 三 | 企业利润 | (一＋二)×企业利润率(%) |
| 四 | 税金 | (一＋二＋三)×税率(%) |
| 五 | 安装工程单价合计 | 一＋二＋三＋四 |

注 进口设备安装费率应按现行概算定额的费率予以调整，计算公式为：进口设备安装费率＝同类型国产设备安装费率×国产设备原价/进口设备原价。

3. 安装工程单价计算表格式

安装工程单价采用表6.7格式计算。

表6.7 安装工程单价表

定额编号： 项目： 定额单位：

型号规格：

| 编号 | 名称 | 单位 | 数量 | 单价(元) | 合计(元) |
|---|---|---|---|---|---|
| | | | | | |

### 6.3.3 置性材料的确定

装置性材料，是个专用名称，它本身属于材料，但又是被安装的对象，安装后构成工程的实体。

装置性材料可分为主要装置性材料和次要装置性材料。凡是在概算定额各项目中作为主要安装对象的材料，即为主要装置性材料，如轨道、管路、电缆、母线、一次拉线、接地装置、保护网、滑触线等。其余的即为次要装置性材料，如轨道的垫板、螺栓电缆支架、母线之金具等。

主要装置性材料在概算定额中，一般作未计价材料，须按设计提供的规格、数量和工地材料预算计算其费用（另加定额规定的损耗率），如果没有足够的设计资料，可参考概算定额附录2～11确定主要装置性材料耗用量（已包括损耗在内）；次要装置性材料因品种多，规模小、且价值也较低，已计入概算定额中，在编制概算时，不必另计。

### 6.3.4 安装工程单价计算实例分析

**【工程实例分析6-2】**

1. 项目背景

某水电站工程位于华东地区县城以外，该工程的发电岔洞采用平板焊接闸门，每扇闸门自重为9t。已知：人工预算单价为工长：7.11元/工时，高级工：6.61元/工时，中级工：5.62元/工时，初级工：3.04元/工时。机械台时费为门式起重机10t：205.85元/台时，电焊机20～30kVA：13.22元/台时。材料预算价格见表6.8。

表6.8 材料预算价格汇总表

| 编号 | 名称及规格 | 单位 | 预算价格 | 编号 | 名称及规格 | 单位 | 预算价格 |
|---|---|---|---|---|---|---|---|
| 1 | 钢板 | kg | 4.20 | 7 | 汽油70号 | kg | 6.00 |
| 2 | 氧气 | $m^3$ | 3.00 | 8 | 油漆 | kg | 15.60 |
| 3 | 乙炔气 | $m^3$ | 12.80 | 9 | 棉纱头 | kg | 48.00 |
| 4 | 黄油 | kg | 5.50 | 10 | 电焊条 | kg | 7.00 |
| 5 | 型钢 | kg | 4.00 | 11 | 橡胶板 | kg | 7.80 |
| 6 | 木材 | $m^3$ | 1800.00 | 12 | 电 | kW·h | 0.60 |

2. 工作任务

计算该工程的发电岔洞平板焊接闸门的安装工程概算单价。

3. 分析与解答

第一步：分析基本资料，确定取费费率，由项目背景得知该工程地处华东地区，水电站项目的工程性质属于枢纽工程，故其他直接费率取3.2%，现场经费率取45%，间接费率取50%，企业利润率为7%，税金率取3.22%。

第二步：根据工程性质和工作任务情况，定额选用部颁［1999］《水利水电设备安装工程概算定额》第10-1节10001子目，定额见表6.9。

表6.9 平板焊接闸门安装 单位：t

| 项　目 | 单　位 | 每扇闸门自重 | | | | |
|---|---|---|---|---|---|---|
| | | ≤10 | ≤20 | ≤40 | ≤60 | ≤80 |
| 工长 | 工时 | 5 | 5 | 4 | 4 | 4 |
| 高级工 | 工时 | 26 | 23 | 21 | 21 | 22 |
| 中级工 | 工时 | 45 | 42 | 36 | 36 | 40 |
| 初级工 | 工时 | 26 | 23 | 21 | 21 | 22 |
| 合计 | 工时 | 102 | 93 | 82 | 82 | 88 |
| 钢板 | kg | 3.0 | 3.4 | 3.2 | 3.5 | 3.9 |
| 电焊条 | kg | 3.9 | 4.5 | 4.2 | 4.6 | 5.1 |
| 氧气 | $m^3$ | 1.8 | 2.0 | 1.9 | 2.1 | 2.4 |
| 乙炔气 | $m^3$ | 0.8 | 0.9 | 0.9 | 0.9 | 1.0 |
| 汽油70号 | kg | 2.0 | 2.2 | 2.1 | 2.3 | 2.6 |
| 油漆 | kg | 2.0 | 2.2 | 2.1 | 2.3 | 2.6 |
| 棉纱头 | kg | 0.8 | 0.9 | 0.9 | 1.0 | 1.1 |
| 其他材料费 | % | 16 | 16 | 16 | 16 | 16 |

续表

| 项　目 | 单　位 | 每扇闸门自重 | | | | |
|---|---|---|---|---|---|---|
| | | ≤10 | ≤20 | ≤40 | ≤60 | ≤80 |
| 门式起重机 10t | 台时 | 0.8 | 0.8 | 1.2 | 1.3 | 1.4 |
| 电焊机 20～30kVA | 台时 | 2.8 | 3.0 | 4.0 | 4.4 | 4.7 |
| 其他机械费 | % | 10 | 10 | 10 | 10 | 10 |
| 定额编号 | | 10001 | 10002 | 10003 | 10004 | 10005 |

第三步：计算平板焊接闸门的安装工程概算单价。将定额编号为 10001 的内容及已知的人工预算单价、施工机械台时费价格填入表 6.10 中进行计算，计算结果为 1614.87 元/t。

**表 6.10**　　安装工程单价表

**定额编号**：10001　　闸门安装工程　　定额单位：t

闸门类型：9t 平板焊接闸门

| 编　号 | 名称及规格 | 单位 | 数　量 | 单价（元） | 合价（元） |
|---|---|---|---|---|---|
| 一 | 直接工程费 | | | | 1192.46 |
| （一） | 直接费 | | | | 920.30 |
| 1 | 人工费 | | | | 539.35 |
| (1) | 工长 | 工时 | 5 | 7.11 | 35.55 |
| (2) | 高级工 | 工时 | 26 | 6.61 | 171.86 |
| (3) | 中级工 | 工时 | 45 | 5.62 | 252.90 |
| (4) | 初级工 | 工时 | 26 | 3.04 | 79.04 |
| 2 | 材料费 | | | | 159.08 |
| (1) | 钢板 | kg | 3.0 | 4.20 | 12.60 |
| (2) | 电焊条 | kg | 3.9 | 7.00 | 27.30 |
| (3) | 氧气 | $m^3$ | 1.8 | 3.00 | 5.40 |
| (4) | 乙炔气 | $m^3$ | 0.8 | 12.80 | 10.24 |
| (5) | 汽油 70 号 | kg | 2.0 | 6.00 | 12.00 |
| (6) | 油漆 | kg | 2.0 | 15.60 | 31.20 |
| (7) | 棉纱头 | kg | 0.8 | 48.00 | 38.4 |
| (8) | 其他材料费 | % | 16 | 137.14 | 21.94 |
| 3 | 机械使用费 | | | | 221.87 |
| (1) | 门式起重机 10t | 台时 | 0.8 | 205.85 | 164.68 |
| (2) | 电焊机 20～30kVA | 台时 | 2.8 | 13.22 | 37.02 |
| (3) | 其他机械费 | % | 10 | 201.70 | 20.17 |
| （二） | 其他直接费 | % | 3.2 | 920.30 | 29.45 |
| （三） | 现场经费 | % | 45 | 539.35 | 242.71 |
| 二 | 间接费 | % | 50 | 539.35 | 269.68 |
| 三 | 计划利润 | % | 7 | 1462.14 | 102.35 |
| 四 | 税金 | % | 3.22 | 1564.49 | 50.38 |
| 五 | 单价合计 | | | | 1614.87 |

**【工程实例分析6-3】**

1. 项目背景

某大型排灌站工程位于华东地区一河道上，已知该工程采用的水泵泵型为竖轴轴流泵，水泵自重18t，转轮叶片为全调节方式。人工预算单价为工长：4.91元/工时，高级工：4.56元/工时，中级工：3.87元/工时，初级工：2.11元/工时。机械台时费：桥式起重机20t：50.34元/台时，电焊机20～30kVA：13.22元/台时，车床Φ400～Φ600：20.67元/台时，刨床B650：10.91元/台时，摇臂钻床Φ50：15.04元/台时。材料预算价格见表6.8。

2. 工作任务

计算该排灌站工程的水泵安装工程单价。

3. 分析与解答

第一步：分析基本资料，确定取费费率，由项目背景得知该工程地处华东地区，排灌站工程项目的性质属于引水及河道工程，故其他直接费率取3.2%，现场经费率取45%，间接费率取50%，企业利润率为7%，税金率取3.22%。

第二步：根据工程性质和工作任务情况，定额选用部颁［1999］《水利水电设备安装工程概算定额》第3-1节03002子目，定额见表6.11。

**表6.11 水泵安装**

工作内容：1. 埋设部分（包括冲淤真空阀、泵座等部件）的预埋，与混凝土流道联接的吊座、人孔集止水等部分的埋件安装

2. 水泵本体安装及顶车系统等随机供应的附件、器具、测试仪表、管路附件的安装

3. 水泵与电动机的联轴调整

单位：台

| 项目 | 单位 | 设备自重(t) | | | | |
|---|---|---|---|---|---|---|
| | | 12 | 18 | 25 | 30 | 35 |
| 工长 | 工时 | 192 | 286 | 375 | 439 | 502 |
| 高级工 | 工时 | 940 | 1374 | 1801 | 2108 | 2412 |
| 中级工 | 工时 | 2388 | 3492 | 4578 | 5356 | 6130 |
| 初级工 | 工时 | 392 | 573 | 751 | 878 | 1005 |
| 合计 | 工时 | 3916 | 5725 | 7505 | 8781 | 10049 |
| 钢板 | kg | 63 | 108 | 132 | 148 | 162 |
| 型钢 | kg | 102 | 173 | 213 | 237 | 260 |
| 电焊条 | kg | 33 | 54 | 67 | 74 | 82 |
| 氧气 | $m^3$ | 70 | 119 | 146 | 163 | 179 |
| 乙炔气 | $m^3$ | 32 | 54 | 65 | 73 | 80 |
| 汽油70号 | kg | 30 | 51 | 62 | 70 | 77 |
| 油漆 | kg | 17 | 29 | 35 | 38 | 44 |
| 橡胶板 | kg | 14 | 23 | 30 | 33 | 37 |
| 木材 | $m^3$ | 0.3 | 0.4 | 0.4 | 0.5 | 0.6 |
| 电 | kW·h | 550 | 940 | 1160 | 1300 | 1420 |
| 其他材料费 | % | 20 | 20 | 20 | 20 | 22 |

续表

| 项　目 | 单　位 | 设备自重 (t) | | | | |
|---|---|---|---|---|---|---|
| | | 12 | 18 | 25 | 30 | 35 |
| 桥式起重机 25t | 台时 | 35 | 54 | 59 | 59 | 59 |
| 电焊机 20～30kVA | 台时 | 27 | 60 | 64 | 70 | 70 |
| 车床 Φ400～600 | 台时 | 27 | 54 | 60 | 60 | 60 |
| 刨床 B650 | 台时 | 21 | 38 | 43 | 43 | 43 |
| 摇臂钻床 Φ50 | 台时 | 21 | 33 | 38 | 38 | 38 |
| 其他机械费 | % | 16 | 16 | 16 | 16 | 18 |
| 定额编号 | | 03001 | 03002 | 03003 | 03004 | 03005 |

**注**　1. 本节定额以"台"为计量单位，按全套设备自重选用。

2. 本节定额适用于混流式、轴流式、贯流式等泵型的竖轴或横轴水泵的安装，按转轮叶片为半调节方式考虑，如采用全调节方式，人工应乘以1.05系数。

第三步：计算水泵的安装工程单价。将定额编号为03002的内容及已知的人工预算单价、施工机械台时费价格填入表6.12中进行计算，计算结果为65348.79元/台。

**表6.12**　　安装工程单价表

定额编号：03002　　水泵安装工程　　定额单位：台

设备型号：轴流式水泵自重18t，转轮叶片为全调节方式

| 编　号 | 名称及规格 | 单　位 | 数　量 | 单价（元） | 合价（元） |
|---|---|---|---|---|---|
| 一 | 直接工程费 | | | | 47412.20 |
| (一) | 直接费 | | | | 35689.55 |
| 1 | 人工费 | | | | 23512.41 |
| (1) | 工长 | 工时 | 286×1.05 | 4.91 | 1474.47 |
| (2) | 高级工 | 工时 | 1374×1.05 | 4.56 | 6578.71 |
| (3) | 中级工 | 工时 | 3492×1.05 | 3.87 | 14189.74 |
| (4) | 初级工 | 工时 | 573×1.05 | 2.11 | 1269.48 |
| 2 | 材料费 | | | | 5752.32 |
| (1) | 钢板 | kg | 108 | 4.20 | 453.60 |
| (2) | 型钢 | kg | 173 | 4.00 | 692.00 |
| (3) | 电焊条 | kg | 54 | 7.00 | 378.00 |
| (4) | 氧气 | $m^3$ | 119 | 3.00 | 357.00 |
| (5) | 乙炔气 | $m^3$ | 54 | 12.80 | 691.20 |
| (6) | 汽油70号 | kg | 51 | 6.00 | 306.00 |
| (7) | 油漆 | kg | 29 | 15.60 | 452.40 |
| (8) | 橡胶板 | kg | 23 | 7.80 | 179.40 |
| (9) | 木材 | $m^3$ | 0.4 | 1800.00 | 720.00 |
| (10) | 电 | kW·h | 940 | 0.60 | 564.00 |
| (11) | 其他材料费 | % | 20 | 4793.60 | 958.72 |

续表

| 设备型号：轴流式水泵自重18t，转轮叶片为全调节方式 | | | | | |
|---|---|---|---|---|---|
| 编　号 | 名称及规格 | 单　位 | 数　量 | 单价（元） | 合价（元） |
| 3 | 机械使用费 | | | | 6424.82 |
| (1) | 桥式起重机 20t | 台时 | 54 | 50.34 | 2718.36 |
| (2) | 电焊机 20～30kVA | 台时 | 60 | 13.22 | 793.20 |
| (3) | 车床 Φ400～Φ600 | 台时 | 54 | 20.67 | 1116.18 |
| (4) | 刨床 B650 | 台时 | 38 | 10.91 | 414.58 |
| (5) | 摇臂钻床 Φ50 | 台时 | 33 | 15.04 | 496.32 |
| (6) | 其他机械费 | % | 16 | 5538.64 | 886.18 |
| (二) | 其他直接费 | % | 3.2 | 35689.55 | 1142.07 |
| (三) | 现场经费 | % | 45 | 23512.41 | 10580.58 |
| 二 | 间接费 | % | 50 | 23512.41 | 11756.21 |
| 三 | 计划利润 | % | 7 | 59168.41 | 4141.79 |
| 四 | 税金 | % | 3.22 | 63310.20 | 2038.59 |
| 五 | 单价合计 | | | | 65348.79 |

## 学习情境小结

本学习情境主要介绍了设备及安装工程概算的编制方法，重点介绍了设备费和安装工程单价的计算方法。

设备费是由设备原价、运杂费、运输保险费和采购及保管费构成。要注意区分设备原价和设备费是两个不同的概念。

安装工程单价编制方法有以实物量形式表现的定额的安装工程单价和以安装费率形式表现的定额的安装工程单价两种。其中以安装费率表示的安装工程单价中，人、材、机计算是以设备原价为基础计算的。

装置性材料是指本身属于材料，但又作为被安装的对象，安装后构成工程实体的材料。装量性材料分为未计价装置性材料和已计价装置性材料。未计价装置性材料（即主要装置性材料）本身的价值未包括在定额内。

## 项目实训与思考

1. 什么叫设备原价？什么叫设备费？如何计算设备费？

2. 装置性材料和设备的区别是什么？装置性材料分为哪几种？其费用如何计入安装费？

3. 安装工程单价由哪几部分费用组成？其计算方法和建筑工程单价计算方法有何区别？

4. 现场加工或零星购置的贮气罐、贮油罐、闸门、电石、氧气、轨道、钢轨、水轮机、蝴蝶阀，哪些属于设备？哪些属于计价材料？哪些属于未计价材料？哪些属于消耗性材料？

5. 某工程中的 140000kVA 的主变压器，采用公路直接运到工地安装现场，运距 85km，运输保险费率 0.4%，设备原价 120000 元，求其设备费。

# 学习情境7　施工临时工程及独立费用概算编制

**学习目标：**

1. 熟悉施工临时工程项目的组成，掌握临时工程概算的编制方法。

2. 熟悉独立费用的费用构成，掌握独立费用概算的编制方法。

**学习任务：**

1. 施工临时工程概算编制方法。

2. 独立费用概算编制方法。

## 学习单元7.1　施工临时工程概算编制

### 7.1.1　施工临时工程概述

在水利水电基本建设工程项目的施工准备阶段和建设过程中，为保证永久建筑安装工程施工的顺利进行，按照施工进度的要求，需要修建一系列的临时性工程，不论这些工程结构如何，均视为临时工程。临时工程包括施工导流工程、施工交通工程、施工房屋建筑工程、施工场外供电工程以及其他施工临时工程。其他小型临时工程以现场经费形式直接进入工程单价。

施工临时工程投资是水利水电建设项目投资的重要组成部分，一般占工程总投资的8%～17%。如丹江口水利水电工程中临时工程占总投资的16.8%，葛洲坝占17%，龙羊峡工程占14%。由于水利水电工程建设本身的特点，决定了临时工程规模大、项目多、投资高、各水利水电工程之间相差大。因此，对于施工临时工程必须按永久工程的概算编制方法，认真划分施工临时工程项目，编制好各工程单价和指标。所以按现行《项目划分》规定，把临时工程划分为一大部分。在编制概算时，应区别不同工程情况，根据施工组织设计确定的工程项目和工程量，分别采用工程量乘单价法、扩大单位指标法、公式法及百分率法认真编制。

### 7.1.2　施工临时工程项目的组成部分

按现行《项目划分》规定，施工临时工程包括施工导流工程、施工交通工程、施工场外供电工程、施工房屋建筑工程、其他施工临时工程，共五个一级项目，构成水利水电工程项目划分的第四部分。

1. 施工导流工程

施工导流工程包括导流明渠工程、导流洞工程、土石围堰工程、混凝土围堰工程、蓄水期下游供水工程、金属结构设备及安装工程等。

2. 施工交通工程

施工交通工程是指为保证工程建设而临时修建的公路、铁路、桥梁、码头、施工支洞、架空索道、施工通航建筑、施工过木、通航整治及转运站等工程。但不包括列入施工房屋建筑工程室外工程项内的生活区道路和列入其他临时工程项内的施工企业场内支线、

路面宽 3m 以下的施工便道和铁路移设等工程。

3. 施工供电工程

施工供电工程是指从现有电网向施工现场供电的高压输电线路（枢纽工程：35kV 及以上等级；引水工程及河道工程：10kV 及以上等级）和施工变（配）电设施（场内除外）工程。

4. 施工房屋建筑工程

施工房屋建筑工程是指工程在建设过程中建造的临时房屋，包括施工仓库、办公生活及文化福利建筑以及所需的配套设施工程。施工仓库是指为施工而兴建的设备、材料、工器具等全部仓库建筑工程；办公生活及文化福利建筑是指施工单位、建设单位（包括监理单位）及设计代表在工程建设期所需的办公室、宿舍、现场托儿所、学校、食堂、浴池、俱乐部、招待所、公安、消防、银行、邮电、粮食、商业网点和其他文化福利设施等房屋建筑工程。

施工房屋建筑工程不包括列入临时设施和其他大型临时工程项目内的风、水、电、通讯系统、砂石料系统、混凝土搅拌系统及浇筑系统、木工、钢筋机修等辅助加工厂、混凝土预制构件厂、混凝土制冷、供热系统、施工排水等生产用房。

5. 其他施工临时工程

其他施工临时工程是指除施工导流、施工交通、施工场外供电、施工房屋建筑、缆机平台以外的施工临时工程。主要包括施工供水（大型泵房及干管）、砂石料系统、混凝土拌和浇筑系统、大型机械安装拆卸、防汛、防冰、施工排水、施工通信、施工临时支护设施（含隧洞临时钢支撑）等工程。

### 7.1.3 施工临时工程的概算编制

1. 施工导流工程

施工导流工程的投资计算方法与主体建筑工程概算编制方法相同，按设计工程量乘工程单价进行计算。

按照施工组织设计确定施工方法及施工程序，用相应的工程定额计算工程单价，概算表格与建筑工程相同，按项目划分规定填写具体的工程项目，对项目划分中的三级项目根据需要可进行必要的再划分。

2. 施工交通工程

施工交通工程的投资既可按工程量乘单价的方法进行计算，也可根据工程所在地区的造价指标或有关实际资料，采用扩大单位指标法进行计算。在编制概算时，由于受设计深度限制，常采用单位造价指标进行编制。

3. 施工场外供电工程

施工场外供电工程的投资按照施工组织设计确定的供电线路长度、电压等级及所需配备的变配电设施要求，采用工程所在地的造价指标或有关实际资料计算，或者根据经过主管部门批准的有关施工合同列入概算。

4. 施工房屋建筑工程

施工房屋建筑工程投资包括施工仓库和办公生活及文化福利建筑两部分投资。

(1) 施工仓库。施工仓库的建筑面积由施工组织设计确定，单位造价指标根据当地办公生活及文化福利建筑的相应造价水平确定。施工仓库投资计算公式为：

$$施工仓库投资=建筑面积(m^2)\times单位造价指标(元/m^2) \tag{7-1}$$

(2) 办公生活及文化福利建筑。

1) 水利水电枢纽工程和大型引水工程，按下列公式计算：

$$I=\frac{AUP}{NL}K_1K_2K_3 \tag{7-2}$$

式中：$I$ 为办公生活及文化福利建筑工程投资；$A$ 为建安工作量，按工程项目划分第一至第四部分建安工作量（不包括办公、生活及文化福利建筑和其他施工临时工程）之和乘以(1＋其他施工临时工程百分率）计算；$U$ 为人均建筑面积综合指标，按 12～15m²/人计算；$P$ 为单位造价指标，按工程所在地类似永久房屋造价指标（元/m²）计算；$N$ 为施工年限，按施工组织设计确定的合理工期计算；$L$ 为全员劳动生产率，按不低于 60000～100000 元/（人·年）计算，施工机械化程度高取大值，反之取小值；$K_1$ 为施工高峰人数调整系数，取 1.10 计算；$K_2$ 为室外工程系数，取 1.10～1.15 计算，地形条件差的可取大值，反之取小值；$K_3$ 为单位造价指标调整系数，按不同施工年限，采用表 7.1 中的调整系数。

表 7.1　单位造价指标调整系数表

| 工　期 | 系　数 | 工　期 | 系　数 |
|---|---|---|---|
| 2 年以内 | 0.25 | 5～8 年 | 0.70 |
| 2～3 年 | 0.40 | 8～11 年 | 0.80 |
| 3～5 年 | 0.55 | | |

2) 河湖整治工程、灌溉工程、堤防工程、改扩建工程与加固工程等，按第一至第四部分建安工作量的百分率计算。工期在 3 年以内的，按 1.5%～2.0%计算，工期在 3 年以上的，按 1.0%～1.5%计算。

5. 其他施工临时工程

其他施工临时工程的投资按第一至第四部分建安工作量（不包括其他施工临时工程）之和的百分率计算。

各类工程的百分率取值规定如下：

(1) 枢纽工程和引水工程为 3.0%～4.0%。

(2) 河道治理工程为 0.5%～1%。

## 学习单元 7.2　独立费用概算编制

水利建设工程独立费用是指按照基本建设工程投资统计包括范围的规定，应在投资中支付并列入建设项目概算或单项工程综合概算内，与工程直接有关而又难以直接摊入某个单位工程的其他工程和费用。独立费用由建设管理费、生产准备费、科研勘测设计费、建设及施工场地征用费和其他五个部分内容组成。

### 7.2.1　建设管理费

建设管理费是指建设单位（含监理单位，下同）在工程项目筹建和建设期间进行管理工作所需的费用。包括项目建设管理费、工程建设监理费和联合试运转费三项内容。

#### 7.2.1.1 项目建设管理费

项目建设管理费包括建设单位开办费和建设单位经常费两部分。

1. 建设单位开办费

建设单位开办费是指新组建的建设单位，为保证建设管理工作的正常进行而必须具备的物质条件所需购置的交通工具、办公及生活设备、检验试验设备和其他用于开办工作发生的费用。

对于新建工程，建设单位开办费按建设单位开办费标准及建设单位定员来确定。对于改建、扩建与加固工程，原则上不计建设单位开办费，但是，要根据改扩建和加固工程的具体情况决定。按水利部现行规定，水利工程建设单位开办费费用标准见表7.2，建设单位定员见表7.3。

**表7.2　　建设单位开办费标准**

| 建设单位人数 | 20人以下 | 21～40人 | 41～70人 | 71～140人 | 140人以上 |
|---|---|---|---|---|---|
| 开办费（万元） | 120 | 120～220 | 220～350 | 350～700 | 700～850 |

注　1. 引水及河道工程按总工程计算，不得分段分别计算。
2. 定员人数在两个数之间的，开办费用内插法求得。

**表7.3　　建设单位定员表**

<table>
<tr><th colspan="4">工程类别及规模</th><th>定员人数</th></tr>
<tr><td rowspan="4">枢纽工程</td><td>特大型工程</td><td colspan="2">如南水北调工程</td><td>140以上</td></tr>
<tr><td>综合利用水利枢纽工程</td><td>大（1）型<br>大（2）型</td><td>总库容＞10亿$m^3$<br>总库容1亿～10亿$m^3$</td><td>70～140<br>40～70</td></tr>
<tr><td>以发电为主的枢纽工程</td><td colspan="2">200万kW以上<br>150万～200万kW<br>100万～150万kW<br>50万～100万kW<br>30万～50万kW<br>30万kW</td><td>90～120<br>70～90<br>55～70<br>40～55<br>30～40<br>20～30</td></tr>
<tr><td>枢纽扩建及加固工程</td><td>大型<br>中型</td><td>总库容＞1亿$m^3$<br>总库容0.1亿～1亿$m^3$</td><td>21～35<br>14～21</td></tr>
<tr><td rowspan="3">引水及河道工程</td><td>大型引水工程</td><td colspan="2">线路总长＞300km<br>线路总长100～300km<br>线路总长≤100km</td><td>84～140<br>56～84<br>28～56</td></tr>
<tr><td>大型灌溉或排涝工程</td><td colspan="2">灌溉或排涝面积＞150万亩<br>灌溉或排涝面积50万～150万亩</td><td>56～84<br>28～56</td></tr>
<tr><td>大江大河整治及堤防加固工程</td><td colspan="2">河道长度＞300km<br>河道长度100～300km<br>河道长度≤100km</td><td>42～56<br>28～42<br>14～28</td></tr>
</table>

注　1. 当大型引水、灌溉或排涝、大江大河整治及堤防加固工程包含有较多的泵站、水闸、船闸时，定员可适当增加。
2. 本定员只作为计算建设单位开办费和建设单位人员经常费的依据。
3. 工程施工条件复杂者，取大值，反之取小值。

2. 建设单位经常费

建设单位经常费包括建设单位人员经常费和工程管理经常费两部分。

(1) 建设单位人员经常费。建设单位人员经常费是指建设单位自批准之日起至完成该工程建设管理任务之日止，需要开支的经常费用。主要包括工作人员的基本工资、辅助工资、工资附加费、劳动保护费、教育经费、办公费、差旅交通费、会议费、交通车辆使用费、工具用具使用费、修理费、水电费、取暖费、技术图书资料费、固定资产折旧费、零星固定资产购置费、低值易耗品摊销费等。

建设单位人员经常费应根据建设单位定员、费用指标和经常费用计算期进行计算。

编制概算时，应根据工程所在地区和编制年的基本工资、辅助工资、工资附加费、劳动保护费以及费用标准调整“六类（北京）地区建设单位人员经常费用指标表”中的费用，作为计算建设单位人员经常费的依据。

建设单位人员经常费的计算公式为

$$\text{建设单位人员经常费}=\text{费用指标}[\text{元}/(\text{人}\cdot\text{年})]\times\text{定员人数}\times\text{经常费用计算期}(\text{年}) \tag{7-3}$$

其中，建设单位人员经常费定员人数与建设单位开办费定员人数相同，见表7.3。按水利部现行规定，枢纽与引水工程建设单位经常费用指标见表7.4，河道工程建设单位人员经常费用指标见表7.5。

表7.4　六类（北京）地区建设单位人员经常费用指标表（枢纽、引水工程）

| 序号 | 项目 | 计算公式 | 金额[元/(人·年)] |
|---|---|---|---|
| 1 | 基本工资 | | 6420 |
| | 工人 | 400元/月×12月×10% | 480 |
| | 干部 | 500元/月×12月×90% | 5940 |
| 2 | 辅助工资 | | 2446 |
| | 地区津贴 | 北京地区无 | |
| | 施工津贴 | 5.3元/d×365×0.95 | 1838 |
| | 夜餐津贴 | 4.5元/工日×251工日×30% | 339 |
| | 节日加班津贴 | 6420÷251×10×3×35% | 269 |
| 3 | 工资附加费 | | 4432 |
| | 职工福利基金 | 1～2项之和8866元的14% | 1241 |
| | 工会经费 | 1～2项之和8866元的2% | 177 |
| | 职工教育经费 | 1～2项之和8866元的1.5% | 133 |
| | 养老保险费 | 1～2项之和8866元的20% | 1773 |
| | 医疗保险费 | 1～2项之和8866元的4% | 355 |
| | 工伤保险费 | 1～2项之和8866元的1.5% | 133 |
| | 职工失业保险基金 | 1～2项之和8866元的2% | 177 |
| | 住房公积金 | 1～2项之和8866元的5% | 443 |
| 4 | 劳动保护费 | 基本工资6420元的12% | 770 |
| 5 | 小计 | | 14068 |
| 6 | 其他费用 | 1～4项之和14068元×180% | 25322 |
| 7 | 合计 | | 39390 |

注　工期短或施工条件简单的引水工程费用指标应按河道工程费用指标执行。

表7.5 六类（北京）地区建设单位人员经常费用指标表（河道工程）

| 序 号 | 项 目 | 计 算 公 式 | 金额［元/（人·年）］ |
|---|---|---|---|
| 1 | 基本工资 | | 4494 |
| | 工人 | 280元/月×12月×10% | 336 |
| | 干部 | 385元/月×12月×90% | 4158 |
| 2 | 辅助工资 | | 1628 |
| | 地区津贴 | 北京地区无 | |
| | 施工津贴 | 3.5元/d×365×0.95 | 1214 |
| | 夜餐津贴 | 4.5元/工日×251工日×20% | 226 |
| | 节日加班津贴 | 4494÷251×10×3×35% | 188 |
| 3 | 工资附加费 | | 3060 |
| | 职工福利基金 | 1～2项之和6122元的14% | 857 |
| | 工会经费 | 1～2项之和6122元的2% | 122 |
| | 职工教育经费 | 1～2项之和6122元的1.5% | 92 |
| | 养老保险费 | 1～2项之和6122元的20% | 1224 |
| | 医疗保险费 | 1～2项之和6122元的4% | 245 |
| | 工伤保险费 | 1～2项之和6122元的1.5% | 92 |
| | 职工失业保险基金 | 1～2项之和6122元的2% | 122 |
| | 住房公积金 | 1～2项之和6122元的5% | 306 |
| 4 | 劳动保护费 | 基本工资4494元的12% | 539 |
| 5 | 小计 | | 9721 |
| 6 | 其他费用 | 1～4项之和9721元×180% | 17498 |
| 7 | 合计 | | 27219 |

经常费用计算期应根据施工组织设计确定的施工总进度和总工期确定。一般情况下，从工程筹建之日起，至工程竣工之日加六个月止，为建设单位人员经常费用计算期。其中：大型水利枢纽工程、大型引水工程、灌溉或排涝面积大于150万亩的工程筹建期1～2年，其他工程0.5～1年。

（2）工程管理经常费。工程管理经常费是指建设单位从工程筹建到工程竣工期间所发生的各种管理费用。主要包括在该工程建设过程中用于筹措资金、召开董事会（或股东会）、视察工程建设所发生的会议和差旅费用；建设单位为解决工程建设所涉及的技术、经济、法律等方面问题需要进行咨询所发生的费用；建设单位进行项目管理所发生的土地使用税、房产税、合同公证费、审计费、招标业务费等；施工期所需的水情、水文、泥沙、气象监测费和报汛费；工程验收费和由主管部门主持对工程设计进行审查、安全进行鉴定等费用；在工程建设过程中，必须派驻工地的公安、消防部门的补贴费以及其他属于工程管理性质开支的费用。

根据水利部现行规定，枢纽工程及引水工程一般按建设单位开办费和建设单位人员经常费之和的35%～40%计取；改扩建与加固工程、堤防工程及疏浚工程按建设单位开办费和建设单位人员经常费之和的20%计取。

#### 7.2.1.2 工程建设监理费

工程建设监理费是指在工程建设过程中聘任监理单位，对工程的进度、质量、安全和投资进行监理所发生的全部费用。包括监理单位为保证监理工作顺利开展而必须购置的交通工具、办公生活设备、检验试验设备、监理人员的基本工资、辅助工资、工资附加费、劳动保护费、教育经费、办公费、差旅交通费、工具用具使用费、修理费、会议费、技术图书资料费、固定资产折旧费、零星固定资产购置费、低值易耗品摊销费、水电费、取暖费等。

工程建设监理费按国家及省、自治区、直辖市计划（物价）部门有关规定计收。

1992年国家物价局、建设部［1992］价费字479号文关于发布《工程建设监理费有关规定》的通知，对建设监理取费标准作了如下规定：

（1）工程建设监理费根据委托监理业务的范围、深度和工程的性质、规模、难易程度以及工作条件等情况，按照下列方法之一计收：

1）按所监理工程概（预）算的百分比计收，计收标准见表7.6。

**表7.6　　　　工程建设监理收费标准**

| 序　号 | 工程概（预）算 $M$（万元） | 设计阶段（含设计招标）监理取费 $A$（%） | 施工（含施工招标）及保修阶段监理取费占 $B$（%） |
|---|---|---|---|
| 1 | $M<500$ | $0.20<A$ | $2.50<B$ |
| 2 | $500\leqslant M<1000$ | $0.15<A\leqslant 0.20$ | $2.00<B\leqslant 2.50$ |
| 3 | $1000\leqslant M<5000$ | $0.10<A\leqslant 0.15$ | $1.40<B\leqslant 2.00$ |
| 4 | $5000\leqslant M<10000$ | $0.08<A\leqslant 0.10$ | $1.20<B\leqslant 1.40$ |
| 5 | $10000\leqslant M<50000$ | $0.05<A\leqslant 0.08$ | $0.80<B\leqslant 1.20$ |
| 6 | $50000\leqslant M<100000$ | $0.03<A\leqslant 0.05$ | $0.60<B\leqslant 0.80$ |
| 7 | $100000\leqslant M$ | $A\leqslant 0.03$ | $B\leqslant 0.60$ |

2）按照参与监理工作的年度平均人数计算，平均每人每年3.5万～5万元。

3）不宜按上述两种方法计收的，由建设单位和监理单位按商定的其他方法计收。

（2）以上1）、2）两项规定的工程建设监理收费标准为指导性价格，具体收费标准由建设单位和监理单位在规定的幅度内协商确定。

（3）中外合资、合作、外商独资的建设工程，工程建设监理费双方参照国际标准协商确定。

#### 7.2.1.3　联合试运转费

联合试运转费是指水利工程中的发电机组、水泵等安装完毕后，在水利工程竣工验收前进行的整套设备带负荷联合试运转期间所需的各项费用。包括联合试运转期间所消耗的燃料、动力、材料及机械使用费、工具用具购置费、施工单位参加联合试运转人员的工资等。

按水利部现行规定，联合试运转费费用指标见表7.7。联合试运转费计算公式为：

（1）水电站工程：

$$联合试运转费=费用指标(万元/台)\times 机组台数 \tag{7-4}$$

（2）泵站工程：

$$联合试运转费=费用指标(元/千瓦)\times 装机容量 \tag{7-5}$$

表 7.7　　联合试运转费费用指标表

| 类别 | 项　目 | 费　用　指　标 | | | | | | | | | | |
|---|---|---|---|---|---|---|---|---|---|---|---|---|
| 水电站工程 | 单机容量（万 kW） | ≤1 | ≤2 | ≤3 | ≤4 | ≤5 | ≤6 | ≤10 | ≤20 | ≤30 | ≤40 | >40 |
| | 费用（万元/台） | 3 | 4 | 5 | 6 | 7 | 8 | 9 | 11 | 12 | 16 | 22 |
| 泵站工程 | 电力泵站 | 25～30 元/kW | | | | | | | | | | |

### 7.2.2　生产准备费

生产准备费是指水利建设项目的生产、管理单位为准备正常的生产运行或管理所发生的费用。包括生产及管理单位提前进厂费、生产职工培训费、管理用具购置费、备品备件购置费、工器具及生产家具购置费等五项内容。

1. 生产及管理单位提前进厂费

生产及管理单位提前进厂费是指在工程完工之前，生产及管理单位有一部分工人、技术人员和管理人员提前进厂进行生产筹备工作所需的各项费用。内容包括提前进厂人员的基本工资、辅助工资、工资附加费、劳动保护费、教育经费、办公费、差旅交通费、会议费、技术图书资料费、零星固定资产购置费、工具用具使用费、低值易耗品摊销费、修理费、水电费、取暖费以及其他属于生产筹建期间应开支的费用。

枢纽工程的生产及管理单位提前进厂费按一至四部分建安工作量的 0.2%～0.4%计算。大(1)型工程取小值，大(2)型工程取大值。

引水和灌溉工程视工程规模参照枢纽工程计算。

改扩建与加固工程、堤防及疏浚工程原则上不计此项费用，若工程中含有新建大型泵站、船闸等建筑物，按建筑物的建安工作量参照枢纽工程费率适当计列。

2. 生产职工培训费

生产职工培训费是指生产及管理单位为了保证投产后生产、管理工作能顺利进行，在工程竣工验收之前，需对工人、技术人员与管理人员进行培训所发生的培训费用。包括基本工资、辅助工资、工资附加费、劳动保护费、差旅交通费、实习费等以及其他属于职工培训应开支的费用。

枢纽工程的生产职工培训费按一至四部分建安工作量的 0.3%～0.5%计算。大(1)型工程取小值，大(2)型工程取大值。

引水和灌溉工程视工程规模参照枢纽工程计算。

改扩建与加固工程、堤防及疏浚工程原则上不计此项费用，若工程中含有新建大型泵站、船闸等建筑物，按建筑物的建安工作量参照枢纽工程费率适当计列。

3. 管理用具购置费

管理用具购置费是指为保证新建项目的正常生产和管理所必须购置的办公和生活用具等费用。包括办公室、会议室、阅览室、资料档案室、文娱室、医务室等公用设施需要配置的家具器具。

枢纽工程的管理用具购置费按一至四部分建安工作量的 0.02%～0.08%计算。大(1)型工程取小值，大(2)型工程取大值。

引水及河道工程的管理用具购置费按一至四部分建安工作量的 0.02%～0.03%计算。

4. 备品备件购置费

备品备件购置费是指工程在投产运行初期，由于易损件损耗和可能发生的事故，而必须准备的备品备件和专用材料的购置费。不包括设备价格中配备的备品备件。

备品备件购置费按占设备费的0.4%～0.6%计算。大(1) 型工程取下限，其他工程取中、上限。

注意：①设备费应包括机电设备、金属结构设备以及运杂费等全部设备费；②电站、泵站中同容量、同型号机组超过一台时，只计算一台的设备费。

5. 工器具及生产家具购置费

工器具及生产家具购置费是指按设计规定，为保证初期生产正常运行所必须购置的不属于固定资产标准的工具、器具、仪表、生产家具等的购置费用。不包括设备价格中已包括的专用工具。

工器具及生产家具购置费按占设备费的0.08%～0.2%计算。枢纽工程取下限，其他工程取中、上限。

### 7.2.3　科研勘测设计费

科研勘测设计费是指为工程建设所需的科研、勘测和设计等费用。包括工程科学研究试验费和工程勘测设计费。

1. 工程科学研究试验费

工程科学研究试验费是指在工程建设过程中，为解决工程的技术问题，而进行必要的科学研究试验所需的费用。

工程科学研究试验费按建安工作量的百分率计算。其中，枢纽和引水工程取0.5%，河道工程取0.2%。

2. 工程勘测设计费

工程勘测设计费是指工程从项目建议书开始至以后各阶段发生的勘测费、设计费。包括项目建议书、可行性研究、初步设计、招标设计和施工图设计阶段发生的勘测费、设计费和为勘测设计服务的科研试验费用。

勘测、设计费按国家计委、建设部计价格［2002］10号文关于发布《工程勘测设计收费管理规定》的通知执行。

### 7.2.4　建设及施工场地征用费

建设及施工场地征用费是指根据设计所确定的永久、临时工程征地和管理单位用地所发生的征地补偿费及应缴纳的耕地占用税等。主要包括征用场地上的林木、作物的赔偿费，建筑物迁建和居民迁移费等。建设及施工场地征用费的具体编制方法和计算标准参照移民和环境部分概算编制规定执行。

### 7.2.5　其他

1. 定额编制管理费

定额编制管理费是指水利工程定额的测定、编制、管理、发行等所需的费用。该项费用交由定额管理机构统一安排使用。

定额编制管理费按国家及省、自治区、直辖市计划（物价）部门有关规定计收。

根据国家计委、财政部关于第一批降低22项收费标准的通知计价费［1997］2500号文，工程定额编制管理费收费标准为：对沿海城市和建安工作量大的地区，按建安工作量

的0.4‰～0.8‰，对其他地区按建安工作量的0.4‰～1.3‰。

2. 工程质量监督费

工程质量监督费是指水利水电工程质量监督管理机构为保证工程质量而进行的检测、试验、监督、检查工作等费用。

工程质量监督费按国家及省、自治区、直辖市计划（物价）部门有关规定计收。

根据国家计委收费管理司、财政部综合与改革司关于水利建设工程质量监督收费标准及有关问题的规定，工程质量监督费按建安工作量计费，大城市不超过1.5‰，中等城市不超过2‰。小城市不超过2.5‰，已实施工程监理的建设项目，不超过0.5‰～1‰。

3. 工程保险费

工程保险费是指在工程建设期间，为使工程能在遭受火灾、水灾等自然灾害和意外事故造成损失后得到经济补偿，而对建筑、设备及安装工程保险所发生的保险费用。如需对工程进行保险，保险费用可按水利部与中国人民保险公司联合商定的费率进行计算，即内资部分按第一至第四部分投资合计的4.5‰～5.0‰计算。

4. 其他税费

其他税费是指按国家规定应缴纳的与工程建设有关的税费。应按国家有关规定计取。

## 学习情境小结

本学习情境主要介绍了施工临时工程和独立费用的构成及概算编制方法。

学习任务之一是掌握施工临时工程的项目组成及概算编制方法。在编制施工临时工程概算时，施工导流工程必须采用单价法进行编制，其余部分可采用单价法、指标法、公式法或百分率法进行编制。

学习任务之二是掌握独立费用的项目组成及概算编制方法。在编制概算时，主要采用指标法和百分率法进行编制。

## 项目实训与思考

1. 什么叫施工临时工程？施工临时工程包括哪几个部分？

2. 施工临时工程各部分投资应分别采用什么方法计算？

3. 什么叫独立费用？独立费用包括哪些内容？

4. 如何计算独立费用？

5. 说明以下项目的区别：建筑工程中的房屋建筑工程和临时工程中的房屋建筑工程；临时设施和临时工程。

6. 什么叫建安工作量？一至四部分建安工作量与一至四部分投资合计有何区别？

# 学习情境8 工程总概算编制

**学习目标：**

1. 掌握设计概算文件的组成。
2. 熟悉工程总概算表及其他概算表的编制。
3. 理解工程总造价的含义。

**学习任务：**

1. 设计概算文件的组成。
2. 工程总概算表的编制方法。

## 学习单元8.1 设计总概算编制依据及编制程序

### 8.1.1 设计概算编制依据

（1）国家及省、自治区、直辖市颁发的有关法令法规、制度、规程。

（2）水利工程设计概（估）算编制规定。

（3）《水利建筑工程概算定额》、《水利水电设备安装工程概算定额》、《水利工程施工机械台时费定额》和有关行业主管部门颁发的定额。

（4）水利工程设计工程量计算规则。

（5）初步设计文件及图纸。

（6）有关合同协议及资金筹措方案。

（7）其他。

### 8.1.2 设计概算文件编制程序

1. 准备工作

（1）了解工程概况，即了解工程位置、规模、枢纽布置、地质、水文情况、主要建筑物的结构型式和主要技术数据、施工总体布置、施工导流、对外交通条件、施工进度及主体工程施工方案等。

（2）拟定工作计划，确定编制原则和依据；确定计算基础价格的基本条件和参数；确定所采用的定额标准及有关数据；明确各专业提供的资料内容、深度要求和时间；落实编制进度及提交最后成果的时间；编制人员分工安排和提出计划工作量。

（3）调查研究、收集资料。主要了解施工砂、石、土料储量、级配、料场位置、料场内外交通运输条件、开挖运输方式等。搜集物资、材料、税务、交通及设备价格资料，调查新技术、新工艺、新材料的有关价格等。

2. 计算基础单价

基础单价是建安工程单价计算的依据和基本要素之一。应根据收集到的各项资料，按工程所在地编制年价格水平，执行上级主管部门有关规定分析计算。

3. 划分工程项目、计算工程量

按照水利水电基本建设项目划分的规定将项目进行划分，并按水利水电工程量计算

规定计算工程量。设计工程量就是编制概算的工程量。合理的超挖、超填和施工附加量及各种损耗和体积变化等均已按现行规范计入有关概算定额，设计工程量中不再另行计算。

4. 套用定额计算工程单价

在上述工作的基础上，根据工程项目的施工组织设计、现行定额、费用标准和有关设备价格，分别编制工程单价。

5. 编制工程概算

根据工程量、设备清单、工程单价和费用标准分别编制各部分概算。

6. 进行工、料、机分析汇总

将各工程项目所需的人工工时和费用，主要材料数量和价格，使用机械总数及台时，进行统计汇总。

7. 汇总总概算

各部分概算投资计算完成后，即可进行总概算汇总，主要内容为：

(1) 汇总建筑工程、机电设备及安装工程、金属结构设备及安装工程、施工临时工程和独立费用五部分投资。

(2) 编制总概算表，填写各部分投资之后，再依次计算基本预备费、价差预备费、建设期还贷利息，最终计算静态总投资和总投资。

8. 进行复核、编写概算编制说明及装订整理

最后编写编制说明并将校核、审定后的概算成果一同装订成册，形成设计概算文件。

# 学习单元 8.2　设计概算文件组成内容

## 8.2.1　概算正件组成内容

### 8.2.1.1　编制说明

1. 工程概况

流域，河系，工程兴建地点，对外交通条件，工程规模，工程效益，工程布置型式，主体建筑工程量，主要材料用量，施工总工期，施工总工时，施工平均人数和高峰人数，资金筹措情况和投资比例等。

2. 主要投资指标

工程静态总投资和总投资，年度价格指数，基本预备费率，建设期融资额度、利率和利息等。

3. 编制原则和依据

(1) 概算编制原则和依据。

(2) 人工预算单价，主要材料，施工用电、水、风，砂石料等基础单价的计算依据。

(3) 主要设备价格的编制依据。

(4) 费用计算标准及依据。

(5) 工程资金筹措方案。

4. 概算编制中其他应说明的问题

5. 主要技术经济指标表

6. 工程概算总表

#### 8.2.1.2 工程部分概算表

1. 概算表

(1) 总概算表。

(2) 建筑工程概算表。

(3) 机电设备及安装工程概算表。

(4) 金属结构设备及安装工程概算表。

(5) 施工临时工程概算表。

(6) 独立费用概算表。

(7) 分年度投资表。

(8) 资金流量表。

2. 概算附表

(1) 建筑工程单价汇总表。

(2) 安装工程单价汇总表。

(3) 主要材料预算价格汇总表。

(4) 次要材料预算价格汇总表。

(5) 施工机械台时费汇总表。

(6) 主要工程量汇总表。

(7) 主要材料量汇总表。

(8) 工时数量汇总表。

(9) 建设及施工场地征用数量汇总表。

### 8.2.2 概算附件组成内容

(1) 人工预算单价计算表。

(2) 主要材料运输费用计算表。

(3) 主要材料价格计算表。

(4) 施工用电价格计算书。

(5) 施工用水价格计算书。

(6) 施工用风价格计算书。

(7) 补充定额计算书。

(8) 补充施工机械台时费计算书。

(9) 砂石料单价计算书。

(10) 混凝土材料单价计算表。

(11) 建筑工程单价表。

(12) 安装工程单价表。

(13) 主要设备运杂费率计算书。

(14) 临时房屋建筑工程投资计算书。

(15) 独立费用计算书(按独立项目分项计算)。

(16) 分年度投资表。

(17) 资金流量计算表。

(18) 价差预备费计算表。

(19) 建设期融资利息计算书。

(20) 计算人工、材料、设备预算价格和费用依据的有关文件、询价报价资料及其他。

概算正件及附件均应单独成册并随初步设计文件报审。

# 学习单元 8.3 常用设计概算表格的编制

## 8.3.1 工程概算总表的编制

工程概算总表由工程部分与移民和环境部分的总概算表汇总而成。具体见表 8.1。

表 8.1 工程概算总表 单位：万元

| 序号 | 工程或费用名称 | 建安工程费 | 设备购置费 | 独立费用 | 合计 |
|---|---|---|---|---|---|
| Ⅰ | 工程部分投资<br>……<br>静态总投资<br>……<br>总投资 | | | | |
| Ⅱ | 移民环境投资<br>……<br>静态总投资<br>……<br>总投资 | | | | |
| Ⅲ | 工程投资总计<br>静态总投资<br>总投资 | | | | |

移民和环境部分概算包括水库移民征地补偿、水土保持工程和环境保护工程三部分概算。其概算编制分别执行《水利工程建设征地移民补偿投资概（估）算编制规定》、《水土保持工程概（估）算编制规定》、《水利工程环境保护设计概（估）算编制规定》。

表中Ⅰ是工程部分总概算表；Ⅱ是移民和环境总概算表；Ⅲ是前两部分合计静态总投资和总投资。表中工程或费用名称一般按项目划分列至每一部分。

## 8.3.2 概算表格的编制

概算表包括总概算表、建筑工程概算表、设备及安装工程概算表、分年度投资表和资金流量表等。

### 8.3.2.1 总概算表

总概算表，是设计概算文件的总表。它综合反映出基本建设工程项目的全部投资及其组成。建设项目总概算表除了按顺序填写建筑工程、机电设备及安装工程、金属结构设备及安装工程、临时工程、独立费用五大部分投资外（列至一级项目），在五部分投资之后，还应依次填写以下项目：一至五部分投资合计、基本预备费、静态总投资、价差预备费、建设期融资利息、总投资。总概算表的格式见表8.2。

表8.2 总概算表 单位：万元

| 序号 | 工程或费用名称 | 建安工程费 | 设备购置费 | 独立费用 | 合计 | 占一至五部分投资（%） |
|---|---|---|---|---|---|---|
| | 各部分投资 | | | | | |
| | 一至五部分投资合计 | | | | | |
| | 基本预备费 | | | | | |
| | 静态总投资 | | | | | |
| | 价差预备费 | | | | | |
| | 建设期融资利息 | | | | | |
| | 总投资 | | | | | |

**8.3.2.2 建筑工程概算表**

建筑工程概算表按项目划分列至三级项目。适用于编制建筑工程概算、施工临时工程概算和独立费用概算。具体见表8.3。

表8.3 建筑工程概算表

| 序号 | 工程或费用名称 | 单位 | 数量 | 单价（元） | 合价（元） |
|---|---|---|---|---|---|
| | | | | | |

**8.3.2.3 设备及安装工程概算表**

设备及安装工程概算表按项目划分列至三级项目，适用于编制机电和金属结构设备及安装工程概算，见表8.4。

表8.4 设备及安装工程概算表

| 序号 | 名称及规格 | 单位 | 数量 | 单价（元） | | 合价（元） | |
|---|---|---|---|---|---|---|---|
| | | | | 设备费 | 安装费 | 设备费 | 安装费 |
| | | | | | | | |

**8.3.2.4 分年度投资表**

1. 分年度投资计算

分年度投资是根据施工组织设计确定的施工进度和合理工期而计算出的工程各年度预计完成的投资额。它是计算基本预备费、资金流量的依据。

(1) 建筑工程。建筑工程分年度投资的编制应按一级项目中的主要工程项目分别反映各自的建筑工程量，对主要工程按各单项工程分年度完成的工程量和相应的工程单价计算，对于次要的和其他工程可按各年度所完成投资的比例，摊入分年度投资表。

(2) 设备及安装工程。设备及安装工程分年度投资的编制应根据施工组织设计确定的设备安装进度计算各年预计完成的设备费和安装费。

（3）独立费用。根据费用的性质、用途及费用发生的先后与施工时段的关系，按相应施工年度分摊计算。项目建设管理费中，建设管理费应在工程总工期内分摊计算；联合试运转费可在第一台机组发电前半年至工程竣工的时段内分摊计算。生产准备费可在主体工程开工至第一台机组发电或水库蓄水前的施工时段内分摊计算。科研勘测设计费可按工程总工期分摊，但都向前平移一个年度使用，其中第一个超前年度的投资计入第一个施工年度内。建设及施工场地征用费可在工程施工准备期内分摊计算。

2. 分年度投资表填写

可视不同情况按项目划分列至一级项目。枢纽工程原则上按下表编制分年度投资，为编制资金流量表做准备。某些工程施工期较短，可不编制资金流量表，因此其分年度投资表的项目可按工程部分总概算表的项目列入。见表8.5。

**表8.5** **分年度投资表** 单位：万元

| 项目 | 合计 | 建设工期（年） | | | | | | | |
|---|---|---|---|---|---|---|---|---|---|
| | | 1 | 2 | 3 | 4 | 5 | 6 | 7 | 8 |
| 一、建筑工程 | | | | | | | | | |
| 1. 建筑工程 | | | | | | | | | |
| ×××工程（一级项目） | | | | | | | | | |
| 2. 施工临时工程 | | | | | | | | | |
| ×××工程（一级项目） | | | | | | | | | |
| 二、安装工程 | | | | | | | | | |
| 1. 发电设备安装工程 | | | | | | | | | |
| 2. 变电设备安装工程 | | | | | | | | | |
| 3. 公用设备安装工程 | | | | | | | | | |
| 4. 金属结构设备安装工程 | | | | | | | | | |
| 三、设备工程 | | | | | | | | | |
| 1. 发电设备 | | | | | | | | | |
| 2. 变电设备 | | | | | | | | | |
| 3. 公用设备 | | | | | | | | | |
| 4. 金属结构设备 | | | | | | | | | |
| 四、独立费用 | | | | | | | | | |
| 1. 建设管理费 | | | | | | | | | |
| 2. 生产准备费 | | | | | | | | | |
| 3. 科研勘测设计费 | | | | | | | | | |
| 4. 建设及场地征用费 | | | | | | | | | |
| 5. 其他 | | | | | | | | | |
| 一至四部分合计 | | | | | | | | | |

#### 8.3.2.5 资金流量表

可视不同情况按项目划分列至一级或二级项目。见表8.6。

表8.6 资金流量表 单位：万元

| 项目 | 合计 | 建设工期（年） | | | | | | | |
|---|---|---|---|---|---|---|---|---|---|
| | | 1 | 2 | 3 | 4 | 5 | 6 | 7 | 8 |
| 一、建筑工程 | | | | | | | | | |
| 分年度资金流量 | | | | | | | | | |
| ×××工程 | | | | | | | | | |
| …… | | | | | | | | | |
| 二、安装工程 | | | | | | | | | |
| 分年度资金流量 | | | | | | | | | |
| 三、设备工程 | | | | | | | | | |
| 分年度资金流量 | | | | | | | | | |
| 四、独立费用 | | | | | | | | | |
| 分年度资金流量 | | | | | | | | | |
| 一至四部分合计 | | | | | | | | | |
| 分年度资金流量 | | | | | | | | | |
| 基本预备费 | | | | | | | | | |
| 静态总投资 | | | | | | | | | |
| 价差预备费 | | | | | | | | | |
| 建设期融资利息 | | | | | | | | | |
| 总投资 | | | | | | | | | |

### 8.3.3 概算附表的编制

概算附表包括建筑工程单价汇总表（表8.7）、安装工程单价汇总表（表8.8）、主要材料预算价格汇总表（表8.9）、次要材料预算价格汇总表（表8.10）、施工机械台时费汇总表（表8.11）、主要工程量汇总表（表8.12）、主要材料用量汇总表（表8.13）、工时数量汇总表（表8.14）、建设及施工场地征用数量汇总表（表8.15）。

表8.7 建筑工程单价汇总表 单位：元

| 序号 | 名称 | 单位 | 单价 | 其中 | | | | | | | |
|---|---|---|---|---|---|---|---|---|---|---|---|
| | | | | 人工费 | 材料费 | 机械使用费 | 其他直接费 | 现场经费 | 间接费 | 企业利润 | 税金 |
| | | | | | | | | | | | |

表8.8 安装工程单价汇总表 单位：元

| 序号 | 名称 | 单位 | 单价 | 其中 | | | | | | | | |
|---|---|---|---|---|---|---|---|---|---|---|---|---|
| | | | | 人工费 | 材料费 | 机械使用费 | 装置性材料费 | 其他直接费 | 现场经费 | 间接费 | 企业利润 | 税金 |
| | | | | | | | | | | | | |

表 8.9　　主要材料预算价格汇总表　　单位：元

| 序号 | 名称及规格 | 单位 | 预算价格 | 其中 | | | |
|---|---|---|---|---|---|---|---|
| | | | | 原价 | 运杂费 | 运输保险费 | 采购及保管费 |
| | | | | | | | |

表 8.10　　次要材料预算价格汇总表　　单位：元

| 序号 | 名称及规格 | 单位 | 原价 | 运杂费 | 合　计 |
|---|---|---|---|---|---|
| | | | | | |

表 8.11　　施工机械台时费汇总表　　单位：元

| 序号 | 名称及规格 | 台时费 | 其中 | | | | |
|---|---|---|---|---|---|---|---|
| | | | 折旧费 | 修理及替换设备费 | 安拆费 | 人工费 | 动力燃料费 |
| | | | | | | | |

表 8.12　　主要工程量汇总表

| 序号 | 项目 | 土石方明挖（$m^3$） | 石方洞挖（$m^3$） | 土石方填筑（$m^3$） | 混凝土（$m^3$） | 模板（$m^2$） | 钢筋（t） | 帷幕灌浆（m） | 固结灌浆（m） |
|---|---|---|---|---|---|---|---|---|---|
| | | | | | | | | | |

表 8.13　　主要材料用量汇总表

| 序号 | 项目 | 水泥（t） | 钢筋（t） | 钢材（t） | 木材（$m^3$） | 炸药（t） | 沥青（t） | 粉煤灰（t） | 汽油（t） | 柴油（t） |
|---|---|---|---|---|---|---|---|---|---|---|
| | | | | | | | | | | |

表 8.14　　工时数量汇总表

| 序　号 | 项　目 | 工时数量 | 备　注 |
|---|---|---|---|
| | | | |

表 8.15　　建设及施工场地征用数量汇总表

| 序　号 | 项　目 | 占地面积（亩） | 备　注 |
|---|---|---|---|
| | | | |

### 8.3.4　概算附件附表

概算附件附表包括人工预算单价计算表（表 8.16）、主要材料运输费用计算表（表 8.17）、主要材料预算价格计算表（表 8.18）、混凝土材料单价计算表（表 8.19）、建筑工程单价表（表 8.20）、安装工程单价表（表 8.21）、资金流量计算表（表 8.22）、主要技术经济指标表。其中主要技术经济指标表可根据工程具体情况编制，反映出主要技术经济指标即可。

表 8.16 人工预算单价计算表

| 地区类别 | | 定额人工等级 | |
|---|---|---|---|
| 序号 | 项目 | 计算式 | 单价（元） |
| 1 | 基本工资 | | |
| 2 | 辅助工资 | | |
| (1) | 地区津贴 | | |
| (2) | 施工津贴 | | |
| (3) | 夜餐津贴 | | |
| (4) | 节日加班津贴 | | |
| 3 | 工资附加费 | | |
| (1) | 职工福利基金 | | |
| (2) | 工会经费 | | |
| (3) | 养老保险费 | | |
| (4) | 医疗保险费 | | |
| (5) | 工伤保险费 | | |
| (6) | 职工失业保险基金 | | |
| (7) | 住房公积金 | | |
| 4 | 人工工日预算单价 | | |
| 5 | 人工工时预算单价 | | |

表 8.17 主要材料运输费用计算表

| 编　号 | 1 | 2 | 3 | 材料名称 | | | | 材料编号 | |
|---|---|---|---|---|---|---|---|---|---|
| 交货条件 | | | | 运输方式 | 火车 | 汽车 | 船运 | 火车 | |
| 交货地点 | | | | 货物等级 | | | | 整车 | 零担 |
| 交货比例（%） | | | | 装载系数 | | | | | |

| 编号 | 运输费用项目 | 运输起讫地点 | 运输距离（km） | 计算公式 | 合计（元） |
|---|---|---|---|---|---|
| 1 | 铁路运杂费 | | | | |
| | 公路运杂费 | | | | |
| | 水路运杂费 | | | | |
| | 场内运杂费 | | | | |
| | 综合运杂费 | | | | |
| 2 | 铁路运杂费 | | | | |
| | 公路运杂费 | | | | |
| | 水路运杂费 | | | | |
| | 场内运杂费 | | | | |
| | 综合运杂费 | | | | |

续表

| 编号 | 运输费用项目 | 运输起讫地点 | 运输距离（km） | 计算公式 | 合计（元） |
|---|---|---|---|---|---|
| 3 | 铁路运杂费 | | | | |
| | 公路运杂费 | | | | |
| | 水路运杂费 | | | | |
| | 场内运杂费 | | | | |
| | 综合运杂费 | | | | |
| 每吨运杂费 | | | | | |

**表 8.18** 主要材料预算价格计算表

| 编号 | 名称及规格 | 单位 | 原价依据 | 单位毛重（t） | 每吨运费（元） | 其中 | | | | | |
|---|---|---|---|---|---|---|---|---|---|---|---|
| | | | | | | 原价 | 运杂费 | 采购及保管费 | 运到工地分仓库价格 | 保险费 | 预算价格 |
| | | | | | | | | | | | |

**表 8.19** 混凝土材料单价计算表 单位：$m^3$

| 编号 | 混凝土标号 | 水泥强度等级 | 级配 | 预算量 | | | | | | 单价（元） |
|---|---|---|---|---|---|---|---|---|---|---|
| | | | | 水泥（kg） | 掺和料（kg） | 砂（$m^3$） | 石子（$m^3$） | 外加剂（kg） | 水（kg） | |
| | (1) | (2) | (3) | (4) | (5) | (6) | (7) | (8) | (9) | (10) |
| | | | | | | | | | | |

**表 8.20** 建筑工程单价表

定额编号________ 项目____________ 定额单位：

施工方法：

| 编号 | 名称 | 单位 | 数量 | 单价（元） | 合价（元） |
|---|---|---|---|---|---|
| | (1) | (2) | (3) | (4) | (5) |
| | | | | | |

**表 8.21** 安装工程单价表

定额编号________ 项目____________ 定额单位：

施工方法：

| 编号 | 名称 | 单位 | 数量 | 单价（元） | 合价（元） |
|---|---|---|---|---|---|
| | (1) | (2) | (3) | (4) | (5) |
| | | | | | |

表 8.22　　资金流量计算表　　单位：万元

| 项　目 | 合计 | 建设工期（年） | | | | | | | |
|---|---|---|---|---|---|---|---|---|---|
| | | 1 | 2 | 3 | 4 | 5 | 6 | 7 | 8 |
| 一、建筑工程 | | | | | | | | | |
| （一）×××工程 | | | | | | | | | |
| 1. 分年度完成工作量 | | | | | | | | | |
| 2. 预付款 | | | | | | | | | |
| 3. 扣回预付款 | | | | | | | | | |
| 4. 保留金 | | | | | | | | | |
| 5. 偿还保留金 | | | | | | | | | |
| （二）×××工程 | | | | | | | | | |
| …… | | | | | | | | | |
| 二、安装工程 | | | | | | | | | |
| 1. 分年度完成安装费 | | | | | | | | | |
| 2. 预付款 | | | | | | | | | |
| 3. 扣回预付款 | | | | | | | | | |
| 4. 保留金 | | | | | | | | | |
| 5. 偿还保留金 | | | | | | | | | |
| 三、设备工程 | | | | | | | | | |
| 1. 分年度完成设备费 | | | | | | | | | |
| 2. 预付款 | | | | | | | | | |
| 3. 扣回预付款 | | | | | | | | | |
| 4. 保留金 | | | | | | | | | |
| 5. 偿还保留金 | | | | | | | | | |
| 四、独立费用 | | | | | | | | | |
| 1. 分年度完成设备费 | | | | | | | | | |
| 2. 保留金 | | | | | | | | | |
| 3. 偿还保留金 | | | | | | | | | |
| 一至四部分合计 | | | | | | | | | |
| 1. 分年度工作量 | | | | | | | | | |
| 2. 预付款 | | | | | | | | | |
| 3. 扣回预付款 | | | | | | | | | |
| 4. 保留金 | | | | | | | | | |
| 5. 偿还保留金 | | | | | | | | | |
| 基本预备费 | | | | | | | | | |
| 静态总投资 | | | | | | | | | |
| 价差预备费 | | | | | | | | | |
| 建设期融资利息 | | | | | | | | | |
| 总投资 | | | | | | | | | |

# 学习单元 8.4　分年度投资及资金流量

## 8.4.1　分年度投资

分年度投资是根据施工组织设计确定的施工进度和合理工期而计算出的工程各年度预计完成的投资额。

1. 建筑工程

(1) 建筑工程分年度投资表应根据施工进度的安排，对主要工程按各单项工程分年度完成的工程量和相应的工程单价计算。对于次要的和其他工程，可根据施工进度，按各年所占完成投资的比例，摊入分年度投资表。

(2) 建筑工程分年度投资的编制至少应按二级项目中的主要工程项目分别反映各自的建筑工作量。

2. 设备及安装工程

设备及安装工程分年度投资应根据施工组织设计确定的设备安装进度计算各年预计完成的设备费和安装费。

3. 费用

根据费用的性质和费用发生的时段，按相应年度分别进行计算。

## 8.4.2　资金流量

资金流量是为满足工程项目在建设过程中各时段的资金需求，按工程建设所需资金投入时间计算的各年度使用的资金量。资金流量表的编制以分年度投资表为依据，按建筑安装工程、永久设备工程和独立费用三种类型分别计算。

1. 建筑及安装工程资金流量

(1) 建筑工程可根据分年度投资表的项目划分，考虑一级项目中的主要工程项目，以归项划分后各年度建筑工作量作为计算资金流量的依据。

(2) 资金流量是在原分年度投资的基础上，考虑预付款、预付款的扣回、保留金和保留金的偿还等编制出的分年度资金安排。

(3) 预付款一般可划分为工程预付款和工程材料预付款两部分。

1) 工程预付款按划分的单个工程项目的建安工作量的10%～20%计算，工期在3年以内的工程全部安排在第一年，工期在3年以上的可安排在前两年。工程预付款的扣回从完成建安工作量的30%起开始，按完成建安工作量的20%～30%扣回至预付款全部回收完毕为止。对于需要购置特殊施工机械设备或施工难度较大的项目，工程预付款可取大值，其他项目取中值或小值。

2) 工程材料预付款。水利工程一般规模较大，所需材料的种类及数量较多，提前备料所需资金较大，因此考虑向承包商支付一定数量的材料预付款。可按分年度投资中次年完成建安工作量的20%在本年提前支付，并于次年扣回，依此类推，直至本项目竣工（河道工程和灌溉工程等不计此项预付款）。

(4) 保留金。水利工程的保留金，按建安工作量的2.5%计算。在概算资金流量计算时，按分项工程分年度完成建安工作量的5%扣留至该项工程全部建安工作量的2.5%时终止（即完成建安工作量的50%时），并将所扣的保留金100%计入该项工程终止后一年

（如该年已超出总工期，则此项保留金计入工程的最后一年）的资金流量表内。

2. 永久设备工程资金流量

永久设备工程资金流量的计算，划分为主要设备和一般设备两种类型分别计算。

(1) 主要设备资金流量的计算，按设备到货周期确定各年资金流量比例，具体比例见表8.23。

(2) 其他设备，其资金流量按到货前一年预付15%定金，到货年支付85%的剩余价款。

表8.23　　主要设备各年资金流量比例

| 到货周期＼年度 | 第1年 | 第2年 | 第3年 | 第4年 | 第5年 | 第6年 |
|---|---|---|---|---|---|---|
| 1年 | 15% | 75%* | 10% | | | |
| 2年 | 15% | 25% | 50%* | 10% | | |
| 3年 | 15% | 25% | 10% | 40%* | 10% | |
| 4年 | 15% | 25% | 10% | 10% | 30%* | 10% |

注 1. 表中带*号的年度为设备到货年度。
2. 主要设备为水轮发电机组、大型电机、主阀、主变压器、桥机、门机、高压断路器或高压组合电器、金属结构闸门启闭设备等。

3. 独立费用资金流量

独立费用资金流量主要是勘测设计费的支付方式应考虑质量保证金的要求，其它项目均按分年度投资表中的资金安排计算。

(1) 可行性研究和初步设计阶段勘测设计费按合理工期分年平均计算。

(2) 技施阶段勘测设计费的95%按合理工期分年平均计算，其余5%的勘测设计费用作为设计保证金计入最后一年的资金流量表内。

## 学习单元8.5 总概算编制

在各部分概算完成后，即可进行总概算表的编制。总概算表是设计概算文件的总表，反映了整个工程项目的全部投资，按现行规定，建设项目总概算表除了按顺序填写五大部分投资外（列至一级项目），在五部分投资之后，还应依次填写以下项目：一至五部分投资合计、基本预备费、静态总投资、价差预备费、建设期融资利息、总投资。一至五部分投资计算前面已作了介绍，下面逐项介绍其它几项费用的计算方法。

### 8.5.1 预备费

指在设计阶段难以预料而在建设过程中又可能发生的、规定范围内的工程和费用，以及工程建设期内由于物价变化和费用标准调整而发生的价差。包括基本预备费和价差预备费两项。

1. 基本预备费

主要指工程建设过程中初步设计范围以内的设计变动和国家政策性变动增加的投资。可根据工程规模、施工年限和地质条件等不同情况，按工程一至五部分投资合计（依据分年度投资表）的百分率计算。初步设计阶段为5%～8%，可行性研究阶段投资估算为10%。

2. 价差预备费

主要指工程建设过程中，因材料设备价格上涨和费用标准调整而导致投资增加的预留费用。

价差预备费可根据施工年限，以资金流量表的静态投资（含基本预备费）为计算基数按国家规定的物价指数计算。计算公式为

$$E=\sum_{n=1}^{N}F_n[(1+P)^n-1] \tag{8-1}$$

式中：$E$ 为价差预备费；$N$ 为合理建设工期；$n$ 为施工年度；$F_n$ 为建设期间资金流量表内第 $n$ 年的投资；$P$ 为年物价指数。

### 8.5.2 建设期融资利息

根据合理建设工期，按设计概算一至五部分分年度资金流量、基本预备费、价差预备费之和，按国家规定的贷款利率复利计息。计算公式为

$$S=\sum_{n=1}^{N}\left[\left(\sum_{m=1}^{n}F_mb_m-\frac{1}{2}F_nb_n\right)+\sum_{m=0}^{n-1}S_m\right]i \tag{8-2}$$

式中：$S$ 为建设期融资利息；$N$ 为合理建设工期；$n$ 为施工年度；$m$ 为还息年度；$F_n$、$F_m$ 为在建设期资金流量表内第 $n$、$m$ 年的投资；$b_n$、$b_m$ 为各施工年份融资额占当年投资比例；$i$ 为建设期投资利率；$S_m$ 为第 $m$ 年的付息额度。

### 8.5.3 静态总投资

工程一～五部分投资与基本预备费之和构成静态总投资。

### 8.5.4 总投资

工程一～五部分投资、基本预备费、价差预备费、建设期融资利息之和构成总投资。

### 8.5.5 工程项目实例分析

**【工程实例分析 8-1】**

1. 项目背景

某枢纽工程资金流量表，见表 8.24。

**表 8.24 资 金 流 量 表** 单位：万元

| 项目 | 合计 | 建设工期（年） | | |
|---|---|---|---|---|
| | | 1 | 2 | 3 |
| 一、建筑工程 | 15300.00 | 5150.00 | 8100.00 | 2050.00 |
| 二、安装工程 | 800.00 | 140.00 | 300.00 | 360.00 |
| 三、设备工程 | 100.00 | 10.00 | 50.00 | 40.00 |
| 四、独立费用 | 900.00 | 400.00 | 300.00 | 200.00 |
| 一至四部分合计 | 17100.00 | 5700.00 | 8750.00 | 2650.00 |
| 基本预备费 | *855.00* | *285.00* | *437.50* | *132.50* |
| 静态总投资 | *17955.00* | *5985.00* | *9187.50* | *2782.50* |
| 价差预备费 | *2026.18* | *359.10* | *1135.58* | *531.50* |
| 建设期融资利息 | *1929.21* | *177.63* | *658.53* | *1093.05* |
| 工程总投资 | *21910.39* | *6521.73* | *10981.61* | *4407.05* |

注 基本预备费率 5%，物价指数 6%，融资利率 8%，融资比例 70%。

2. 工作任务

根据表中给定的条件，将表中空白部分计算并填写完整。

3. 分析与解答

第一步：以第一年为例，说明表中部分项目数据的具体计算方法：

基本预备费：5700.00×5%＝285.00(万元)

静态总投资：5700.00＋285.00＝5985.00(万元)

价差预备费：5985.00×[$(1+6\%)^1-1$]＝359.10(万元)

建设期融资利息：[用式（8－2)]

[(5985.00＋359.10)×70%－0.5×(5985.00＋359.10)×70%]×8%＝177.63(万元)

总投资：5985.00＋359.10＋177.63＝6521.73(万元)

第二步：第二年、第三年计算略，请同学们自己试着计算，计算结果详见表8.24中斜体部分。

**【工程实例分析8－2】**

1. 项目背景

某枢纽工程第一至第五部分的分年度投资如表8.25所列，其中机电设备购置费为500万元，金属结构设备购置费为200万元。

2. 工作任务

试按给定条件，计算并填写枢纽工程总概算表8.26。

3. 分析与解答

第一步：分析理解表8.25所列内容。

第二步：正确填写总概算表8.26。

**表 8.25**　　　　**分年度投资表**　　　　**单位：万元**

| 序号 | 项　　目 | 合　计 | 建设工期（年） | | |
|---|---|---|---|---|---|
| | | | 1 | 2 | 3 |
| 1 | 第一部分 建筑工程 | 15000.00 | 5000.00 | 8000.00 | 2000.00 |
| 2 | 第二部分 机电设备及安装工程 | 600.00 | 100.00 | 250.00 | 250.00 |
| 3 | 第三部分 金属结构设备及安装工程 | 300.00 | 50.00 | 100.00 | 150.00 |
| 4 | 第四部分 施工临时工程 | 300 | 150 | 100 | 50 |
| 5 | 第五部分 独立费用 | 900.00 | 400.00 | 300.00 | 200.00 |
| 6 | 一至五部分合计 | 17100.00 | 5700.00 | 8750.00 | 2650.00 |
| 7 | 基本预备费 | 855.00 | 285.00 | 437.50 | 132.50 |
| 8 | 静态总投资 | 17955.00 | 5985.00 | 9187.50 | 2782.50 |
| 9 | 价差预备费 | 2026.18 | 359.10 | 1135.58 | 531.50 |
| 10 | 建设期融资利息 | 1929.21 | 177.63 | 658.53 | 1093.05 |
| 11 | 工程总投资 | 21910.39 | 6521.73 | 10981.61 | 4407.05 |

**注**　基本预备费率5%，物价指数6%，融资利率8%，融资比例70%。

表 8.26 总 概 算 表 单位：万元

| 序号 | 工程或费用名称 | 建安工程费 | 设备购置费 | 独立费用 | 合计 | 占一至五部分投资(%) |
|---|---|---|---|---|---|---|
| 1 | 第一部分 建筑工程 | 15000 | | | 15000 | 87.73 |
| 2 | 第二部分 机电设备及安装工程 | 100 | 500 | | 600 | 3.51 |
| 3 | 第三部分 金属结构设备及安装工程 | 100 | 200 | | 300 | 1.75 |
| 4 | 第四部分 施工临时工程 | 300 | | | 300 | 1.75 |
| 5 | 第五部分 独立费用 | | | 900 | 900 | 5.26 |
| 6 | 一至五部分投资合计 | 15500 | 700 | 900 | 17100 | 100 |
| 7 | 基本预备费 | | | | 855 | |
| 8 | 静态总投资 | | | | 17955 | |
| 9 | 价差预备费 | | | | 2026.18 | |
| 10 | 建设期融资利息 | | | | 1929.21 | |
| 11 | 工程总投资 | | | | 21910.39 | |

**【工程实例分析 8-3】**

1. 项目背景

某该水利工程为某流域规划的一座大型综合利用水利枢纽工程，控制流域面积 1927km$^2$，水库主要任务是以防洪、发电、工业及生活供水为主，兼顾灌溉等。水库设计洪水标准为100年一遇，校核洪水标准为2000年一遇，校核洪水位289.9m，水库总库容为7.98亿m$^3$。资金来源由中央水利基建投资80%，余额由融资解决。基本预备费率6%，物价指数6%，融资利率8.25%。

2. 工作任务

试进行主要概算表格的编制。

3. 分析与解答

第一步：对项目背景进行分析。

第二步：编制概算表格见表8.27～表8.36。

表 8.27 总 概 算 表 单位：万元

| 序号 | 工程或费用名称 | 建安工程费 | 设备购置费 | 独立费用 | 合计 | 占一至五部分投资(%) |
|---|---|---|---|---|---|---|
| 1 | 第一部分 建筑工程 | 58428.98 | | | 58428.98 | 73.56 |
| 2 | 第二部分 机电设备及安装工程 | 236.32 | 2247.86 | | 2484.18 | 3.13 |
| 3 | 第三部分 金属结构设备及安装工程 | 313.68 | 1717.43 | | 2031.11 | 2.56 |
| 4 | 第四部分 施工临时工程 | 9591.20 | | | 9591.20 | 12.08 |
| 5 | 第五部分 独立费用 | | | 6890.69 | 6890.69 | 8.68 |
| 6 | 一至五部分投资合计 | 68570.18 | 3965.29 | 6890.69 | 79426.16 | 100.00 |
| 7 | 基本预备费 | | | | 4765.57 | |
| 8 | 静态总投资 | | | | 84191.73 | |
| 9 | 价差预备费 | | | | 14363.87 | |
| 10 | 建设期融资利息 | | | | 4944.66 | |
| 11 | 总投资 | | | | 103500.26 | |

表 8.28 建筑工程概算表

| 序 号 | 工程或费用名称 | 单位 | 数量 | 单 价（元） | 合 价（万元） |
|---|---|---|---|---|---|
| | 第一部分建筑工程 | | | | 58428.98 |
| 一 | 混凝土面板堆石坝工程 | | | | 32000.64 |
| (一) | 基础开挖工程 | | | | 2411.93 |
| 1 | 坝基土方开挖 | $m^3$ | 194281 | 11.70 | 227.31 |
| 2 | 河槽砂砾石开挖 | $m^3$ | 467846 | 18.42 | 861.77 |
| | …… | | | | |
| 二 | 溢洪道工程 | | | | 5764.20 |
| | …… | | | | |

表 8.29 机电设备及安装工程概算表

| 序号 | 名称及规格 | 单位 | 数量 | 单 价（元） | | 合 价（万元） | |
|---|---|---|---|---|---|---|---|
| | | | | 设备费 | 安装费 | 设备费 | 安装费 |
| | 第二部分机电设备及安装工程 | | | | | 2247.86 | 236.32 |
| 一 | 发电设备及安装工程 | | | | | 1121.71 | 134.11 |
| (一) | 1号电站工程 | | | | | 360.06 | 55.62 |
| 1 | 主机设备及安装 | | | | | 296.01 | 46.64 |
| ① | 水轮机 HLA551－LJ－84 | 台 | 2 | 420000 | 95474 | 84.00 | 19.09 |
| ② | 水轮发电机 SF1250－10/2150 | 台 | 2 | 620000 | 89432 | 124.00 | 17.89 |
| | …… | | | | | | |
| 二 | 升压变电设备及安装工程 | | | | | 614.08 | 83.09 |
| (一) | 1号电站 | | | | | 330.25 | 43.34 |
| 1 | 发电机电压（6.3kV）设备 | | | | | 46.7 | 6.01 |
| | …… | | | | | | |

表 8.30 金属结构设备及安装工程概算表

| 序号 | 名称及规格 | 单位 | 数量 | 单 价（元） | | 合 价（万元） | |
|---|---|---|---|---|---|---|---|
| | | | | 设备费 | 安装费 | 设备费 | 安装费 |
| | 第三部分金属结构设备及安装工程 | | | | | 1717.43 | 313.68 |
| 一 | 输水洞 | | | | | 226.41 | 171.00 |
| (一) | 输水洞进口拦污栅 | | | | | 28.00 | 4.19 |
| 1 | 拦污栅 | t | 8 | 10000 | 399 | 8.00 | 0.32 |
| 2 | 拦污栅埋件 | t | 8 | 9000 | 3094 | 7.20 | 2.48 |
| | …… | | | | | | |
| 二 | 电站尾水闸门 | | | | | 23.71 | 4.24 |
| | …… | | | | | | |

表 8.31　　　　施工临时工程概算表

| 序号 | 工程或费用名称 | 单位 | 数量 | 单　价<br>(元) | 合　价<br>(万元) |
|---|---|---|---|---|---|
| | 第四部分施工临时工程 | | | | 9591.20 |
| 一 | 导流工程 | | | | 3020.35 |
| (一) | 一期导流工程 | | | | 1182.49 |
| 1 | 导流洞进口围堰 | | | | 166.29 |
| ① | 堰体石渣填筑 | $m^3$ | 6145.00 | 22.00 | 13.52 |
| ② | 堰体草袋装土填筑 | $m^3$ | 1731.00 | 145.29 | 25.15 |
| | …… | | | | |
| 二 | 施工交通工程 | | | | 1628.50 |
| | …… | | | | |

表 8.32　　　　独 立 费 用 概 算 表

| 序　号 | 工程或费用名称 | 单　位 | 数　量 | 单　价<br>(元) | 合　价<br>(万元) |
|---|---|---|---|---|---|
| | 第五部分独立费用 | | | | 6890.69 |
| 一 | 建设管理费 | | | | 1448.46 |
| 1 | 建设单位开办费 | | | | 265.00 |
| 2 | 建设单位经常费 | $m^3$ | | | 1024.14 |
| | …… | | | | |
| 二 | 生产准备费 | | | | 695.78 |
| | …… | | | | |

表 8.33　　　　分 年 度 投 资 表　　　　单位：万元

| 项　目 | 合　计 | 建　设　工　期 (年) | | | | |
|---|---|---|---|---|---|---|
| | | 1 | 2 | 3 | 4 | 5 |
| 一、建筑工程 | 68020.18 | 10060.60 | 20536.21 | 20885.39 | 12704.16 | 3833.82 |
| 1. 建筑工程 | 58428.98 | 6652.03 | 19110.36 | 17638.51 | 11637.67 | 3390.41 |
| 混凝土面板堆石坝 | 32000.64 | 1600.03 | 11200.22 | 12800.26 | 6400.13 | |
| 溢洪道工程 | 5764.20 | | | | 3746.73 | 2017.47 |
| …… | | | | | | |
| 2. 施工临时工程 | 9591.20 | 3408.57 | 1425.85 | 3246.88 | 1066.49 | 443.41 |
| 导流工程 | 3020.35 | 1182.49 | | 1837.86 | | |
| 施工交通工程 | 1628.50 | 407.13 | 407.13 | 488.55 | 244.28 | 81.43 |
| …… | | | | | | |
| 二、安装工程 | 550.00 | 15.78 | 3.77 | 130.45 | 3.77 | 396.21 |
| 1. 发电设备安装工程 | 134.11 | | | | | 134.11 |

续表

| 项目 | 合计 | 建设工期（年） | | | | |
|---|---|---|---|---|---|---|
| | | 1 | 2 | 3 | 4 | 5 |
| 2. 变电设备安装工程 | 83.09 | | | | | 83.09 |
| 3. 公用设备安装工程 | 19.12 | 4.02 | 3.77 | 3.77 | 3.77 | 3.77 |
| 4. 金属结构设备安装工程 | 313.68 | 11.76 | | 126.68 | | 175.24 |
| 三、设备工程 | 3965.29 | 521.95 | 25.60 | 1380.62 | 25.60 | 2011.51 |
| 1. 发电设备 | 1121.71 | | | | | 1121.71 |
| 2. 变电设备 | 614.08 | | | | | 614.08 |
| 3. 公用设备 | 512.07 | 409.66 | 25.60 | 25.60 | 25.60 | 25.60 |
| 4. 金属结构设备 | 1717.43 | 112.29 | | 1355.02 | | 250.12 |
| 四、独立费用 | 6890.69 | 1765.84 | 1414.95 | 1414.95 | 1233.89 | 1061.11 |
| 1. 建设管理费 | 1448.46 | 500.04 | 235.04 | 235.04 | 235.04 | 243.31 |
| 2. 生产准备费 | 695.78 | 139.16 | 139.16 | 139.16 | 139.16 | 139.16 |
| 3. 科研勘测设计费 | 3621.17 | 543.18 | 905.29 | 905.29 | 724.23 | 543.18 |
| 4. 建设及场地征用费 | 448.00 | 448.00 | | | | |
| 5. 其他 | 677.28 | 135.46 | 135.46 | 135.46 | 135.46 | 135.46 |
| 一至四部分合计 | 79426.16 | 12364.17 | 21980.53 | 23811.41 | 13967.42 | 7302.65 |

**表 8.34　　资金流量表**　　单位：万元

| 项目 | 合计 | 建设工期（年） | | | | |
|---|---|---|---|---|---|---|
| | | 1 | 2 | 3 | 4 | 5 |
| 一、建筑工程 | | | | | | |
| 分年度资金流量 | 68020.18 | 16586.02 | 16537.85 | 18501.10 | 12020.76 | 4374.45 |
| 混凝土面板堆石坝 | 32000.64 | 5360.11 | 9360.19 | 11360.23 | 5120.10 | 800.20 |
| 溢洪道工程 | 5764.20 | | | | 4006.12 | 1758.08 |
| 泄洪洞工程 | 13489.48 | 4114.29 | 5260.90 | 3777.05 | 337.24 | |
| 输水洞工程 | 1920.91 | | | | 1344.64 | 576.27 |
| 发电厂工程 | 679.73 | | | | | 679.73 |
| 交通工程 | 2781.29 | 2781.29 | | | | |
| …… | | | | | | |
| 二、安装工程 | | | | | | |
| 分年度资金流量 | 550.00 | 15.78 | 3.77 | 130.45 | 3.77 | 396.21 |
| 三、设备工程 | | | | | | |
| 分年度资金流量 | 3965.29 | 527.51 | 228.43 | 1176.92 | 323.05 | 1709.39 |
| 四、独立费用 | | | | | | |
| 分年度资金流量 | 6890.69 | 1765.84 | 1414.95 | 1414.95 | 1233.89 | 1061.11 |

续表

| 项目 | 合计 | 建设工期（年） | | | | |
|---|---|---|---|---|---|---|
| | | 1 | 2 | 3 | 4 | 5 |
| 一至四部分合计 | | | | | | |
| 分年度资金流量 | 79426.16 | 18895.15 | 18185.00 | 21223.42 | 13581.47 | 7541.16 |
| 基本预备费 | 4765.57 | 1133.71 | 1091.10 | 1273.41 | 814.89 | 452.47 |
| 静态总投资 | 84191.73 | 20028.86 | 19276.10 | 22496.83 | 14396.36 | 7993.63 |
| 价差预备费 | 14363.87 | 1201.73 | 2382.53 | 4297.25 | 3778.71 | 2703.65 |
| 建设期融资利息 | 4944.66 | 175.15 | 543.44 | 988.01 | 1440.51 | 1797.55 |
| 总投资 | 103500.26 | 21405.74 | 22202.07 | 27782.09 | 19615.58 | 12494.83 |

表 8.35　　建筑工程单价汇总表　　单位：元

| 序号 | 名称 | 单位 | 单价 | 其中 | | | | | | | |
|---|---|---|---|---|---|---|---|---|---|---|---|
| | | | | 人工费 | 材料费 | 机械使用费 | 其他直接费 | 现场经费 | 间接费 | 企业利润 | 税金 |
| 一 | 土石方工程 | | | | | | | | | | |
| 1 | 坝基土方开挖 | $m^3$ | 11.70 | 0.26 | 0.51 | 7.95 | 0.22 | 0.78 | 0.87 | 0.74 | 0.36 |
| 2 | 围堰土夹石填筑 | $m^3$ | 19.07 | 1.79 | 1.16 | 11.27 | 0.36 | 1.28 | 1.43 | 1.21 | 0.59 |
| | …… | | | | | | | | | | |

表 8.36　　安装工程单价汇总表　　单位：元

| 序号 | 名称 | 单位 | 单价 | 其中 | | | | | | | | |
|---|---|---|---|---|---|---|---|---|---|---|---|---|
| | | | | 人工费 | 材料费 | 机械使用费 | 装置性材料费 | 其他直接费 | 现场经费 | 间接费 | 企业利润 | 税金 |
| 1 | 水轮机 HLA551－LJ－84 | 台 | 95474 | 31620 | 15625 | 7427 | | 1750 | 14229 | 15810 | 6025 | 2960 |
| 2 | 水轮发电机 SF1250－10/2150 | 台 | 89432 | 30146 | 11120 | 9461 | | 1623 | 13566 | 15073 | 5669 | 2773 |
| | …… | | | | | | | | | | | |

## 学习情境小结

本学习情境重点介绍了工程设计概算文件的组成、工程总概算表及其他概算表的编制方法等。

设计概算文件由概算正件和概算附件组成。概算正件包括编制说明和概算表两个部分。概算正件及附件均应单独成册并随初步设计文件报审。

工程部分概算表格由工程概算总表、概算表、概算附表、概算附件附表构成。在编制概算时，必须按规定的表格格式填写。

## 项目实训与思考

1．工程项目设计概算文件的组成包括哪些内容？

2．概算表格由哪几部分内容构成？如何填写表格？

3．概算表由哪些具体表格构成？

4．概算附表由哪些具体表格构成？

5．概算附件附表由哪些具体表格构成？

# 附录1　水利水电基本建设项目划分表

第一部分　建　筑　工　程

| 序号 | 一级项目 | 二级项目 | 三级项目 | 技术经济指标 |
|---|---|---|---|---|
| Ⅰ | | 枢纽工程 | | |
| 一 | 挡水工程 | | | |
| 1 | | 混凝土坝（闸）工程 | 土方开挖 | 元/$m^3$ |
| | | | 石方开挖 | 元/$m^3$ |
| | | | 土石方回填 | 元/$m^3$ |
| | | | 模板 | 元/$m^2$ |
| | | | 混凝土 | 元/$m^3$ |
| | | | 防渗墙 | 元/$m^2$ |
| | | | 灌浆孔 | 元/m |
| | | | 灌浆 | |
| | | | 排水孔 | 元/m |
| | | | 砌石 | 元/$m^3$ |
| | | | 钢筋 | 元/t |
| | | | 锚杆 | 元/根 |
| | | | 锚索 | 元/束 |
| | | | 启闭机室 | 元/$m^2$ |
| | | | 温控措施 | |
| | | | 细部结构工程 | 元/$m^3$ |
| 2 | | 土（石）坝工程 | 土方开挖 | 元/$m^3$ |
| | | | 石方开挖 | 元/$m^3$ |
| | | | 土料填筑 | 元/$m^3$ |
| | | | 砂砾料填筑 | 元/$m^3$ |
| | | | 斜（心）墙土料填筑 | 元/$m^3$ |
| | | | 反滤料、过渡料填筑 | 元/$m^3$ |
| | | | 坝体（坝趾）堆石 | 元/$m^3$ |
| | | | 土工膜 | 元/$m^2$ |
| | | | 沥青混凝土 | 元/$m^3$ |
| | | | 模板 | 元/$m^2$ |
| | | | 混凝土 | 元/$m^3$ |
| | | | 砌石 | 元/$m^3$ |
| | | | 铺盖填筑 | 元/$m^3$ |
| | | | 防渗墙 | 元/$m^2$ |
| | | | 灌浆孔 | 元/m |
| | | | 灌浆 | |
| | | | 排水孔 | 元/m |
| | | | 钢筋 | 元/t |
| | | | 锚杆（索） | 元/束（根） |
| | | | 面（趾）板止水 | 元/m |
| | | | 细部结构工程 | 元/m |

续表

| 序号 | 一级项目 | 二级项目 | 三级项目 | 技术经济指标 |
|---|---|---|---|---|
| 二 | 泄洪工程 | | | |
| 1 | | 溢洪道工程 | 土方开挖<br>石方开挖<br>土石方回填<br>模板<br>混凝土<br>灌浆孔<br>灌浆<br>排水孔<br>砌石<br>钢筋<br>锚索（杆）<br>温控措施<br>细部结构工程 | 元/$m^3$<br>元/$m^3$<br>元/$m^3$<br>元/$m^2$<br>元/$m^3$<br>元/m<br><br>元/m<br>元/$m^3$<br>元/t<br>元/束（根）<br><br>元/$m^3$ |
| 2 | | 泄洪洞工程 | 土方开挖<br>石方开挖<br>模板<br>混凝土<br>灌浆孔<br>灌浆<br>排水孔<br>钢筋<br>锚索（杆） | 元/$m^3$<br>元/$m^3$<br>元/$m^2$<br>元/$m^3$<br>元/m<br><br>元/m<br>元/t<br>元/束（根） |
| 3 | | 冲沙洞（孔）工程 | 土方开挖<br>石方开挖<br>模板<br>混凝土<br>灌浆孔<br>灌浆<br>排水孔<br>钢筋<br>锚索（杆）<br>细部结构工程 | 元/$m^3$<br>元/$m^3$<br>元/$m^2$<br>元/$m^3$<br>元/m<br><br>元/m<br>元/t<br>元/束（根）<br>元/$m^3$ |
| 4 | | 放空洞工程 | | |
| 三 | 引水工程 | | | |
| 1 | | 引水明渠工程 | 土方开挖<br>石方开挖<br>模板<br>混凝土<br>钢筋<br>锚索（杆）<br>细部结构工程 | 元/$m^3$<br>元/$m^3$<br>元/$m^2$<br>元/$m^3$<br>元/t<br>元/束（根）<br>元/$m^3$ |
| 2 | | 进（取）水口工程 | 土方开挖<br>石方开挖<br>模板<br>混凝土<br>钢筋<br>锚索（杆）<br>细部结构工程 | 元/$m^3$<br>元/$m^3$<br>元/$m^2$<br>元/$m^3$<br>元/t<br>元/束（根）<br>元/$m^3$ |

续表

| 序号 | 一级项目 | 二级项目 | 三级项目 | 技术经济指标 |
|---|---|---|---|---|
| 3 |  | 引水隧洞工程 | 土方开挖 | 元/m$^3$ |
|  |  |  | 石方开挖 | 元/m$^3$ |
|  |  |  | 模板 | 元/m$^2$ |
|  |  |  | 混凝土 | 元/m$^3$ |
|  |  |  | 灌浆孔 | 元/m |
|  |  |  | 灌浆 |  |
|  |  |  | 钢筋 | 元/t |
|  |  |  | 锚索（杆） | 元/束（根） |
|  |  |  | 细部结构工程 | 元/m$^3$ |
| 4 |  | 调压井工程 | 土方开挖 | 元/m$^3$ |
|  |  |  | 石方开挖 | 元/m$^3$ |
|  |  |  | 模板 | 元/m$^2$ |
|  |  |  | 混凝土 | 元/m$^3$ |
|  |  |  | 喷浆 | 元/m$^2$ |
|  |  |  | 灌浆孔 | 元/m |
|  |  |  | 灌浆 |  |
|  |  |  | 钢筋 | 元/t |
|  |  |  | 锚索（杆） | 元/束（根） |
|  |  |  | 细部结构工程 | 元/m$^3$ |
| 5 |  | 高压管道工程 | 土方开挖 | 元/m$^3$ |
|  |  |  | 石方开挖 | 元/m$^3$ |
|  |  |  | 模板 | 元/m$^2$ |
|  |  |  | 混凝土 | 元/m$^3$ |
|  |  |  | 灌浆孔 | 元/m |
|  |  |  | 灌浆 |  |
|  |  |  | 钢筋 | 元/t |
|  |  |  | 锚索（杆） | 元/束（根） |
|  |  |  | 细部结构工程 | 元/m$^3$ |
| 四 | 发电厂工程 |  |  |  |
| 1 |  | 地面厂房工程 | 土方开挖 | 元/m$^3$ |
|  |  |  | 石方开挖 | 元/m$^3$ |
|  |  |  | 模板 | 元/m$^2$ |
|  |  |  | 混凝土 | 元/m$^3$ |
|  |  |  | 砖墙 | 元/m$^3$ |
|  |  |  | 砌石 | 元/m$^3$ |
|  |  |  | 灌浆孔 | 元/m |
|  |  |  | 灌浆 |  |
|  |  |  | 钢筋 | 元/t |
|  |  |  | 锚索（杆） | 元/束（根） |
|  |  |  | 温控措施 |  |
|  |  |  | 厂房装修 | 元/m$^2$ |
|  |  |  | 细部结构工程 | 元/m$^3$ |
| 2 |  | 地下厂房工程 | 石方开挖 | 元/m$^3$ |
|  |  |  | 模板 | 元/m$^2$ |
|  |  |  | 混凝土 | 元/m$^3$ |
|  |  |  | 喷浆 | 元/m$^3$ |
|  |  |  | 灌浆孔 | 元/m |
|  |  |  | 灌浆 |  |
|  |  |  | 排水孔 | 元/m |
|  |  |  | 钢筋 | 元/t |
|  |  |  | 锚索（杆） | 元/束（根） |
|  |  |  | 温控措施 |  |
|  |  |  | 厂房装修 | 元/m$^2$ |
|  |  |  | 细部结构工程 | 元/m$^3$ |

续表

| 序号 | 一级项目 | 二级项目 | 三级项目 | 技术经济指标 |
| --- | --- | --- | --- | --- |
| 3 | | 交通洞工程 | 土方开挖 | 元/$m^3$ |
| | | | 石方开挖 | 元/$m^3$ |
| | | | 模板 | 元/$m^2$ |
| | | | 混凝土 | 元/$m^3$ |
| | | | 灌浆孔 | 元/m |
| | | | 灌浆 | |
| | | | 钢筋 | 元/t |
| | | | 锚索（杆） | 元/束（根） |
| | | | 细部结构工程 | 元/$m^3$ |
| 4 | | 出线洞（井）工程 | | |
| 5 | | 通风洞（井）工程 | | |
| 6 | | 尾水洞工程 | | |
| 7 | | 尾水调压井工程 | | |
| 8 | | 尾水渠工程 | 土方开挖 | 元/$m^3$ |
| | | | 石方开挖 | 元/$m^3$ |
| | | | 模板 | 元/$m^2$ |
| | | | 混凝土 | 元/$m^3$ |
| | | | 砌石 | 元/$m^3$ |
| | | | 钢筋 | 元/t |
| | | | 细部结构工程 | 元/$m^3$ |
| 五 | 升压变电站工程 | | | |
| 1 | | 变电站工程 | 土方开挖 | 元/$m^3$ |
| | | | 石方开挖 | 元/$m^3$ |
| | | | 模板 | 元/$m^2$ |
| | | | 混凝土 | 元/$m^3$ |
| | | | 砌石 | 元/$m^3$ |
| | | | 构架 | 元/$m^3$（t） |
| | | | 钢筋 | 元/t |
| | | | 细部结构工程 | 元/$m^3$ |
| 2 | | 开关站工程 | 土方开挖 | 元/$m^3$ |
| | | | 石方开挖 | 元/$m^3$ |
| | | | 模板 | 元/$m^2$ |
| | | | 混凝土 | 元/$m^3$ |
| | | | 砌石 | 元/$m^3$ |
| | | | 构架 | 元/$m^3$（t） |
| | | | 钢筋 | 元/t |
| | | | 细部结构工程 | 元/$m^3$ |
| 六 | 航运工程 | | | |
| 1 | | 上游引航道工程 | 土方开挖 | 元/$m^3$ |
| | | | 石方开挖 | 元/$m^3$ |
| | | | 模板 | 元/$m^2$ |
| | | | 混凝土 | 元/$m^3$ |
| | | | 砌石 | 元/$m^3$ |
| | | | 钢筋 | 元/t |
| | | | 锚索（杆） | 元/束（根） |
| | | | 细部结构工程 | 元/$m^3$ |

续表

| 序号 | 一级项目 | 二级项目 | 三级项目 | 技术经济指标 |
|---|---|---|---|---|
| 2 | | 船闸（升船机）工程 | 土方开挖<br>石方开挖<br>模板<br>混凝土<br>灌浆孔<br>灌浆<br>防渗墙<br>钢筋<br>锚索（杆）<br>控制室<br>温控措施<br>细部结构工程 | 元/m³<br>元/m³<br>元/m²<br>元/m³<br>元/m<br><br>元/m²<br>元/t<br>元/束（根）<br>元/m²<br><br>元/m³ |
| 3 | | 下游引航道工程 | 土方开挖<br>石方开挖<br>模板<br>混凝土<br>砌石<br>钢筋<br>锚索（杆）<br>细部结构工程 | 元/m³<br>元/m³<br>元/m²<br>元/m³<br>元/m³<br>元/t<br>元/束（根）<br>元/m³ |
| 七 | 鱼道工程 | | | |
| 八 | 交通工程 | | | |
| 1 | | 公路工程 | 土方开挖<br>石方开挖<br>土石方回填<br>砌石<br>路面 | 元/m³<br>元/m³<br>元/m³<br>元/m³ |
| 2 | | 铁路工程 | | 元/km |
| 3 | | 桥梁工程 | | 元/延米 |
| 4 | | 码头工程 | | |
| 九 | 房屋建筑工程 | | | |
| 1 | | 辅助生产厂房 | | 元/m² |
| 2 | | 仓库 | | 元/m² |
| 3 | | 办公室 | | 元/m² |
| 4 | | 生活及文化福利建筑 | | |
| 5 | | 室外工程 | | |
| 十 | 其他建筑工程 | | | |
| 1 | | 内外部观测工程 | | |
| 2 | | 动力线路工程（厂坝区） | | 元/km |
| 3 | | 照明线路工程 | | 元/km |
| 4 | | 通信线路工程 | | 元/km |

续表

| 序号 | 一级项目 | 二级项目 | 三级项目 | 技术经济指标 |
|---|---|---|---|---|
| 5 | | 厂坝区及生活区供水、供热、排水等公用设施 | | |
| 6 | | 厂坝区环境建设工程 | | |
| 7 | | 水情自动测报系统工程 | | |
| 8 | | 其他 | | |
| Ⅱ | | 引水工程及河道工程 | | |
| 一 | 渠（管）道工程（堤防工程、疏浚工程） | | | |
| 1 | | ××－××段干渠（管）工程（××－××段堤防工程、××－××段疏浚工程） | 土方开挖（挖泥船挖）<br>石方开挖<br>土石方回填<br>土工膜<br>模板<br>混凝土<br>输水管道<br>砌石<br>抛石<br>钢筋<br>细部结构工程 | 元/$m^3$<br>元/$m^3$<br>元/$m^3$<br>元/$m^2$<br>元/$m^2$<br>元/$m^3$<br>元/m<br>元/$m^3$<br>元/$m^3$<br>元/t<br>元/$m^3$ |
| 2 | | ××－××段支渠（管）工程 | | |
| 二 | 建筑物工程 | | | |
| 1 | | 泵站工程（扬水站、排灌站） | 土方开挖<br>石方开挖<br>土石方回填<br>模板<br>混凝土<br>砌石<br>钢筋<br>锚杆<br>厂房建筑<br>细部结构工程 | 元/$m^3$<br>元/$m^3$<br>元/$m^3$<br>元/$m^2$<br>元/$m^3$<br>元/$m^3$<br>元/t<br>元/根<br>元/$m^2$<br>元/$m^3$ |
| 2 | | 水闸工程 | 土方开挖<br>石方开挖<br>土石方回填<br>模板<br>混凝土<br>防渗墙<br>灌浆孔<br>灌浆<br>砌石<br>钢筋<br>启闭机室<br>细部结构工程 | 元/$m^3$<br>元/$m^3$<br>元/$m^3$<br>元/$m^2$<br>元/$m^3$<br>元/$m^2$<br>元/m<br><br>元/$m^3$<br>元/t<br>元/$m^2$<br>元/$m^3$ |

. 续表

| 序号 | 一级项目 | 二级项目 | 三级项目 | 技术经济指标 |
|---|---|---|---|---|
| 3 | | 隧洞工程 | 土方开挖 | 元/$m^3$ |
| | | | 石方开挖 | 元/$m^3$ |
| | | | 模板 | 元/$m^2$ |
| | | | 混凝土 | 元/$m^3$ |
| | | | 灌浆孔 | 元/m |
| | | | 灌浆 | |
| | | | 钢筋 | 元/t |
| | | | 锚索（杆） | 元/束（根） |
| | | | 细部结构工程 | 元/$m^3$ |
| 4 | | 渡槽工程 | 土方开挖 | 元/$m^3$ |
| | | | 石方开挖 | 元/$m^3$ |
| | | | 土石方回填 | 元/$m^3$ |
| | | | 模板 | 元/$m^2$ |
| | | | 混凝土 | 元/$m^3$ |
| | | | 砌石 | 元/$m^3$ |
| | | | 钢筋 | 元/t |
| | | | 细部结构工程 | 元/$m^3$ |
| 5 | | 倒虹吸工程 | 土方开挖 | 元/$m^3$ |
| | | | 石方开挖 | 元/$m^3$ |
| | | | 土石方回填 | 元/$m^3$ |
| | | | 模板 | 元/$m^2$ |
| | | | 混凝土 | 元/$m^3$ |
| | | | 砌石 | 元/$m^3$ |
| | | | 钢筋 | 元/t |
| | | | 细部结构工程 | 元/$m^3$ |
| 6 | | 小水电站工程 | 土方开挖 | 元/$m^3$ |
| | | | 石方开挖 | 元/$m^3$ |
| | | | 土石方回填 | 元/$m^3$ |
| | | | 模板 | 元/$m^2$ |
| | | | 混凝土 | 元/$m^3$ |
| | | | 砌石 | 元/$m^3$ |
| | | | 钢筋 | 元/t |
| | | | 锚筋 | 元/t |
| | | | 厂房建筑 | 元/$m^2$ |
| | | | 细部结构工程 | 元/$m^3$ |
| 7 | | 调蓄水库工程 | | |
| 8 | | 其他建筑物工程 | | |
| 三 | 交通工程 | | | |
| 1 | | 公路工程 | 土方开挖 | 元/$m^3$ |
| | | | 石方开挖 | 元/$m^3$ |
| | | | 土石方回填 | 元/$m^3$ |
| | | | 砌石 | 元/$m^3$ |
| | | | 路面 | |

续表

| 序号 | 一级项目 | 二级项目 | 三级项目 | 技术经济指标 |
|---|---|---|---|---|
| 2 | | 铁路工程 | | 元/km |
| 3 | | 桥梁工程 | | 元/延米 |
| 4 | | 码头工程 | | |
| 四 | 房屋建筑工程 | | | |
| 1 | | 辅助生产厂房 | | 元/$m^2$ |
| 2 | | 仓库 | | 元/$m^2$ |
| 3 | | 办公室 | | 元/$m^2$ |
| 4 | | 生活及文化福利建筑 | | |
| 5 | | 室外工程 | | |
| 五 | 供电设施工程 | | | |
| 六 | 其他建筑工程 | | | |
| 1 | | 内外部观测工程 | | |
| 2 | | 动力线路工程（厂坝区） | | 元/km |
| 3 | | 照明线路工程 | | 元/km |
| 4 | | 通信线路工程 | | 元/km |
| 5 | | 厂坝区及生活区供水、供热、排水等公用设施 | | |
| 6 | | 厂坝区环境建设工程 | | |
| 7 | | 水情自动测报系统工程 | | |
| 8 | | 其他 | | |

## 第二部分 机电设备及安装工程

| 序号 | 一级项目 | 二级项目 | 三级项目 | 技术经济指标 |
|---|---|---|---|---|
| I | 枢纽工程 | | | |
| 一 | 发电设备及安装工程 | | | |
| 1 | | 水轮机设备及安装工程 | 水轮机<br>调速器<br>油压装置<br>自动化元件<br>透平油 | 元/台<br>元/台<br>元/台<br>元/台<br>元/t |
| 2 | | 发电设备及安装工程 | 发电机<br>励磁装置 | 元/台<br>元/台（套） |
| 3 | | 主阀设备及安装工程 | 蝴蝶阀（球阀、锥形阀）<br>油压装置 | 元/台<br>元/台 |
| 4 | | 起重设备及安装工程 | 桥式起重机<br>转子吊具<br>平衡梁<br>轨道<br>滑触线 | 元/台<br>元/具<br>元/副<br>元/双10m<br>元/三相10m |

续表

| 序号 | 一级项目 | 二级项目 | 三级项目 | 技术经济指标 |
|---|---|---|---|---|
| 5 | | 水力机械辅助设备及安装工程 | 油系统<br>压气系统<br>水系统<br>水力量测系统<br>管路(管子、附件、阀门) | |
| 6 | | 电气设备及安装工程 | 发电电压装置<br>控制保护系统<br>直流系统<br>厂用电系统<br>电工试验<br>35kV 及以下动力电缆<br>控制和保护电缆<br>母线<br>电缆架<br>其他 | |
| 二 | 升压变电设备及安装工程 | | | |
| 1 | | 主变压器设备及安装工程 | 变压器<br>轨道 | 元/台<br>元/双 10m |
| 2 | | 高压电气设备及安装工程 | 高压断路器<br>电流互感器<br>电压互感器<br>隔离开关<br>高压避雷器<br>110kV 及以上高压电缆 | |
| 3 | | 一次拉线及其他安装工程 | | |
| 三 | 公用设备及安装工程 | | | |
| 1 | | 通信设备及安装工程 | 卫星通信<br>光缆通信<br>微波通信<br>载波通信 | |
| | | | 生产调度通信<br>行政管理通信 | |
| 2 | | 通风采暖设备及安装工程 | 通风机<br>空调机<br>管路系统 | |
| 3 | | 机修设备及安装工程 | 车床<br>刨床<br>钻床 | |
| 4 | | 计算机监控系统 | | |
| 5 | | 管理自动化系统 | | |
| 6 | | 全厂接地及保护网 | | |

续表

| 序号 | 一级项目 | 二级项目 | 三级项目 | 技术经济指标 |
|---|---|---|---|---|
| 7 | | 电梯设备及安装工程 | 大坝电梯<br>厂房电梯 | |
| 8 | | 坝区馈电设备及安装工程 | 变压器<br>配电装置 | |
| 9 | | 厂坝区供水、排水、<br>供热设备及安装工程 | | |
| 10 | | 水文、泥沙检测设备及安装工程 | | |
| 11 | | 水情自动测报系统<br>设备及安装工程 | | |
| 12 | | 外部观测设备及安装工程 | | |
| 13 | | 消防设备 | | |
| 14 | | 交通设备 | | |
| Ⅱ | 引水工程及河道工程 | | | |
| 一 | 泵站设备及<br>安装工程 | | | |
| 1 | | 水泵设备及安装工程 | | |
| 2 | | 电动机设备及安装工程 | | |
| 3 | | 主阀设备及安装工程 | | |
| 4 | | 起重设备及安装工程 | 桥式起重机<br>平衡梁<br>轨道<br>滑触线 | 元/台<br>元/副<br>元/双 10m<br>元/三相 10m |
| 5 | | 水力机械辅助设备及安装工程 | 油系统<br>压气系统<br>水系统<br>水力量测系统<br>管路(管子、附件、阀门) | |
| 6 | | 电气设备及安装工程 | 控制保护系统<br>盘柜<br>电缆<br>母线 | |
| 二 | 小水电站设备及<br>安装工程 | | | |
| 三 | 供变电工程 | 变电站设备及安装 | | |
| 四 | 公用设备及<br>安装工程 | | | |
| 1 | | 通信设备及安装工程 | 卫星通信<br>光缆通信<br>微波通信<br>载波通信<br>生产调度通信<br>行政管理通信 | |

续表

| 序号 | 一级项目 | 二级项目 | 三级项目 | 技术经济指标 |
|---|---|---|---|---|
| 2 | | 通风采暖设备及安装工程 | 通风机<br>空调机<br>管路系统 | |
| 3 | | 机修设备及安装工程 | 车床<br>刨床<br>钻床 | |
| 4 | | 计算机监控系统 | | |
| 5 | | 管理自动化系统 | | |
| 6 | | 全厂接地及保护网 | | |
| 7 | | 坝（闸、泵站）区馈电<br>设备及安装工程 | 变压器<br>配电装置 | |
| 8 | | 厂坝（闸、泵站）区供水、排水、<br>供热设备及安装工程 | | |
| 9 | | 水文、泥沙检测设备及安装工程 | | |
| 10 | | 水情自动测报系统<br>设备及安装工程 | | |
| 11 | | 外部观测设备及安装工程 | | |
| 12 | | 消防设备 | | |
| 13 | | 交通设备 | | |

**第三部分　金属结构设备及安装工程**

| 序号 | 一级项目 | 二级项目 | 三级项目 | 技术经济指标 |
|---|---|---|---|---|
| Ⅰ | 枢纽工程 | | | |
| 一 | 挡水工程 | | | |
| 1 | | 闸门设备及安装工程 | 平板门<br>弧形门<br>埋件<br>闸门防腐 | 元/t<br>元/t<br>元/t |
| 2 | | 启闭设备及安装工程 | 卷扬式启闭机<br>门式启闭机<br>油压启闭机<br>轨道 | 元/台<br>元/台<br>元/台<br>元/双10m |
| 3 | | 拦污设备及安装工程 | 拦污栅<br>清污机 | 元/t<br>元/t（台） |
| 二 | 泄洪工程 | | | |
| 1 | | 闸门设备及安装工程 | | |
| 2 | | 启闭设备及安装工程 | | |
| 3 | | 拦污设备及安装工程 | | |
| 三 | 引水工程 | | | |

续表

| 序号 | 一级项目 | 二级项目 | 三级项目 | 技术经济指标 |
|---|---|---|---|---|
| 1 | | 闸门设备及安装工程 | | |
| 2 | | 启闭设备及安装工程 | | |
| 3 | | 拦污设备及安装工程 | | |
| 4 | | 钢管制作及安装工程 | | |
| 四 | 发电厂工程 | | | |
| 1 | | 闸门设备及安装工程 | | |
| 2 | | 启闭设备及安装工程 | | |
| 五 | 航运工程 | | | |
| 1 | | 闸门设备及安装工程 | | |
| 2 | | 启闭设备及安装工程 | | |
| 3 | | 升船机设备及安装工程 | | |
| 六 | 鱼道工程 | | | |
| Ⅱ | | 引水工程及河道工程 | | |
| 一 | 泵站工程 | | | |
| 1 | | 闸门设备及安装工程 | | |
| 2 | | 启闭设备及安装工程 | | |
| 3 | | 拦污设备及安装工程 | | |
| 二 | 水闸工程 | | | |
| 1 | | 闸门设备及安装工程 | | |
| 2 | | 启闭设备及安装工程 | | |
| 3 | | 拦污设备及安装工程 | | |
| 三 | 小水电站工程 | | | |
| 1 | | 闸门设备及安装工程 | | |
| 2 | | 启闭设备及安装工程 | | |
| 3 | | 拦污设备及安装工程 | | |
| 4 | | 钢管制作及安装工程 | | |
| 四 | 调蓄水库工程 | | | |
| 五 | 其他建筑工程 | | | |

## 第四部分　施工临时工程

| 序号 | 一级项目 | 二级项目 | 三级项目 | 技术经济指标 |
|---|---|---|---|---|
| 一 | 导流工程 | | | |
| 1 | | 导流明渠工程 | 土方开挖<br>石方开挖<br>模板<br>混凝土<br>钢筋<br>锚杆 | 元/$m^3$<br>元/$m^3$<br>元/$m^2$<br>元/$m^3$<br>元/t<br>元/根 |

续表

| 序号 | 一级项目 | 二级项目 | 三级项目 | 技术经济指标 |
|---|---|---|---|---|
| 2 | 导流洞工程 | | 土方开挖 | 元/$m^3$ |
| | | | 石方开挖 | 元/$m^3$ |
| | | | 模板 | 元/$m^2$ |
| | | | 混凝土 | 元/$m^3$ |
| | | | 灌浆 | |
| | | | 钢筋 | 元/t |
| | | | 锚杆（索） | 元/根（束） |
| 3 | 土石围堰工程 | | 土方开挖 | 元/$m^3$ |
| | | | 石方开挖 | 元/$m^3$ |
| | | | 堰体填筑 | 元/$m^3$ |
| | | | 砌石 | 元/$m^3$ |
| | | | 防渗 | 元/$m^3$（$m^2$） |
| | | | 堰体拆除 | 元/$m^3$ |
| | | | 截流 | |
| | | | 其他 | |
| 4 | | 混凝土围堰工程 | 土方开挖 | 元/$m^3$ |
| | | | 石方开挖 | 元/$m^3$ |
| | | | 模板 | 元/$m^2$ |
| | | | 混凝土 | 元/$m^3$ |
| | | | 防渗 | 元/$m^3$（$m^2$） |
| | | | 堰体拆除 | 元/$m^3$ |
| | | | 其他 | |
| 5 | | 蓄水期下游断流补偿设施工程 | | |
| 6 | | 金属结构设备及安装工程 | | |
| 二 | 施工交通工程 | | | |
| 1 | | 公路工程 | | |
| 2 | | 铁路工程 | | |
| 3 | | 桥梁工程 | | |
| 4 | | 施工支洞工程 | | |
| 5 | | 码头工程 | | |
| 6 | | 转运站工程 | | |
| 三 | 施工供电工程 | | | |
| 1 | | 220kV供电线路 | | |
| 2 | | 110kV供电线路 | | |
| 3 | | 35kV供电线路 | | |
| 4 | | 10kV供电线路（引水及河道） | | |
| 5 | | 变配电设施（场内除外） | | |
| 四 | 房屋建筑工程 | | | |
| 1 | | 施工仓库 | | |
| 2 | | 办公、生活及文化福利建筑 | | |
| 五 | 其他施工临时工程 | | | |

## 第五部分　独　立　费　用

| 序号 | 一级项目 | 二级项目 | 三级项目 | 技术经济指标 |
|---|---|---|---|---|
| 一 | 建设管理费 | | | |
| 1 | | 项目建设管理费 | 建设单位开办费<br>建设单位经常费 | |
| 2 | | 工程建设监理费 | | |
| 3 | | 联合试运转费 | | |
| 二 | 生产准备费 | | | |
| 1 | | 生产及管理单位提前进厂费 | | |
| 2 | | 生产职工培训费 | | |
| 3 | | 管理用具购置费 | | |
| 4 | | 备品备件购置费 | | |
| 5 | | 工器具及生产家具购置费 | | |
| 三 | 科研勘测设计费 | | | |
| 1 | | 工程科学研究试验费 | | |
| 2 | | 工程勘测设计费 | | |
| 四 | 建设及施工场地征用费 | | | |
| 五 | 其他 | | | |
| 1 | | 定额编制管理费 | | |
| 2 | | 工程质量监督费 | | |
| 3 | | 工程保险费 | | |
| 4 | | 其他税费 | | |

# 附录2　混凝土、砂浆配合比及材料用量表

表1　　　　　　　　　　　　纯混凝土材料配合比及材料用量

| 序号 | 混凝土强度等级 | 水泥强度等级 | 水灰比 | 级配 | 最大粒径(mm) | 配合比 | | | 预算量 | | | | | |
|---|---|---|---|---|---|---|---|---|---|---|---|---|---|---|
| | | | | | | 水泥 | 砂 | 石子 | 水泥(kg) | 粗砂 | | 卵石 | | 水($m^3$) |
| | | | | | | | | | | kg | $m^3$ | kg | $m^3$ | |
| 1 | C10 | 32.50 | 0.75 | 1 | 20 | 1 | 3.69 | 5.05 | 237 | 877 | 0.58 | 1218 | 0.72 | 0.170 |
| | | | | 2 | 40 | 1 | 3.92 | 6.45 | 208 | 819 | 0.55 | 1360 | 0.79 | 0.150 |
| | | | | 3 | 80 | 1 | 3.78 | 9.33 | 172 | 653 | 0.44 | 1630 | 0.95 | 0.125 |
| | | | | 4 | 150 | 1 | 3.64 | 11.65 | 152 | 555 | 0.37 | 1792 | 1.05 | 0.110 |
| 2 | C15 | 32.50 | 0.65 | 1 | 20 | 1 | 3.15 | 4.41 | 270 | 853 | 0.57 | 1206 | 0.70 | 0.170 |
| | | | | 2 | 40 | 1 | 3.2 | 5.57 | 242 | 777 | 0.52 | 1367 | 0.81 | 0.150 |
| | | | | 3 | 80 | 1 | 3.09 | 8.03 | 201 | 623 | 0.42 | 1635 | 0.96 | 0.125 |
| | | | | 4 | 150 | 1 | 2.92 | 9.89 | 179 | 527 | 0.36 | 1799 | 1.06 | 0.110 |
| 3 | C20 | 32.50 | 0.55 | 1 | 20 | 1 | 2.48 | 3.78 | 321 | 798 | 0.54 | 1227 | 0.72 | 0.170 |
| | | | | 2 | 40 | 1 | 2.53 | 4.72 | 289 | 733 | 0.49 | 1382 | 0.81 | 0.150 |
| | | | | 3 | 80 | 1 | 2.49 | 6.80 | 238 | 594 | 0.40 | 1637 | 0.96 | 0.125 |
| | | | | 4 | 150 | 1 | 2.38 | 8.55 | 208 | 498 | 0.34 | 1803 | 1.06 | 0.110 |
| | | 42.50 | 0.60 | 1 | 20 | 1 | 2.8 | 4.08 | 294 | 827 | 0.56 | 1218 | 0.71 | 0.170 |
| | | | | 2 | 40 | 1 | 2.89 | 5.20 | 261 | 757 | 0.51 | 1376 | 0.81 | 0.150 |
| | | | | 3 | 80 | 1 | 2.82 | 7.37 | 218 | 618 | 0.42 | 1627 | 0.95 | 0.125 |
| | | | | 4 | 150 | 1 | 2.73 | 9.29 | 191 | 522 | 0.35 | 1791 | 1.05 | 0.110 |
| 4 | C25 | 32.50 | 0.50 | 1 | 20 | 1 | 2.1 | 3.50 | 353 | 744 | 0.50 | 1250 | 0.73 | 0.170 |
| | | | | 2 | 40 | 1 | 2.25 | 4.43 | 310 | 699 | 0.47 | 1389 | 0.81 | 0.150 |
| | | | | 3 | 80 | 1 | 2.16 | 6.23 | 260 | 565 | 0.38 | 1644 | 0.96 | 0.125 |
| | | | | 4 | 150 | 1 | 2.04 | 7.78 | 230 | 471 | 0.32 | 1812 | 1.06 | 0.110 |
| | | 42.50 | 0.55 | 1 | 20 | 1 | 2.48 | 3.78 | 321 | 798 | 0.54 | 1227 | 0.72 | 0.170 |
| | | | | 2 | 40 | 1 | 2.53 | 4.72 | 289 | 733 | 0.49 | 1382 | 0.81 | 0.150 |
| | | | | 3 | 80 | 1 | 2.49 | 6.80 | 238 | 594 | 0.40 | 1637 | 0.96 | 0.125 |
| | | | | 4 | 150 | 1 | 2.38 | 8.55 | 208 | 498 | 0.34 | 1803 | 1.06 | 0.110 |
| 5 | C30 | 32.50 | 0.45 | 1 | 20 | 1 | 1.85 | 3.14 | 389 | 723 | 0.48 | 1242 | 0.73 | 0.170 |
| | | | | 2 | 40 | 1 | 1.97 | 3.98 | 343 | 678 | 0.45 | 1387 | 0.81 | 0.150 |
| | | | | 3 | 80 | 1 | 1.88 | 5.64 | 288 | 542 | 0.36 | 1645 | 0.96 | 0.125 |
| | | | | 4 | 150 | 1 | 1.77 | 7.09 | 253 | 448 | 0.30 | 1817 | 1.06 | 0.110 |
| | | 42.50 | 0.50 | 1 | 20 | 1 | 2.1 | 3.50 | 353 | 744 | 0.50 | 1250 | 0.73 | 0.170 |
| | | | | 2 | 40 | 1 | 2.25 | 4.43 | 310 | 699 | 0.47 | 1389 | 0.81 | 0.150 |
| | | | | 3 | 80 | 1 | 2.16 | 6.23 | 260 | 565 | 0.38 | 1644 | 0.96 | 0.125 |
| | | | | 4 | 150 | 1 | 2.04 | 7.78 | 230 | 471 | 0.32 | 1812 | 1.06 | 0.110 |

续表

| 序号 | 混凝土强度等级 | 水泥强度等级 | 水灰比 | 级配 | 最大粒径(mm) | 配合比 | | | 预算量 | | | | | |
|---|---|---|---|---|---|---|---|---|---|---|---|---|---|---|
| | | | | | | 水泥 | 砂 | 石子 | 水泥(kg) | 粗砂 | | 卵石 | | 水($m^3$) |
| | | | | | | | | | | kg | $m^3$ | kg | $m^3$ | |
| 6 | C35 | 32.50 | 0.40 | 1 | 20 | 1 | 1.57 | 2.80 | 436 | 689 | 0.46 | 1237 | 0.72 | 0.170 |
| | | | | 2 | 40 | 1 | 1.77 | 3.44 | 384 | 685 | 0.46 | 1343 | 0.79 | 0.150 |
| | | | | 3 | 80 | 1 | 1.53 | 5.12 | 321 | 493 | 0.33 | 1666 | 0.97 | 0.125 |
| | | | | 4 | 150 | 1 | 1.49 | 6.35 | 282 | 422 | 0.28 | 1816 | 1.06 | 0.110 |
| | | 42.50 | 0.45 | 1 | 20 | 1 | 1.85 | 3.14 | 389 | 723 | 0.48 | 1242 | 0.73 | 0.170 |
| | | | | 2 | 40 | 1 | 1.97 | 3.98 | 343 | 678 | 0.45 | 1387 | 0.81 | 0.150 |
| | | | | 3 | 80 | 1 | 1.88 | 5.64 | 288 | 542 | 0.36 | 1645 | 0.96 | 0.125 |
| | | | | 4 | 150 | 1 | 1.77 | 7.09 | 253 | 448 | 0.30 | 1817 | 1.06 | 0.110 |
| 7 | C40 | 42.50 | 0.40 | 1 | 20 | 1 | 1.57 | 2.80 | 436 | 689 | 0.46 | 123 | 0.72 | 0.170 |
| | | | | 2 | 40 | 1 | 1.77 | 3.44 | 384 | 685 | 0.46 | 1343 | 0.79 | 0.150 |
| | | | | 3 | 80 | 1 | 1.53 | 5.12 | 321 | 493 | 0.33 | 1666 | 0.97 | 0.125 |
| | | | | 4 | 150 | 1 | 1.49 | 6.35 | 282 | 422 | 0.28 | 1816 | 1.06 | 0.110 |
| 8 | C45 | 42.50 | 0.34 | 4 | 150 | 1 | 1.13 | 3.28 | 456 | 520 | 0.35 | 1518 | 0.89 | 0.125 |

**表 2　　掺外加剂混凝土材料配合比及材料用量**

| 序号 | 混凝土强度等级 | 水泥强度等级 | 水灰比 | 级配 | 最大粒径(mm) | 配合比 | | | 预算量 | | | | | | |
|---|---|---|---|---|---|---|---|---|---|---|---|---|---|---|---|
| | | | | | | 水泥 | 砂 | 石子 | 水泥(kg) | 粗砂 | | 卵石 | | 外加剂(kg) | 水($m^3$) |
| | | | | | | | | | | kg | $m^3$ | kg | $m^3$ | | |
| 1 | C10 | 32.50 | 0.75 | 1 | 20 | 1 | 4.14 | 5.69 | 213 | 887 | 0.59 | 1230 | 0.72 | 0.43 | 0.170 |
| | | | | 2 | 40 | 1 | 4.18 | 7.19 | 188 | 826 | 0.55 | 1372 | 0.80 | 0.38 | 0.150 |
| | | | | 3 | 80 | 1 | 4.17 | 10.31 | 157 | 658 | 0.44 | 1642 | 0.96 | 0.32 | 0.125 |
| | | | | 4 | 150 | 1 | 3.84 | 12.78 | 139 | 560 | 0.38 | 1803 | 1.05 | 0.28 | 0.110 |
| 2 | C15 | 32.50 | 0.65 | 1 | 20 | 1 | 3.44 | 4.81 | 250 | 865 | 0.58 | 1221 | 0.71 | 0.50 | 0.170 |
| | | | | 2 | 40 | 1 | 3.57 | 6.19 | 220 | 790 | 0.53 | 1382 | 0.81 | 0.45 | 0.150 |
| | | | | 3 | 80 | 1 | 3.46 | 8.98 | 181 | 630 | 0.42 | 1649 | 0.96 | 0.37 | 0.125 |
| | | | | 4 | 150 | 1 | 3.3 | 11.15 | 160 | 530 | 0.36 | 1811 | 1.06 | 0.32 | 0.110 |
| 3 | C20 | 32.50 | 0.55 | 1 | 20 | 1 | 2.78 | 4.24 | 290 | 810 | 0.51 | 1245 | 0.73 | 0.58 | 0.170 |
| | | | | 2 | 40 | 1 | 2.92 | 5.44 | 254 | 743 | 0.50 | 1400 | 0.82 | 0.52 | 0.150 |
| | | | | 3 | 80 | 1 | 2.8 | 7.70 | 212 | 596 | 0.40 | 1654 | 0.97 | 0.43 | 0.125 |
| | | | | 4 | 150 | 1 | 2.66 | 9.52 | 188 | 503 | 0.34 | 1817 | 1.06 | 0.38 | 0.110 |
| | | 42.50 | 0.60 | 1 | 20 | 1 | 3.16 | 4.61 | 264 | 839 | 0.56 | 1235 | 0.72 | 0.53 | 0.170 |
| | | | | 2 | 40 | 1 | 3.26 | 5.86 | 234 | 767 | 0.52 | 1392 | 0.81 | 0.47 | 0.150 |
| | | | | 3 | 80 | 1 | 3.19 | 8.29 | 195 | 624 | 0.42 | 1641 | 0.96 | 0.39 | 0.125 |
| | | | | 4 | 150 | 1 | 3.11 | 10.56 | 171 | 527 | 0.36 | 1806 | 1.05 | 0.35 | 0.110 |

续表

| 序号 | 混凝土强度等级 | 水泥强度等级 | 水灰比 | 级配 | 最大粒径(mm) | 配合比 | | | 预算量 | | | | | | |
|---|---|---|---|---|---|---|---|---|---|---|---|---|---|---|---|
| | | | | | | 水泥 | 砂 | 石子 | 水泥(kg) | 粗砂 | | 卵石 | | 外加剂(kg) | 水($m^3$) |
| | | | | | | | | | | kg | $m^3$ | kg | $m^3$ | | |
| 4 | C25 | 32.50 | 0.50 | 1 | 20 | 1 | 2.36 | 3.92 | 320 | 757 | 0.51 | 1270 | 0.74 | 0.64 | 0.170 |
| | | | | 2 | 40 | 1 | 2.5 | 4.93 | 282 | 709 | 0.48 | 1410 | 0.82 | 0.56 | 0.150 |
| | | | | 3 | 80 | 1 | 2.44 | 7.02 | 234 | 572 | 0.38 | 1664 | 0.97 | 0.47 | 0.125 |
| | | | | 4 | 150 | 1 | 2.27 | 8.74 | 207 | 479 | 0.32 | 1831 | 1.07 | 0.42 | 0.110 |
| | | 42.50 | 0.55 | 1 | 20 | 1 | 2.78 | 4.24 | 290 | 810 | 0.54 | 1245 | 0.73 | 0.58 | 0.170 |
| | | | | 2 | 40 | 1 | 2.92 | 5.44 | 254 | 743 | 0.50 | 1400 | 0.82 | 0.52 | 0.150 |
| | | | | 3 | 80 | 1 | 2.8 | 7.70 | 212 | 596 | 0.40 | 1654 | 0.97 | 0.43 | 0.125 |
| | | | | 4 | 150 | 1 | 2.66 | 9.52 | 188 | 503 | 0.34 | 1817 | 1.06 | 0.38 | 0.110 |
| 5 | C30 | 32.50 | 0.45 | 1 | 20 | 1 | 2.12 | 3.62 | 348 | 736 | 0.49 | 1269 | 0.74 | 0.71 | 0.170 |
| | | | | 2 | 40 | 1 | 2.23 | 4.53 | 307 | 689 | 0.46 | 1411 | 0.83 | 0.62 | 0.150 |
| | | | | 3 | 80 | 1 | 2.13 | 6.39 | 257 | 549 | 0.37 | 1667 | 0.97 | 0.52 | 0.125 |
| | | | | 4 | 150 | 1 | 2 | 8.04 | 225 | 453 | 0.30 | 1837 | 1.07 | 0.46 | 0.110 |
| | | 42.50 | 0.50 | 1 | 20 | 1 | 2.36 | 3.92 | 320 | 757 | 0.51 | 1270 | 0.74 | 0.64 | 0.170 |
| | | | | 2 | 40 | 1 | 2.5 | 4.93 | 282 | 709 | 0.48 | 1410 | 0.82 | 0.56 | 0.150 |
| | | | | 3 | 80 | 1 | 2.44 | 7.02 | 234 | 572 | 0.38 | 1664 | 0.97 | 0.47 | 0.125 |
| | | | | 4 | 150 | 1 | 2.27 | 8.74 | 207 | 479 | 0.32 | 1831 | 1.07 | 0.42 | 0.110 |
| 6 | C35 | 32.50 | 0.40 | 1 | 20 | 1 | 1.79 | 3.18 | 392 | 705 | 0.47 | 1265 | 0.74 | 0.78 | 0.170 |
| | | | | 2 | 40 | 1 | 2.01 | 3.90 | 346 | 698 | 0.47 | 1368 | 0.80 | 0.69 | 0.150 |
| | | | | 3 | 80 | 1 | 1.72 | 5.77 | 289 | 500 | 0.33 | 1691 | 0.99 | 0.58 | 0.125 |
| | | | | 4 | 150 | 1 | 1.68 | 7.17 | 254 | 427 | 0.28 | 1839 | 1.08 | 0.51 | 0.110 |
| | | 42.50 | 0.45 | 1 | 20 | 1 | 2.12 | 3.62 | 348 | 736 | 0.49 | 1269 | 0.74 | 0.71 | 0.170 |
| | | | | 2 | 40 | 1 | 2.23 | 4.53 | 307 | 689 | 0.46 | 1411 | 0.83 | 0.62 | 0.150 |
| | | | | 3 | 80 | 1 | 2.13 | 6.39 | 257 | 549 | 0.37 | 1667 | 0.97 | 0.52 | 0.125 |
| | | | | 4 | 150 | 1 | 2.00 | 8.04 | 225 | 453 | 0.30 | 1837 | 1.07 | 0.46 | 0.110 |
| 7 | C40 | 42.50 | 0.40 | 1 | 20 | 1 | 1.79 | 3.18 | 392 | 705 | 0.47 | 1265 | 0.74 | 0.78 | 0.170 |
| | | | | 2 | 40 | 1 | 2.01 | 3.90 | 346 | 698 | 0.47 | 1368 | 0.80 | 0.69 | 0.150 |
| | | | | 3 | 80 | 1 | 1.72 | 5.77 | 289 | 500 | 0.33 | 1691 | 0.99 | 0.58 | 0.125 |
| | | | | 4 | 150 | 1 | 1.68 | 7.17 | 254 | 427 | 0.28 | 1839 | 1.08 | 0.51 | 0.110 |
| 8 | C45 | 42.50 | 0.34 | 4 | 40 | 1 | 1.29 | 3.73 | 410 | 532 | 0.35 | 1552 | 0.91 | 0.82 | 0.125 |

**表3　　碾压混凝土材料配合参考表**

| 序号 | 龄期(d) | 混凝土强度等级 | 水泥强度等级 | 水胶比 | 砂率(%) | 水泥($kg/m^3$) | 粉煤灰($kg/m^3$) | 水($kg/m^3$) | 砂($kg/m^3$) | 石子($kg/m^3$) | 外加剂($kg/m^3$) | 备注 |
|---|---|---|---|---|---|---|---|---|---|---|---|---|
| 1 | 90 | C10 | 42.5 | 0.61 | 34 | 46 | 107 | 93 | 761 | 1500 | 0.380 | 江垭资料,人工砂石料 |
| 2 | 90 | C15 | 42.5 | 0.58 | 33 | 64 | 96 | 93 | 738 | 1520 | 0.400 | 江垭资料,人工砂石料 |
| 3 | 90 | C20 | 42.5 | 0.53 | 36 | 87 | 107 | 103 | 783 | 1413 | 0.490 | 江垭资料,人工砂石料 |
| 4 | 90 | C10 | 32.5 | 0.60 | 35 | 63 | 87 | 90 | 765 | 1453 | 0.387 | 汾河二库资料,人工砂石料 |
| 5 | 90 | C20 | 32.5 | 0.55 | 36 | 83 | 84 | 92 | 801 | 1423 | 0.511 | 汾河二库资料,人工砂石料 |

续表

| 序号 | 龄期(d) | 混凝土强度等级 | 水泥强度等级 | 水胶比 | 砂率(%) | 水泥(kg/m³) | 粉煤灰(kg/m³) | 水(kg/m³) | 砂(kg/m³) | 石子(kg/m³) | 外加剂(kg/m³) | 备注 |
|---|---|---|---|---|---|---|---|---|---|---|---|---|
| 6 | 90 | C20 | 32.5 | 0.50 | 36 | 132 | 56 | 94 | 777 | 1383 | 0.812 | 汾河二库资料,人工砂石料 |
| 7 | 90 | C10 | 32.5 | 0.56 | 33 | 60 | 101 | 90 | 726 | 1473 | 0.369 | 汾河二库资料,天然砂,人工骨料 |
| 8 | 90 | C20 | 32.5 | 0.50 | 36 | 104 | 86 | 95 | 769 | 1396 | 0.636 | 汾河二库资料,天然砂,人工骨料 |
| 9 | 90 | C20 | 32.5 | 0.45 | 35 | 127 | 84 | 95 | 743 | 1381 | 0.779 | 汾河二库资料,天然砂,人工骨料 |
| 10 | 90 | C15 | 42.5 | 0.55 | 30 | 72 | 58 | 71 | 649 | 1554 | 0.871 | 白石水库资料,天然细骨料,人工粗骨料,砂用量含石粉 |
| 11 | 90 | C15 | 42.5 | 0.58 | 29 | 91 | 39 | 75 | 652 | 1609 | 0.325 | 观音阁资料,天然砂石料 |

| 序号 | 龄期(d) | 混凝土强度等级 | 水泥强度等级 | 水胶比 | 砂率(%) | 水泥(kg/m³) | 磷矿渣及凝灰岩(kg/m³) | 水(kg/m³) | 砂(kg/m³) | 石子(kg/m³) | 外加剂(kg/m³) | 备注 |
|---|---|---|---|---|---|---|---|---|---|---|---|---|
| 1 | 90 | C15 | 42.5 | 0.50 | 35 | 67 | 101 | 84 | 798 | 1521 | 1.344 | 大朝山资料,人工砂石料 |
| 2 | 90 | C20 | 42.5 | 0.50 | 38 | 94 | 94 | 91 | 850 | 1423 | 1.504 | 大朝山资料,人工砂石料 |

注 碾压混凝土材料配合参考表中材料用量不包括场内运输及拌制损耗在内,实际运用过程中损耗率可采用:水泥 2.5%、砂 3%、石子 4%。

**表 4** **泵用纯混凝土材料配合表**

| 序号 | 混凝土强度等级 | 水泥强度等级 | 水灰比 | 级配 | 最大粒径(mm) | 配合比 | | | 预算量 | | | | | |
|---|---|---|---|---|---|---|---|---|---|---|---|---|---|---|
| | | | | | | 水泥 | 砂 | 石子 | 水泥(kg) | 粗砂 | | 卵石 | | 水(m³) |
| | | | | | | | | | | kg | m³ | kg | m³ | |
| 1 | C15 | 32.50 | 0.63 | 1 | 20 | 1 | 2.97 | 3.11 | 320 | 951 | 0.64 | 970 | 0.66 | 0.192 |
| | | | | 2 | 40 | 1 | 3.05 | 4.29 | 280 | 858 | 0.58 | 1171 | 0.78 | 0.166 |
| 2 | C20 | 32.50 | 0.51 | 1 | 20 | 1 | 2.3 | 2.45 | 394 | 910 | 0.61 | 979 | 0.67 | 0.193 |
| | | | | 2 | 40 | 1 | 2.35 | 3.38 | 347 | 820 | 0.55 | 1194 | 0.80 | 0.161 |
| 3 | C25 | 32.50 | 0.44 | 1 | 20 | 1 | 1.88 | 2.04 | 461 | 872 | 0.58 | 955 | 0.66 | 0.195 |
| | | | | 2 | 40 | 1 | 1.95 | 2.83 | 408 | 800 | 0.53 | 1169 | 0.79 | 0.173 |

**表 5** **泵用掺外加剂混凝土材料配合表**

| 序号 | 混凝土强度等级 | 水泥强度等级 | 水灰比 | 级配 | 最大粒径(mm) | 配合比 | | | 预算量 | | | | | | |
|---|---|---|---|---|---|---|---|---|---|---|---|---|---|---|---|
| | | | | | | 水泥 | 砂 | 石子 | 水泥(kg) | 粗砂 | | 卵石 | | 外加剂(kg) | 水(m³) |
| | | | | | | | | | | kg | m³ | kg | m³ | | |
| 1 | C15 | 32.50 | 0.63 | 1 | 20 | 1 | 3.28 | 3.35 | 290 | 957 | 0.65 | 987 | 0.67 | 0.58 | 0.192 |
| | | | | 2 | 40 | 1 | 3.38 | 4.63 | 253 | 860 | 0.59 | 1188 | 0.79 | 0.50 | 0.166 |
| 2 | C20 | 32.50 | 0.51 | 1 | 20 | 1 | 2.61 | 2.77 | 355 | 930 | 0.62 | 999 | 0.68 | 0.71 | 0.193 |
| | | | | 2 | 40 | 1 | 2.61 | 3.78 | 317 | 831 | 0.56 | 1214 | 0.81 | 0.62 | 0.161 |
| 3 | C25 | 32.50 | 0.44 | 1 | 20 | 1 | 2.15 | 2.32 | 415 | 895 | 0.60 | 980 | 0.68 | 0.83 | 0.195 |
| | | | | 2 | 40 | 1 | 2.22 | 3.21 | 366 | 816 | 0.54 | 1191 | 0.81 | 0.73 | 0.173 |

表 6　水泥砂浆材料配合表

(1) 砌筑砂浆

| 砂浆类别 | 砂浆强度等级 | 水泥(kg) 32.5 | 砂 ($m^3$) | 水 ($m^3$) |
|---|---|---|---|---|
| 水泥砂浆 | M5 | 211 | 1.13 | 0.127 |
| | M7.5 | 261 | 1.11 | 0.157 |
| | M10 | 305 | 1.10 | 0.183 |
| | M12.5 | 352 | 1.08 | 0.211 |
| | M15 | 405 | 1.07 | 0.243 |
| | M20 | 457 | 1.06 | 0.274 |
| | M25 | 522 | 1.05 | 0.313 |
| | M30 | 606 | 0.99 | 0.364 |
| | M40 | 740 | 0.97 | 0.444 |

(2) 接缝砂浆

| 序号 | 砂浆强度等级 | 体积配合比 | | 矿渣大坝水泥 | | 纯大坝水泥 | | 砂 ($m^3$) | 水 ($m^3$) |
|---|---|---|---|---|---|---|---|---|---|
| | | 水泥 | 砂 | 强度等级 | 数量(kg) | 强度等级 | 数量(kg) | | |
| 1 | M10 | 1 | 3.1 | 32.5 | 406 | | | 1.08 | 0.270 |
| 2 | M15 | 1 | 2.6 | 32.5 | 469 | | | 1.05 | 0.270 |
| 3 | M20 | 1 | 2.1 | 32.5 | 554 | | | 1.00 | 0.270 |
| 4 | M25 | 1 | 1.9 | 32.5 | 633 | | | 0.94 | 0.270 |
| 5 | M30 | 1 | 1.8 | | | 42.5 | 625 | 0.98 | 0.266 |
| 6 | M35 | 1 | 1.5 | | | 42.5 | 730 | 0.93 | 0.266 |
| 7 | M40 | 1 | 1.3 | | | 42.5 | 789 | 0.90 | 0.266 |

# 参 考 文 献

[1] 陈全会,谭兴华,等.水利水电工程定额与概预算[M].北京:中国水利水电出版社,2003.

[2] 周召梅,徐凤永.工程造价与招投标[M].北京:中国水利水电出版社,2007.

[3] 水利部.水利建筑工程概算定额,水利建筑工程预算定额,水利水电设备安装工程预算定额,水利水电设备安装工程概算定额,水利工程施工机械台时费定额,水利工程设计概(估)算编制规定[M].郑州:黄河水利出版社,2002.

[4] 水利部水利建设经济定额站.新编水利工程系列定额宣贯班授课提纲,2002.

[5] 中国水利学会水利工程造价管理专业委员会.水利工程造价(上、下册)[M].北京:中国计划出版社,2002.

[6] 方国华,朱成立,等.水利水电工程概预算[M].郑州:黄河水利出版社,2003.

[7] 梁建林.水利水电工程造价与招投标[M].郑州:黄河水利出版社,2001.

[8] 徐学东,姬宝霖.水利水电工程定额与概预算[M].北京:中国水利水电出版社,2005.

[9] 钟汉华.水利水电工程造价[M].北京:科学出版社,2004.

[10] 水利部.水利水电工程设计工程量计算规定(SL 328—2005).北京:中国水利水电出版社,2006.